高等学校

Python
数据可视化

主　编　钟雪灵　郑桂荣
副主编　李　立　汪北阳

中国教育出版传媒集团

高等教育出版社·北京

内容提要

本书采用基本原理和大量实例相结合的形式,详细介绍了 Python 数据可视化的基础知识,力图帮助读者在数据分析的整体框架下建立初步的数据可视化能力。 全书共 10 章。 第1 章主要介绍数据可视化的基础理论以及概述常用的第三方 Python 可视化程序包。 第 2~6 章详细介绍 Python 数据可视化中最基础的第三方程序包 Matplotlib 以及应用。 第 7~9 章分别介绍了 Seaborn、Pyecharts 和 Plotly 三个常用的 Python 数据可视化程序包。 第 10 章介绍综合案例。 此外,本书以电子课件的形式提供了完整的配套实验和教学资源,方便课程的教学组织和实施。

本书可作为高等院校经管类专业和计算机类专业学生学习 Python 数据可视化的教材,也可作为经管领域从业人员和数据可视化技术爱好者的入门学习用书。

图书在版编目(CIP)数据

Python 数据可视化 / 钟雪灵, 郑桂荣主编; 李立,
汪北阳副主编 . -- 北京 : 高等教育出版社, 2024.7
ISBN 978-7-04-061834-1

Ⅰ . ①P… Ⅱ . ①钟… ②郑… ③李… ④汪… Ⅲ . ①
软件工具-程序设计 Ⅳ . ①TP311.561

中国国家版本馆 CIP 数据核字(2024)第 043777 号

Python Shuju Keshihua

策划编辑	杨世杰	责任编辑	张 欣	封面设计	李小路	版式设计	马 云
责任绘图	裴一丹	责任校对	张 薇	责任印制	刁 毅		

出版发行	高等教育出版社	网 址	http://www.hep.edu.cn
社 址	北京市西城区德外大街 4 号		http://www.hep.com.cn
邮政编码	100120	网上订购	http://www.hepmall.com.cn
印 刷	天津嘉恒印务有限公司		http://www.hepmall.com
开 本	787mm×1092mm 1/16		http://www.hepmall.cn
印 张	22.25		
字 数	490 千字	版 次	2024 年 7 月第 1 版
购书热线	010 – 58581118	印 次	2024 年 7 月第 1 次印刷
咨询电话	400 – 810 – 0598	定 价	59.00 元

前　言

　　纵观人类社会的发展历史，伴随着人类文明不断向前迈进，新劳动者、新生产工具、新生产要素随之涌现，生产力得到发展，进而提升了人类认识和改造世界的能力，人类社会得以进一步发展。 现代先进信息技术的发展促进了信息处理能力的飞跃，催生了新生产力的崛起，诞生了一个全新的时代——数字时代。 在数字时代，数据如同阳光、空气和水一样，成为不可或缺的必需品，已渗透到整个社会，身处数字时代的人们对此一定深有感受。

　　2020 年 4 月 9 日，中共中央、国务院发布了《关于构建更加完善的要素市场化配置体制机制的意见》，明确了数据成为继土地、劳动力、资本、技术之后的第五大生产要素。 党的二十大报告提出，加快发展数字经济，促进数字经济和实体经济深度融合。 数据要素作为生产资料，需要通过数据价值提纯才能释放强大的数据生产力。 数据价值提纯的过程被称为数据分析。 更直接而言，数据分析是通过基于统计的方法对数据进行分析，以求挖掘有价值的信息，从而可以建立机器学习模型，实现人工智能。 数据分析是一门交叉学科，融合了数据库、人工智能、统计学、机器学习等多领域的理论与技术。 此处所述数据分析是广义的，包含了数据挖掘。 数据挖掘是一类深层次的数据分析，更注重洞察数据本身的关系，从而获得一些非显性的结论。 概括而言，数据分析通过建立有效的统计学模型去完成数据价值提纯，从而释放数据生产力。 数据分析正在成为驱动人类社会创新发展的核心动能。 具体而言，通过数据分析获取的有价值信息可用于了解现状、查找原因、发现关联、寻求相似和预测未知。

　　数据分析可简单划分为传统（小）数据分析和大数据分析。 传统数据是小数据，而且往往是结构化数据，传统数据分析是通过少量抽样的小数据来推测真实世界。 而大数据是指无法用传统技术进行采集、储存、处理和管理的数据集合，往往包含大量半结构化和非结构化数据。 大数据具备小数据没有的 4V 特性，即规模大(Volume) 、种类繁多(Variety)、处理速度快(Velocity) 、价值密度低(Value)。 不管是小数据分析还是大数据分析，通常都包括以下六个步骤：①明确分析的目标和思路；②获取数据；③整理数据；④探索性数据分析；⑤建立统计分析或者机器学习模型；⑥形成数据报告/智能产品。 特别需要一提的是，在探索性数据分析、形成数据报告/智能产品两个步骤中，数据可视化都是不可或缺的工具。 字不如表，表不如图，一图胜万言。 数据可视化是将数据背后的信息以图表的形式直观地呈现出来，让数据实现自我解释，以此传递有价值的信息。 好的图表既要简明清晰地揭示数据背后有价值的信息，又要符合人的审美，具有视觉上的吸引力。

数据分析是数字时代一门通用的基础技术，是驱动社会发展的强大动能。数字时代要求有新的教育。在新工科、新医科、新农科、新文科人才培养中，培养学生具有一定的数据分析能力是必不可少的。基于以上认识，结合专业的实际情况，我们在人才培养过程中，着重强化了学生数据分析能力的培养，开设了基于 Python 的数据分析系列课程，形成课程群，主要包括 5 门课程：Python 程序设计基础、数据采集与预处理、Python 数据可视化、Python 金融数据挖掘和 Python 金融数据分析案例。Python 作为当前大数据分析和机器学习的主流编程语言，具有易写、易读、易维护、拓展性强等优点。凭借一系列标准程序包和丰富的第三方程序包，Python 毫无争议地成为数据分析领域的利器。由此 Python 成为贯穿上述数据分析课程群的编程工具。

在开设 Python 数据分析课程群的过程中，我们发现目前市面上极为缺乏这方面的教材和配套资源，不利于相关专业的教学组织和实施。为此，我们在教学过程中编制了丰富的教学讲义和实验素材。在此基础上，我们联合了多所高校集中优质师资开展系列教材的建设，并取得了阶段性的成果。2019 年由电子工业出版社出版了《Python 程序设计基础》，该教材着力为学生进一步学习数据分析打下扎实的语言基础。2020 年由高等教育出版社出版了《Python 金融数据挖掘》，该教材全面介绍了常见的金融数据挖掘算法和应用。本书是该系列教材中的重要组成部分，聚焦于数据呈现问题，这是数据分析知识体系中十分必要的。

本书包括 10 章教学内容。第 1 章主要介绍数据可视化的基础理论以及概述常用的第三方 Python 可视化程序包。第 2~6 章详细介绍 Python 数据可视化中最基础的第三方程序包 Matplotlib 以及应用。第 7~9 章分别介绍了 Seaborn、Pyecharts 和 Plotly 三个常用的 Python 数据可视化程序包。第 10 章介绍综合案例。此外，本书以电子课件的形式提供了完整的配套实验和教学资源，方便教学组织和实施。

本书由钟雪灵、郑桂荣、李立和汪北阳四位老师共同编写。在编写过程中，吴炎太、潘章明和侯昉三位老师提供了无私的帮助和支持。高等教育出版社杨世杰、张欣两位编辑为本书的顺利出版也付出了巨大的努力。在此一并向为本书出版付出辛勤劳动的朋友们表示衷心的感谢！

Python 数据可视化经过多年的发展，已经成为一个复杂的体系，不易全面把握，本书限于篇幅，也不得不进行了内容的取舍、加工和精简。本书最终呈现出来的内容体现了我们对它的认知和理解，未必全面，甚至可能存在谬误，敬请读者朋友们多多包涵。我们真心期望读者朋友们提出宝贵意见（反馈意见请发至：tzhongxl@gduf.edu.cn），以便再版时修正，共同努力完善此教材，对此我们表示衷心的感谢。

钟雪灵

2023 年 9 月 29 日于广州

目 录

第1章

数据可视化概述

🔭 学习目标

- ⊙ 了解可视化的简史、意义及常用可视化图形。
- ⊙ 了解数据可视化的分类。
- ⊙ 熟悉数据可视化基本理论、数据可视化流程、设计及基本原则。
- ⊙ 了解数据可视化与其他学科的关系。
- ⊙ 掌握常用数据文件的处理。

本章的主要知识结构如图1-1所示。

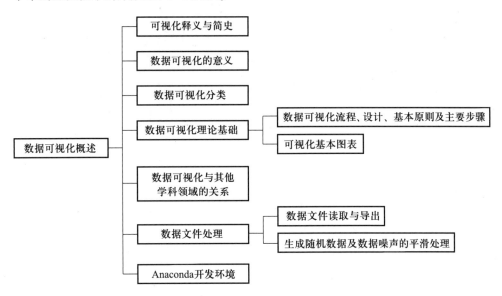

图1-1　本章知识结构图

数据可视化是关于数据视觉表现形式的科学技术研究。这种视觉表现形式被定义为以某种概要形式抽取出来的信息,包括相应信息单位的各种属性和变量。

数据可视化是一个处于不断演变之中的概念,其边界在不断地扩大。主要指一类较为高级的技术方法,而这些技术方法允许利用图形图像处理、计算机视觉和用户界面,通过表达、建模以及对立体、表面、属性和动画的显示,对数据加以可视化解释。与立体建模之类的特殊技术方法相比,数据可视化所涵盖的技术方法要广泛得多。

第 1 节　可视化释义与简史

数据可视化的起源没有一个统一的结论,大多数研究认为,数据可视化起源于统计学诞生的时代。

公元 10 世纪一位不知名的天文学家绘制了图 1-2。其中将天文数据用直观的坐标轴、网格、时间序列等图形元素展现出来,这可以看作数据可视化最早期的应用。从这个例子中可以大致理解数据可视化的含义。

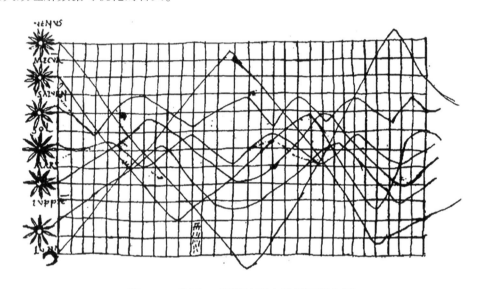

图 1-2　公元 10 世纪的天文数据可视化图

伴随欧洲的文艺复兴运动,公元 14 世纪开始,科学技术蓬勃发展,相继出现了概率论、统计学等新兴学科。这些学科研究数据,人们将人口、商业等方面的经验数据收集并记录下来,并制作成各种数据图表和图形。

18 世纪,苏格兰工程师 William Playfair(1759—1823)创造了几种基本的数据可视化图形,如折线图、条形图和饼图。这些图形的使用极大地推动了数据可视化的进程。图 1-3 是使用折线图描述的英格兰 1700—1780 年的进出口情况。

进入 19 世纪,工业革命在欧洲和北美迅速发展,科学技术也得到了快速发展和应用,这个时期是现代图形学的开始。随着社会对数据的积累和应用,现代数据可视化中常见的统计图形和主题图等表达方式陆续出现。

进入 20 世纪下半叶,随着计算机技术的兴起,数据处理变得越来越高效。在理论层面

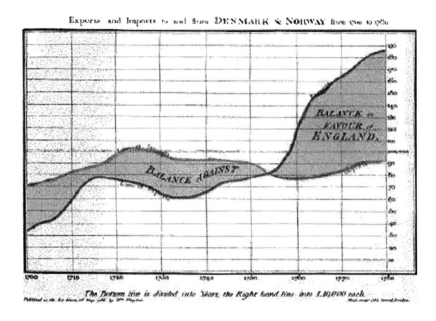

图 1-3　英格兰 1700—1780 年进出口情况折线图

上,数理统计把数据分析变成了图形的科学。在这些应用当中,图形表达占据了重要地位,比起参数估计及假设检验,明快直观的图形更容易被人接受。

进入 21 世纪,计算机技术获得了长足的进步,计算机图形学和高分辨率、高色深还原度的屏幕得以广泛应用,数据可视化的需求也变得越来越强烈。

第 2 节　数据可视化的意义

数据的可视化展示有多种方式,好的方式能使用户清晰、直观、高效地理解数据背后的含义,而糟糕的可视化方式则会使用户感觉异常混乱。

一、可视化有助于决策

数据可视化是通过视觉向读者展示数据,简单实用,并且在相关性、趋势分析等方面展示得非常直观,让数据使用者一眼就可以看到自己想要了解的信息。通过数据可视化找到相关信息的可能性远远大于其他方式,而且数据可视化能够让浏览者得到更多的信息。

有效的可视化有助于我们分析和理解数据。Stephen Few 列举了如下 8 种定量信息,对这些定量信息的可视化有助于理解和交流数据信息。

◇　时间序列　　　　　　　◇　排序

◇　局部到整体　　　　　　　◇　偏差

◇　频率分布　　　　　　　　◇　相关

◇　名义比较　　　　　　　　◇　地理或地理空间

在现代科学研究中,可视化对科学理论的突破有着很大的贡献,如细胞活动的可视化、基因组的可视化、波在空气中传播的可视化等,都为我们对相关自然科学规律的理解提供了精准的信息,为设计和制定科学方法及实验方向提供了高效的指导。

二、可视化的适用范围

关于数据可视化的适用范围存在不同的划分方法。一个常见的关注点就是信息的呈现。迈克尔·弗兰德利(2008)提出了数据可视化的两个主要组成部分:统计图形和主题图。*Data Visualization:Modern Approaches* (2007)概括阐述了数据可视化的 7 个主题:

◇　思维导图　　　　　　　　◇　新闻的显示

◇　数据的显示　　　　　　　◇　连接的显示

◇　网站的显示　　　　　　　◇　文章与资源

◇　工具与服务

所有这些主题都与图形设计和信息表达密切相关。Frits H. Post (2002)则从计算机科学的视角,将这一领域划分为如下 6 个子领域:

◇　可视化算法与技术方法　　◇　立体可视化

◇　信息可视化　　　　　　　◇　多分辨率方法

◇　建模技术方法　　　　　　◇　交互技术方法与体系架构

数据可视化的成功首先应归于其背后基本思想的完备。依据数据及其内在模式和关系,利用计算机生成的图像来获得深入认知。其次就是利用人类感知系统来操纵和解释错综复杂的过程,涉及不同学科领域的数据集以及来源多样的大型抽象数据集合的模拟。这些思想和概念极其重要,对于计算科学、工程方法学以及管理活动都有着深远而又广泛的影响。

三、常用可视化图形

数据可视化首先要弄清楚可视化要表达的意图。对数据不同的需求可能需要用不同的可视化图形来反映。如统计销量、人口分布、整体和部分的关系及数据变化的趋势等。一些常用的可视化图形有柱状图、折线图、饼图、直方图、气泡图、密度图和散点图等。

在各行业使用的数据可视化图形还有很多,这里不逐一列举。下面给出 Python 可视化的 4 个常用图形示例,从中我们可以看出用 Python 进行可视化方便、灵活。下述图形在后续章节会详细介绍。

1. 柱状图

使用 plt.bar()函数画柱状图,结果见图 1-4。

```
import numpy as np
import matplotlib.pyplot as plt          # 导入绘图库
x =np.arange(15)
y = 1.5*x
plt.bar(x,y,label="y=1.5*x")             # 柱状图
plt.legend()                             # 显示图例
plt.show()                               # 显示图形,图 1-4
```

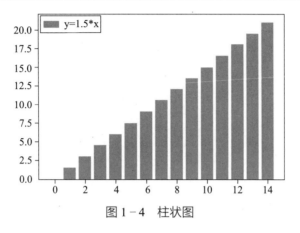

图 1-4　柱状图

2. 折线图

使用 plt.plot()函数画折线图,结果见图 1-5。

```
import numpy as np
import matplotlib.pyplot as plt
x =np.arange(50)
y = 2*x**2
plt.plot(x, y, ' r-' , label=' y=2*x^2' )    # 折线图
plt.xlabel(' x' )                            # x 轴标签
plt.ylabel(' y' )                            # y 轴标签
plt.legend()                                 # 显示图例, 图 1-5
```

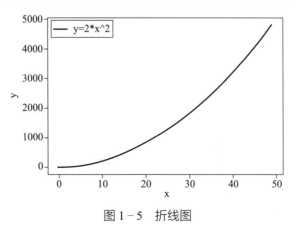

图 1-5　折线图

3. 直方图

使用 plt.hist()函数画直方图,结果见图1-6。

```
import numpy as np
import matplotlib.pyplot as plt
x =np.random.randn(300)                # 生成标准正态分布的数组(含300个数)
plt.hist(x, label=' hist' , alpha=0.6)    # 直方图, alpha 透明度
plt.legend()                           # 图 1-6
```

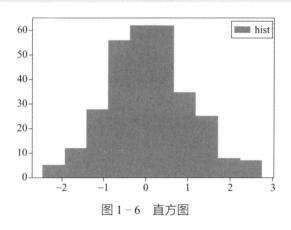

图1-6 直方图

4. 散点图

使用 plt.scatter()函数画散点图,结果见图1-7。

```
import numpy as np
import matplotlib.pyplot as plt
x =np.arange(10)
y = 2*x
scalar = x**2
color = x
plt.scatter(x, y, s=scalar, c=color, marker='o', label="y = 2* x")   # 散点图, s 规定大小,c 颜色
plt.legend()                                                          # 图 1-7
```

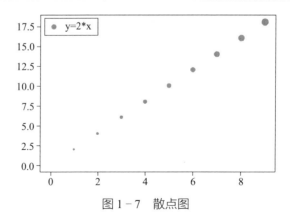

图1-7 散点图

第 3 节　数据可视化分类

通过对数据的归类可以将数据可视化分为层次数据可视化、多维数据可视化、时序数据可视化和地理数据可视化等。

一、层次数据可视化

现实生活中具有层次关系的数据随处可见,比如一个企业包含很多部门,各部门又有很多下属部门;国家包含省份,省份包含市、区等。这些都是我们熟知的层级关系。机器学习中的决策树也是典型的层次数据。

伴随着数据量的增长,在有效的区域内展示尽可能多的可视化数据变得更困难。层次数目越来越多,导致底层的数据节点呈指数型增长。在有限区域内可视化大量数据会造成图形的重叠,降低用户的体验以及图形的观感。对于层次数据的可视化研究有助于将数据分级,寻找数据间蕴含的层级关系,更好地体现层次信息,掌握数据的规律。

1. 节点链接法(Structure-clarity)

反映节点关系的核心在于如何绘制节点与节点之间的链接关系。在可视化中,选择什么样的图形表示节点通常取决于实际的使用场景。节点链接法常用的布局有正交布局和径向布局。

(1)正交布局。正交布局一般按照水平或垂直对齐的形式放置,方向与坐标轴一致,与视觉识别习惯吻合,非常直观。使用正交布局的图有电路图、缩进图、聚类图及冰柱图等。图 1-8 为正交布局的聚类图。

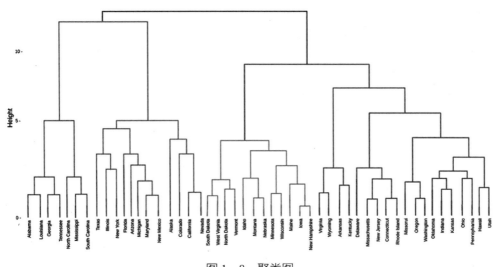

图 1-8　聚类图

对于大型的层次结构,特别是广度比较大的层次结构,这样的布局可能导致不合理的长宽比,在查看图形时容易失去上下文。

（2）径向布局。

径向布局能更加合理地利用空间,其根节点位于圆心,不同层次的节点被放置在半径不同的同心圆上。节点到圆心的距离对应它的深度。径向布局适合树的节点数量随层次而增加的特点。图 1-9 是 Flare 软件包的目录结构采用径向布局展示的可视化图形。

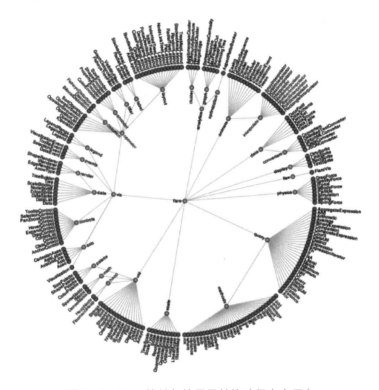

图 1-9　Flare 软件包的目录结构（径向布局）

使用节点链接法构建可视化图形时应清晰有效地在屏幕上展现节点及节点之间的链接关系,节点位置的空间顺序和层次关系一致,减少连线间的交叉,尽量减少连线的总长度,同时要注意合适的长宽比。

2. 空间填充法（Space-efficiency）

空间填充法是从空间的角度来实现层次数据的可视化。为了表达节点的父子关系,将子节点整个封装在父节点中。如图 1-10 所示为磁盘空间的可视化,采用空间填充法构建。

3. 混合填充法

混合填充法在可视化时结合了节点链接法和空间填充法,在复杂的可视化情况下可以利用两种填充法的特点对可视化内容加以合理展示。图 1-11 是混合填充法构建的弹性层次图。

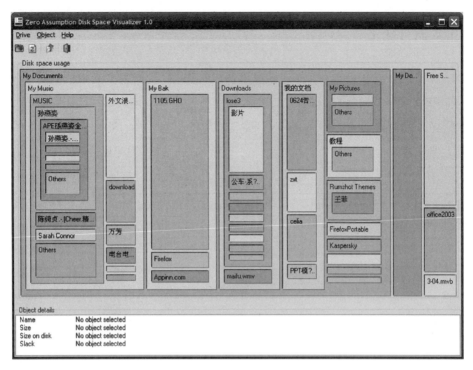

图 1-10　磁盘空间可视化图（空间填充法）

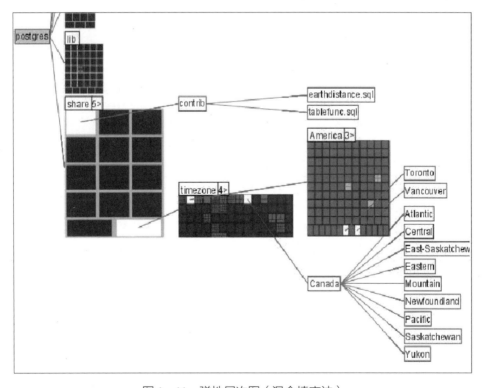

图 1-11　弹性层次图（混合填充法）

二、多维数据可视化

多维数据可视化是指通过一些手段将高维的数据展示在二维的平面中。常用于探索性数据分析及对聚类或分类问题的验证中。下面介绍几种将多维数据展示在二维平面中的方法。

以经典的鸢尾花数据集为例。表1-1是5条鸢尾花的数据，前4列是鸢尾花的4个特征，最后1列是鸢尾花的3种分类。

表1-1 鸢尾花示例数据

Sepal Length	Sepal Width	Petal Length	Petal Width	Species
6.4	2.8	5.6	2.2	virginica
5	2.3	3.3	1	versicolor
4.9	2.5	4.5	1.7	virginica
4.9	3.1	1.5	0.1	setosa
5.7	3.8	1.7	0.3	setosa

1. 平行坐标

图1-12中每条垂直的线代表一个特征，表中一行的数据在图中表现为一条折线，不同的线表示不同的类别。绘图的Python代码如下所示。

```
import pandas as pd
import matplotlib.pyplot as plt
from pandas.plotting import parallel_coordinates        # 引入pandas中的平行坐标图
data=pd.read_csv(' data/多维可视化示例1.csv')              # 读取csv文件
plt.title(' parallel_coordinates')
parallel_coordinates(data, ' Species', color=[' blue', ' green', ' red'])
plt.show()                                              # 图1-12
```

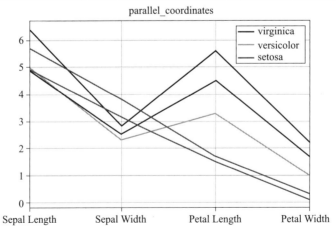

图1-12 多维数据可视化平行坐标示例

2. RadViz 雷达图

4 个特征对应于单位圆上的 4 个点,圆中每一个散点代表表中一行数据。可以想象为每个散点上都有 4 条线分别连接到 4 个特征点上,而数据值(经过标准化处理)就表示这 4 条线施加在散点上的力,每个点的位置恰好使其受力平衡,见图 1-13。

```
import pandas as pd
import matplotlib.pyplot as plt
from pandas.plotting import radviz                          # 引入绘图函数
plt.rcParams[' axes.unicode_minus' ] = False                # 正常显示负号
data =pd.read_csv(' data/多维可视化示例 1.csv' )             # csv 文件
radviz(data, ' Species' , color =[' blue' , ' green' , ' red' ])
plt.title(' radviz' )                                        # 图 1-13
```

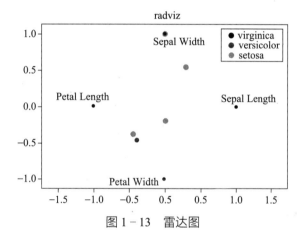

图 1 - 13　雷达图

3. Andrews 曲线

Andrews 曲线是将特征值转化为傅立叶序列的系数,不同的曲线代表不同的类别,如图 1-14 所示。

```
import numpy as np
import pandas as pd
import matplotlib.pyplot as plt
from pandas.plotting import andrews_curves                  # 引入绘图函数
plt.rcParams[' axes.unicode_minus' ] = False                # 正常显示负号
data =pd.read_csv(' 多维可视化示例 1.csv' )
andrews_curves(data, ' Species' , color =[' blue' , ' green' , ' red' ])
plt.title(' andrews_curves' );                              # 图 1-14
```

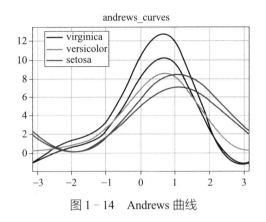

图 1-14　Andrews 曲线

　　常用的多维数据可视化图还有矩阵图、相关系数热力图等,读者在掌握了可视化基础技能后可自行学习。

三、时序数据可视化

　　时序数据是指时间序列数据,常见于统计学中。时间序列数据在数据科学领域无处不在,在量化金融领域也十分常见,可用于分析价格趋势、预测价格、探索价格行为等。时间序列是指同一指标按时间顺序记录的数据列,要求在同一数据列中数据之间具有可比性,时间可以是时期或者时点。进行时间序列数据分析的目的是找出样本内时间序列的统计特性和发展规律,构建时间序列模型,进行样本外的预测。

　　时间是一个经常出现在数据分析中的维度和属性。一般情况下,具有时间属性且随时间变化的数据可以称为时变数据。时变数据大致可以分成两类:一类是按时间轴排列的时间序列数据,比如股票交易变动的数据、每日安排的工作计划、每天销售的产品记录等;另一类是不以时间为变量,但数据集存在固有的测序序列,比如生物 DNA 测序、化学质谱等。时变数据的分析和理解通常可以通过统计、数值计算和数据分析方法来完成。

　　具体有两种方法可以可视化时变数据。一种是使用静态方法来显示数据中记录的内容。该方法通过多角度对比,找出数据随时间变化的趋势和规律,一般可以用柱状图、折线图等进行展示。另一种是使用动画来动态地显示数据随着时间变化的过程,这种方式需要认真考虑其可行性和表现力。越来越多的可视化工具已可以提供动态图的展示。

　　时间序列数据可视化在不同应用场景需求不同,下面简要介绍几种在 Python 中的时间序列数据可视化例子。

　　1. 单个时间序列数据可视化

　　单个时间序列数据是相对简单的时序数据,x 轴对应时间,y 轴对应数值。单个时间序列对于数据比较少、容易观察的数据来说比较合适,如图 1-15 所示。

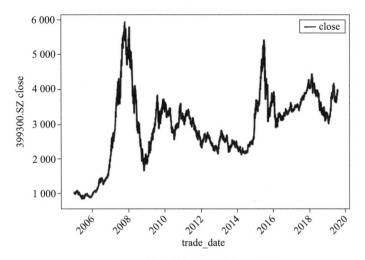

图 1 - 15　单个时间序列数据可视化

2. 移动平均时间序列数据可视化

在一些场景需要观察某个窗口期的移动平均值的变化趋势,如股票软件中常见的 10 日、20 日或 60 日收盘价均线图。Pandas 有一个 rolling() 移动窗口函数可以方便地计算移动平均值。图 1-16 展示了以 250 天为窗口期的移动平均线,以及以标准差上下浮动构建的两条价格通道线 upper 和 lower。

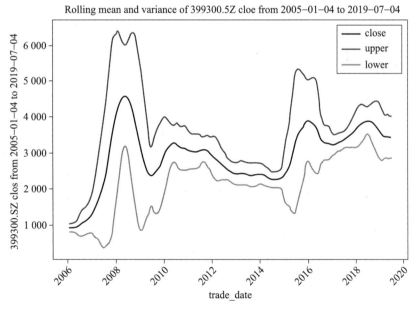

图 1 - 16　移动平均时间序列数据可视化

3. 多个时间序列数据的可视化

某些场景需要将多个时间序列的数据在一个坐标轴上展示,这样的展示是探索不同数据变化趋势关系的一种有效方法。例如,可以将不同股票指数的时间序列数据展示在同一

13

个坐标系中,曲线的变化可以直观地展示不同环境下的经济活力、社会投资偏向及社会经济状况等。如图 1-17 所示为某段时间内几只股票的价格时间序列图。

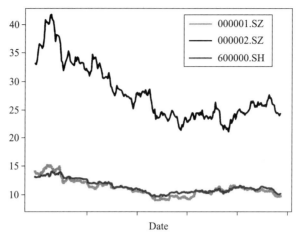

图 1-17 多个时间序列数据的可视化

第 4 节 数据可视化理论基础

数据可视化不仅是一种艺术,也是一门具有方法论的学科。在实际应用中需要采用系统化的思维设计数据可视化方法及工具。

一、数据可视化流程

数据可视化经过长期的发展,逐渐形成了可视化的完整流程。图 1-18 反映了数据可视化的流程。它描述了从数据空间到可视空间的映射,包含串行处理数据的各个阶段:数据分析、数据滤波、数据的可视映射和绘制。这个流程实际上是数据处理和图形绘制的嵌套组合。

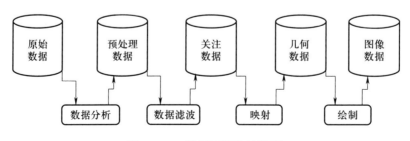

图 1-18 数据可视化的流程

在相当多的应用场合中,异构数据需要在可视化分析或自动分析方法应用之前被整合。因此,这个流程的第一步需要将数据预处理并进行变换,导出不同的表达,便于后续的分析。其他的预处理任务包括数据清洗、数据规范、数据归类和异构数据源集成。

数据变换后,分析人员可以在自动分析和可视化分析两种方法之间选择。自动分析方法从原始数据中通过数据挖掘方法生成数据模型,进而分析人员交互地评估和改进数据模型。可视化分析方法为分析人员在自动分析方法基础上修改参数或选择分析算法提供了自由,通过可视化数据模型可增强模型评估的效率,发现新的规律或者做出相应的结论。在一个可视化分析流程中,支持用户在自动分析和可视化分析方法之间进行自由搭配是基本的要素,有利于迭代形成对初始结果的逐步改善和结果验证,也可尽早发现中间步骤的错误或自相矛盾的结论,从而快速获得高可信度的结果。

数据可视化流程中的核心要素包括三个方面:

1. 数据表示与变换

数据可视化的基础是数据表示和变换。为了有效地可视化、分析和记录,输入数据必须从原始状态变换到一种便于计算机处理的结构化数据表示形式。通常这些结构存在于数据本身,需要有效的数据提炼或简化方法以最大限度地保持信息和知识的内涵。有效表示海量数据的挑战在于采用具有可伸缩性和扩展性的方法,以便忠实地保持数据的特性和内容。此外,将不同类型、不同来源的信息合成为一个统一的表示,使得数据分析人员能及时聚焦数据的本质也是研究重点。

2. 数据的可视化呈现

数据可视化向用户传达信息,而同一个数据集可能对应多种视觉呈现形式,即视觉编码。数据可视化的核心内容是从巨大的呈现多样性空间中选择最合适的编码形式。判断某个视觉编码是否合适的标准包括感知与认知系统的特性、数据本身的属性和目标任务等。图1-19是房屋销售对比图,(a)图的展示更符合数据的特性,(b)图则选择了一种不太恰当的表现形式。

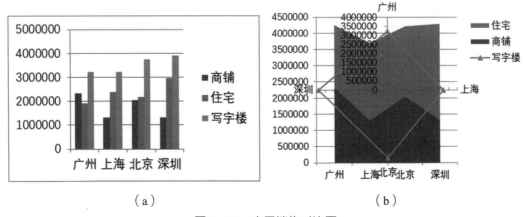

（a） （b）

图1-19 房屋销售对比图

3. 用户交互

对数据进行可视化和分析的目的是要解决目标任务。有些任务可明确定义,有些任务比较抽象。通常目标可以分成三类:生成假设、验证假设和视觉呈现。数据可视化用于从数据中探索新的假设,也可以证实相关假设是否与数据吻合,还可以帮助数据专家向公众展示其中的信息。

二、数据可视化设计

数据可视化的设计可以简化为四个级联的层次,见图1-20。最外层是刻画真实用户的问题,称为问题刻画层。第二层是抽象层,将特定领域的任务和数据映射为抽象且通用的任务及数据类型。第三层是编码层,设计与数据类型相关的视觉编码及交互方法。最内层的任务是创建能正确完成系统设计的算法。以上各层之间是嵌套的,上游层的输出是下游层的输入。

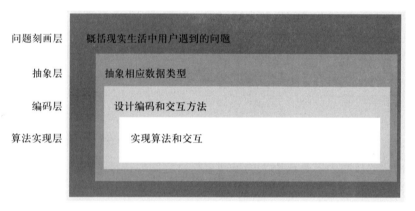

图 1-20　可视化设计的嵌套模型

四个分层的优点在于无论哪个层次以何种顺序执行,都可以独立审查自己的工作是否达到了设计的要求。在实际使用中四个层次很少严格按照时序从外到内执行,一般会采用迭代式的逐步求精过程。

第一层需要可视化设计人员与客户或目标人群交流,获取目标受众的真实需求。获取需求的过程中,设计人员根据需求工程的原则,采用不同的方法获取并描述需求,包括给需求建模等。

第二层将第一层获取的需求转换为抽象的数据类型,同时将早期的需求建模进一步明确和细化,为后续的设计和编码提供依据。

第三层是根据上层导出的需求及抽象出来的数据进行可视化编码和交互方法的设计。第三层直接指导第四层算法实现和交互实现的细节描述。第三层更关注于算法的选择和设计。

第四层是对算法的实现。

三、可视化的基本图表

统计图表是最早的数据可视化形式之一,作为基本的可视化元素被广泛地使用。对于复杂的大型可视化系统,统计图表是其基本的组成元素。基本的可视化图表按照所呈现的信息和视觉复杂程度通常可以分为两类:原始数据绘图和多视图关联。

1. 原始数据绘图

原始数据绘图用于可视化原始数据的属性值,直观展示数据特征。典型的原始数据绘图如下:

(1)数据轨迹图。数据轨迹图是一种标准的单变量数据展示图,x 轴显示自变量,y 轴显示因变量。常用的单变量函数图、股票随时间的价格走势图等都是数据轨迹图,如图 1-21 所示的股票数据轨迹图。

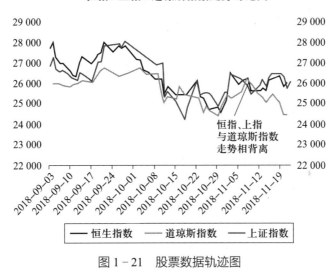

图 1-21　股票数据轨迹图

(2)柱状图。柱状图采用长方形的形状和颜色编码数据的属性,如图 1-22 所示的房屋销售情况对比图。

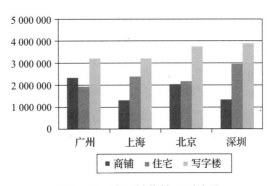

图 1-22　房屋销售情况对比图

（3）直方图。直方图是对数据集的某个数据属性的频次统计。对于单变量数据,其取值范围映射到 x 轴上并分割为多个子区间。每个子区间用一个直立的长方块表示,高度与属于该属性值子区间的数据个数成正比。直方图可以展示数据的分布模态。直方图和柱状图是不同的,直方图各部分频次之和等于整体的数据个数,而柱状图的各个部分之和没有限制(有时也没有意义)。图 1-23 展示了一个直方图。

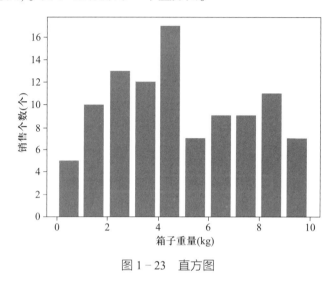

图 1-23　直方图

（4）饼图。饼图用扇形方式展示各分量在整体中的比例,如图 1-24 所示。

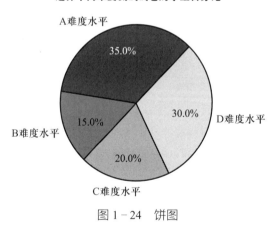

图 1-24　饼图

（5）等值线图(等高线图)。等值线图将相等数值的数据点连线以表示数据的连续分布和变化规律。等值线图中的曲线是空间中具有相同数值(如高度、深度等)的数据点在平面上的投影。平面地图上的地形等高线、等温线、等湿线等都是等值线图在不同领域的应用。图 1-25 为地形等高线图,右侧为颜色标尺。

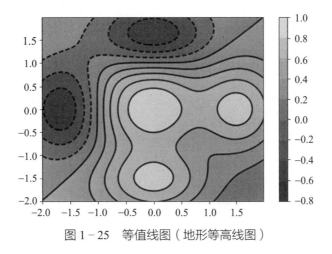

图 1-25　等值线图（地形等高线图）

（6）散点图。散点图是表示二维数据的标准方法。在散点图中，所有数据以点的形式出现在笛卡尔坐标系中，每个点的横、纵坐标即为该点在坐标轴所表示维度上的属性值大小。图 1-26 为散点图示例。

（7）维恩图。维恩图使用平面的封闭图形来表示数据集合间的关系。每个封闭图形代表一个数据集合，图形之间的交叠部分代表集合间的交集，图形之外的部分代表不属于该集合的数据部分。维恩图在一张平面图上表示集合间的所有逻辑关系，被广泛用于集合关系展示，如图 1-27 所示。利用 Python 绘制维恩图时要安装 matplotlib_venn 包。

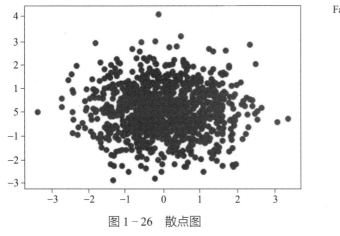

图 1-26　散点图

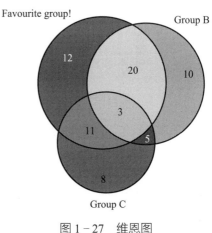

图 1-27　维恩图

（8）热力图。热力图使用颜色来表达与位置相关的二维数据大小。这些数据常以矩阵或方格形式整齐排列，或在地图上按一定的位置关系排列，每个数据点的颜色反映了数值大小。图 1-28 所示为某市最密集餐厅街道热力图。

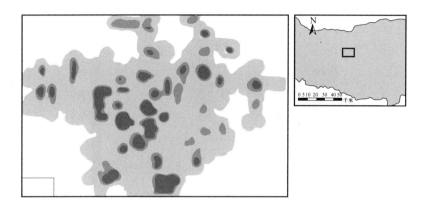

图 1 - 28　热力图

2. 多视图关联

多视图关联将不同种类的绘图组合起来,每个绘图单元可以展现数据某个方面的属性,通常也允许用户进行交互分析,提升用户对数据模式的识别能力。图 1-29 使用了不同视图来展示同一属性,通过使用相同的过滤条件和排序方式,使得比例尺中包含顺序相同的属性值。

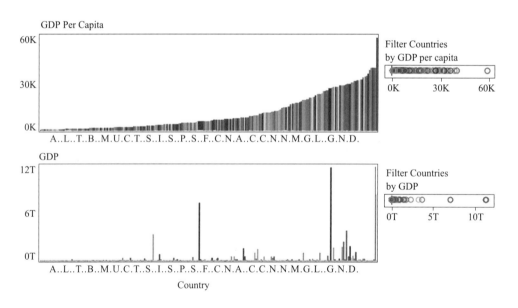

图 1 - 29　多视图关联

四、可视化设计基本原则与主要步骤

(一) 可视化设计的基本原则

可视化的首要任务是准确地展示和传达数据所包含的信息。在此前提下,设计者可以根据用户的预期和需求,提供有效辅助手段以方便用户理解数据,从而完成有效的可视化。

过于复杂的可视化会给用户带来理解上的麻烦,甚至引起用户对设计者意图的误解和对原始数据信息的误读;缺少直观交互控制的可视化会阻碍用户以更直观的方式获得可视化所包含的信息;美学因素也会影响用户对可视化设计的喜好,从而影响信息传播的功能。总之,良好的可视化可提高人们获取信息的能力,但也有诸多因素会导致信息可视化的低效率甚至失效。

(二) 可视化设计的主要步骤

设计一个可视化视图包括三个主要步骤:一是数据到可视化的直观映射;二是视图选择与交互设计;三是数据的筛选,即确定在有限的可视化视图空间中选择适当容量的信息进行编码,在可视化的结果中保持合理的信息密度。为了提高可视化图形的有效性,有时还包括颜色、标记和动画等美学因素的设计。

1. 数据到可视化的直观映射

在选择合适的数据可视化元素(标记和视觉通道)的映射时,设计者首先需要考虑的是数据的语义和用户的个性特征。可视化的一个核心作用是使用户在最短的时间内获取数据的整体信息和大部分细节信息,这通过直接观察数据显然无法完成。如果设计者能够预测用户在观察使用可视化结果时的行为和期望,并以此指导自己的可视化设计过程,则可以在一定程度上帮助用户提升对可视化结果的理解,从而提高可视化设计的可用性和功能性。

对于不同类型的数据,例如数值型数据、有序型数据和类别型数据,在设计可视化之前考虑的可视化编码方式有位置、长度、角度、斜度、面积、体积、密度、饱和度、色调和纹理等。不同的数据类型在设计可视化时将数据的属性通过这些元素映射到图形上时的优先顺序不同。如数值型数据优先顺序为:位置、长度、角度、斜度、面积、体积、密度、饱和度、色调、纹理和形状;有序型数据优先顺序是:位置、密度、饱和度、色调、纹理、长度、角度、斜度、面积、体积和形状;类别型数据优先顺序为:位置、色调、纹理、密度、饱和度、形状、长度、角度、斜度、面积和体积。

2. 视图选择与交互设计

一个成功的可视化首先需要考虑的是被用户广泛认可并熟悉的视图设计。可视化系统必须提供一系列的交互手段,使用户可以按照自己满意的方式修改视图的呈现形式。视图的交互设计主要包括以下一些方面:

(1) 滚动与缩进。当数据无法在当前分辨率下完整展示时,滚动与缩放是非常有效的交互方式。

(2) 颜色映射的控制。调色盘是可视化系统的基本配置。同样,允许用户修改或制作新的调色盘也能增加可视化系统的易用性和灵活性。

(3) 数据映射方式的控制。在可视化设计时,设计者需要确定一个直观且易于理解的数据到可视化的映射。虽然如此,在实际使用过程中,用户仍有可能需要转换到另一种映射方式来观察他们感兴趣的特征。因此,完善的可视化系统在提供默认的数据映射方式的前提下,仍然需要保留用户对数据映射方式的控制交互。

（4）数据缩放和裁剪工具。在对数据进行可视化之前,用户通常会对数据进行缩放并进行必要的裁剪,从而控制最终可视化的数据内容。

（5）细节层次控制（Level-of-detail,LOD）。LOD 控制有助于在不同的条件下,隐藏或者突出数据的细节部分。

总体上,设计者必须保证交互操作的直观性、易理解性和易记忆性。直接在可视化结果上的操作比使用命令行更加方便和有效。例如,按住并移动鼠标可以很自然地映射为一个平移操作,而滚轮可以映射为一个缩放操作。

3. 数据的筛选

在确定了数据到可视化元素的映射和视图与交互的设计后,信息可视化设计的另一个挑战是设计者必须决定可视化需要包含的信息量。一个好的可视化应当展示合适的信息,而不是越多越好。失败的可视化案例主要由于两种原因:过少或过多地展示数据的信息。

在实际情况中,很多数据包含了两到三个不同属性的数值,甚至这些数值可能还是互补的,即可由其中的一个属性的数值推导出另外一个,例如男性和女性的比例（相加起来是100%）。这些数据过少的情况其实并不一定要用可视化来展示数据的信息,用更简单的表格也能清晰地传递数据信息。因此,需要记住的是,可视化只是辅助用户理解数据的工具,如何更简洁和直接地将信息传递给用户才是最根本的任务。

同样,包含过多信息会大大增加可视化视觉复杂度,会使可视化结果变得混乱,造成用户难以理解、重要信息被掩藏等弊端,甚至用户自己都无法知道应该关注哪一部分。因此,一个好的可视化应向用户提供对数据进行筛选的操作,从而可以让用户选择数据的哪一部分被显示。

4. 美学因素

可视化设计者通过设计完成可视化功能后,就需要考虑其形式化（可视化美学）方面的改进。可视化美学因素虽然不是可视化设计的最主要目标,但是具有更多美感的可视化设计显然更容易吸引用户的注意力,并促使用户乐于去探索和理解数据的信息,因此,优秀的可视化必然是功能与形式的完美结合。下面总结了三个提高可视化美学性的方法:

（1）聚焦。设计者通过适当的技术手段将用户注意力集中到可视化结果中的最重要区域。例如,在可视化设计中,设计者可以利用人类视觉感知的前向注意力,将重要的可视化元素通过突出的颜色进行展示,以抓住用户的注意力。

（2）平衡。平衡原则要求可视化的设计空间必须被有效地利用,尽量使重要元素置于可视化设计空间的中心,同时确保元素在可视化设计空间中的平衡分布。

（3）简单。简单原则要求设计者尽量避免在可视化中包含过多的容易造成混乱的图形元素,也要尽量避免使用过于复杂的视觉效果。在过滤多余数据信息时,可以使用迭代的方式进行,即过滤掉任何一个信息特征,都要衡量信息损失,最终找到可视化结果的美学特征与传达信息含量的平衡。

第 5 节　数据可视化与其他学科领域的关系

数据可视化作为数据展示的方式,本身与信息图、信息可视化、科学可视化以及统计图形密切相关,也是数据科学中必不可少的环节。数据科学在许多领域的应用也必然与相关领域的学科具有一定的关系。以下简单总结数据可视化与其他学科领域的关联及关系。

一、图形学、计算机仿真及人机交互

(一) 图形学

计算机图形学关注空间建模、外观表达与动态呈现,为数据可视化提供数据的可视编码和图形呈现的基础理论与方法。数据可视化则与具体应用和不同领域的数据密切相关。因为数据可视化广泛应用于各领域,与各领域的数据分析紧密结合,因此人们逐渐习惯将数据可视化独立于计算机图形学,形成一门新的学科。

计算机动画是图形学的子学科,是视频游戏、动漫、电影特效中的关键技术。数据可视化可采用计算机动画这种表现手法展现数据的动态变化,或者发掘时空数据中的内在规律。

(二) 计算机仿真

计算机仿真是指采用计算设备模拟特定系统的模型。这些系统包括物理学、计算物理学、化学以及生物学系统,经济学、心理学以及社会科学领域的人文系统。它是数学建模理论的计算机实践,能模拟现实世界中难以实现的科学实验、工程设计与规划、社会经济预测等运行情况或行为表现,允许反复试错,节约成本并提高效率。随着计算机硬件和算法的发展,计算机仿真所能模拟的规模和复杂性已经远远超出了传统数学建模所能企及的高度。因而,大规模计算机仿真被认为是继科学实验与理论推导之后,科学探索和工程实践的第三推动力。计算机仿真获得的数据是数据可视化的处理对象之一,而将仿真数据以可视化形式表达是计算机仿真的核心方法。

(三) 人机交互

人机交互指人与机器之间使用某种语言,以一定的交互方式,为完成确定任务的信息交换过程。人机交互是信息时代数据获取与利用的必要途径,是人与机器之间的信息通道。人机交互与计算机科学、人工智能、心理学、社会学、图形学、工业设计等广泛相关。在数据可视化中,通过人机交互接口实现用户对数据的理解和操纵,数据可视化的质量和效率需要最终用户的评判。因此,数据、人、机器之间的交互是数据可视化不可缺少的。

二、数据库与数据仓库

（一）数据库

数据库是按照数据结构来组织、存储和管理数据的仓库,它可高效地实现数据的录入、查询、统计等功能。尽管现代数据库已经从最简单的存储数据表格发展到海量、异构数据存储的大型数据库系统,但它的基本功能中仍然不包括复杂数据的关系和规则的分析。数据可视化通过数据的有效呈现,有助于复杂关系和规则的理解。

（二）数据仓库

面向海量信息的需要,数据库的一种新应用是数据仓库。数据仓库是面向主题的、集成的、相对稳定的、随时间不断变化的数据集合,用以支持决策制定过程。在数据进入数据仓库之前,必须经过数据加工和集成。数据仓库的一个重要特性是稳定性,即数据仓库存储的是历史数据。

数据库和数据仓库是大数据时代数据可视化方法中必须包含的两个环节。为了满足复杂大数据的可视化需求,必须考虑新型的数据组织管理和数据仓库技术。

三、数据分析与数据挖掘

（一）数据分析

数据分析是统计分析的扩展,指用数据统计、数值计算、信息处理等方法分析数据,采用已知的模型分析数据,计算与数据匹配的模型参数。常规的数据分析包含三步:第一,探索性分析。通过数据拟合、特征计算和作图造表等手段探索规律性的可能形式,确定相适应的数据模型和数值解法。第二,模型选定分析。在探索性分析的基础上计算若干类模型,通过进一步分析挑选模型。第三,推断分析。使用数理统计等方法推断和评估所选定模型的可靠性和精确度。

不同的数据分析任务各不相同。例如,关系图分析的 10 个任务是:值检索、过滤、衍生值计算、极值的获取、排序、范围确定、异常检测、分布描述、聚类、相关性。

（二）数据挖掘

数据挖掘指从数据中选择合适的数据类型,分析和挖掘大量数据背后的知识。它的目标是从大量、不完全、模糊随机的数据中,提取隐含在其中的有用的信息和知识。数据挖掘的方法可以演绎,也可以归纳。数据挖掘可发现多种类型的知识:反映事物共性的广义型知识;反映事物特征的特征型知识;反映不同事物之间属性差别的差异型知识;反映事物和其他事物之间依赖或关联的关联型知识;根据当前数据推测未来数据的预测型知识;揭示事物偏离常规出现异常现象的偏离型知识。

数据分析与数据挖掘的目标都是从数据中获取信息与知识,但手段不同。两者已成为科学探索、工程实践与社会生活中不可缺少的数据处理和发布手段。数据分析与数据挖掘通过计算机自动或半自动地获取数据隐藏的知识,并将获取的知识直接给予用户。

数据挖掘领域学者注意到了可视化的重要性,提出了可视化数据挖掘的方法,其核心是将原始数据和数据挖掘的结果用可视化方法予以呈现。这种方法糅合了数据可视化的思想,但仍然是利用机器智能挖掘数据,与数据可视化基于视觉化思考的大方针不同。值得注意的是,数据挖掘与数据可视化是处理和分析数据的两种思路。

四、面向领域的可视化方法与技术

数据可视化是对各类数据的可视化理论与方法的统称。在可视化历史上,与领域专家的研究深度结合产生了面向领域的可视化方法与技术。常见的可视化方法与技术如下。

（一）生命科学可视化

生命科学可视化指面向生物科学、生物信息学、基础医学、转化医学、临床医学等一系列生命科学探索与实践中产生的数据可视化方法。它本质上属于科学可视化。由于生命科学的重要性,以及生命科学数据的复杂性,生命科学可视化已经成为一个重要的交叉型研究方向。自 2011 年起,IEEE VIS 开始举办面向生命科学的可视化研讨会。

（二）表意性可视化

表意性可视化指以抽象、艺术、示意性的手法阐明、解释科技领域的可视化方法。早期的表意性可视化以人体为描绘对象,类似于中学的生理卫生课本和医科院校解剖课程上的人体器官示意图。在数据爆炸时代,表意性可视化关注的重点是从采集的数据出发,以传神、跨越语言的艺术表达力展现数据的特征,从而促进科技生活的沟通交流,体现数据、科技与艺术的结合。

（三）地理信息可视化

地理信息可视化指数据可视化与地理信息系统学科的交叉方向,它的研究主体是地理信息数据,包括建立在真实物理世界基础上的自然性和社会性事物及其变化规律。地理信息可视化的起源是二维地图制作。在现代,地理信息数据扩充到三维空间及动态变化,甚至还包括在地理环境中采集的各种生物性、社会性感知数据(如天气、空气污染、出租车位置信息等)。

（四）产品可视化

产品可视化指面向制造和大型产品组装过程中的数据模型、技术绘图和相关信息的可视化方法。它是产品生命周期管理中的关键部分。产品可视化通常提供高度的真实感,以便对产品进行设计、评估与检验,因此支持面向销售和市场营销的产品设计。产品可视化的雏形是手工绘制的二维技术绘图或工程绘图。随着计算机图形学的发展,它逐步被计算机辅助设计替代。

（五）教育可视化

教育可视化指通过计算机模拟仿真产生易于理解的图像、视频或动画,用于面向公众的教育和传播信息、知识与理念。教育可视化在阐述难以解释或表达的事物时非常有用。

（六）系统可视化

系统可视化指在可视化基本算法中融合了叙事性情节、可视化组件和视觉设计等元素，用于解释和阐明复杂系统的运行机制与原理，向公众传播科学知识。它综合了系统理论、控制理论和基于本体论的知识表达等，与计算机仿真和教育可视化的重合度较高。

（七）商业智能可视化

商业智能可视化又称为可视商业智能，指在商业智能理论与方法发展过程中与数据可视化融合的概念和方法。商业智能的目标是将商业和企业运维中收集的数据转换为知识。

（八）知识可视化

知识可视化指采用可视表达表现与传播知识，其可视化形式包括素描、图表、图像、物件、交互式可视化、信息可视化应用以及叙事性可视化。与信息可视化相比，知识可视化侧重于运用各种互补的可视化手段和方法，面向群体传播认知、经验、态度、价值、期望、视角、主张和预测，并激发群体协同产生新的知识。知识可视化与信息论、信息科学、机器证明、知识工程等方法各有异同，其特点是使发现知识的过程和结果易于理解，且在发现知识过程中通过人机交互发展发现知识的可视化方法。

五、信息视觉设计

面向广义数据信息的视觉设计，是信息设计中的一个分支，可抽象为某种概念形式如属性、变量的某种信息。这又包含了两个主要领域：统计图形学和信息图。它们都与量化和类别数据的视觉表达有关，但被不同的表述目标驱动。

统计图形学应用于统计数据相关的领域，它的大部分方法如散点图、热力图等已经是信息可视化的基本方法。

信息图限于二维空间上的视觉设计，偏重于艺术表达。信息图和可视化之间有很多相似之处，共同目标是面向探索与发现的视觉表达。特别地，基于数据生成的信息图和可视化在现实应用中非常接近，且有时能互换。但两者的概念是不同的：可视化指用程序生成的图形图像，这个程序可以被应用到不同的数据；信息图指为某一数据定制的图形图像，它是具体化的、自解释性的，而且往往是设计者手工定制的，只能用于特定数据。由此可以看出，可视化的强大普适性能够使用户快速地将某种可视化技术应用于不同数据，但选择适合的数据可视化技术却依赖于用户的个人经验。

与视觉设计有关的绘图学是一个传统的基础性研究方向，它关注图、树等非结构化数据结构，设计表达力强的可视表达与可视编码方法。

将视觉设计与社会媒体结合，产生了一个新的学科方向——视觉传媒。它通过信息的可视化展现联通了创意和理念，在网页设计和图形向导的可用性方面作用明显。视觉传媒与艺术和设计的关联度较高，通常以二维图表形式存在，包括字符艺术、符号、电子资源等。

考虑到非空间的抽象数据，数据可视化的可视表达与传统的视觉设计类似。然而，数据可视化的应用对象和处理范围远远超过统计图形学、视觉艺术与信息设计等学科。

第 6 节　数据文件处理

实际工作时我们处理的数据一般来自文件或数据库,数据文件有各种不同的格式。本节介绍如何读取和保存各类数据文件。

一、Pandas 读取数据文件

Pandas 库是目前 Python 做数据分析必备的库,该库提供了各种读写数据文件的方法。在 IPython 窗口输入"pd.read_",然后按 Tab 键将弹出命令补全窗口,可以看到 pd 提供了十几条"read_xxx"命令,支持的文件格式有 csv、excel、spss、stata、pickle、hdf 和 sql 等,读取后返回 DataFrame 对象。下面试举几例读取代码。

```python
import pandas as pd
# 代码中的数据文件见本书配套资源包
# 1. 读取 csv 文本文件
# data1.csv 采用 gbk 编码,要用 encoding 参数说明,指定第 0 列作索引
df1 = pd.read_csv('data/data1.csv', encoding='gbk', index_col=0)
# data2.csv 没有文件头(列名),指定 header=None
df2 = pd.read_csv('data/data2.csv', header=None)
df2.columns = ['apple','huawei','oppo']                # 设定列名
# data3.txt 的数据不是逗号分隔,而是数量不等的空格
# sep='\s+' 表示分隔符是数量不等的空格
df3 = pd.read_csv('data/data3.txt', sep='\s+', header=None)


# 2. 读取 excel 文件
df4 = pd.read_excel('data/mobile.xlsx', index_col=0)


# 3. 读取 mysql 数据
# 该命令仅为示范,不可实际执行. pymysql 模块先要自行安装
import pymysql
conn =pymysql.connet(host='数据库服务器', port='端口', user='用户名'
                     ,passwd='密码',  db='数据库名')      # 连接数据库
sql = "select * from  表名"                          # sql 语句
df = pd.read_sql(sql, conn)                          # 读取数据库数据
```

```
# 4. 读取 html 表格
#pd.read_html() 爬取网页上的 table,返回由 DataFrame 构成的列表
# 例:爬取财富中文网 2019 年世界 500 强排行榜表格数据
url = 'http://www.fortunechina.com/fortune500/c/2019-07/22/content_339535.htm'
lst = pd.read_html(url)                    # 返回由网页中所有的 table 构成的列表
df = lst[0]                                # 取出第 0 个表, DataFrame 对象
```

二、从 JSON 数据源导入数据

JSON(JavaScript Object Notation)是一种轻量级的数据交换格式,目前很多应用程序都以 JSON 格式作为数据导入导出的格式。JSON 格式的文件"worker.json"内容如下:

　　{"ID01":{"name":"大壮","age":20,"sex":"男"},

　　　"ID02":{"name":"小明","age":21,"sex":"男"},

　　　"ID03":{"name":"小美","age":21,"sex":"女"}

　　}

从上面可以看出 JSON 格式类似字典格式,最外层是花括号,内部的数据以键值对表示。Python 通过 JSON 模块中的两个方法存取 JSON 文件:load()方法用于读取,返回字典对象;dump()方法用于写入。如下代码演示了如何读取 JSON 文件。

```
import json                               # 导入 json
with open(' data/worker.json', encoding=' utf8')    as  f:  # 打开文件 worker.json
    jsdata = json.load(f)                 # 读取,返回字典对象
print(' json 数据:', jsdata)
print(' 导入到程序中的数据类型:', type(jsdata))
```

程序输出如下:

```
json 数据: {' ID01': {' name': '大壮', ' age': 20, ' sex': '男' }, ' ID02': {' name': '小明', ' age': 21,
' sex': '男' }, ' ID03': {' name': '小美', ' age': 21, ' sex': '女' }}
导入到程序中的数据类型: <class ' dict' >
```

使用 Pandas 可直接读入 JSON 文件得到数据框对象。

```
import pandas as pd
df = pd.read_json(' data/worker.json' )
print(df)
Out:
          ID01      ID02      ID03
name      大壮        小明        小美
age       20        21        21
sex       男         男         女
```

如果读取时增加 orient=' index' 参数则得到下面的数据框。

```
df2 =pd.read_json(' data/worker.json' , orient=' index' )    # 注意 orient 参数
print(df2)
Out:
        name    age    sex
ID01    大壮    20     男
ID02    小明    21     男
ID03    小美    21     女
```

目前很多网站的 API 数据接口返回的就是 JSON 数据,我们可以使用 Requests 模块访问这些接口。Requests 用于网络访问,Anaconda 已含有此模块。

```
import requests                                      # 网络访问模块
json_url = ' https://api.github.com/users/justglowing'   # API 接口
req =requests.get(json_url)                           # 访问网络
with open(' data/justglowing.json' , ' w' , encoding=' utf-8' ) as f:
    f.write(req.text)                                # 将返回的字符串写入文件
dic = req.json()                                     # 将返回的字符串转为 json 对象
print(dic)
```

Requests 模块通过 get 方法向服务器发送请求,服务器响应后,返回一个响应对象存储在 req 变量中。req.text 属性可获取返回的字符串数据,req.json()方法可将字符串直接转为 JSON 对象。

三、导出数据到 Excel、JSON 和 CSV

处理好的数据可以保存为各种格式。

（一）导出到 Excel

将数据导出为 Excel 文件可以有多种方法,如使用 xlwt 或 openpyxl 模块,当然最便捷的还是使用 Pandas。

```
import pandas as pd
data ={ ' id' :[' 1' , ' 2' , ' 3' ], ' score' :[90, 85, 87] }
df = pd.DataFrame(data)
df.to_excel(' data/studata.xlsx' )            # 使用 pandas 导出为 excel 文件
```

（二）导出到 JSON 文件

JSON 文件可以在程序间共享数据,Pandas 也提供了导出为 JSON 文件的命令。JSON 模块中的 dump()函数也可导出 JSON 文件。

```
import pandas as pd
data = { 'id' :[ '1' , '2' , '3' ], ' score' :[90, 85, 87] }
df = pd.DataFrame(data)
df.to_json(' data/studata.json' )            # 方法 1:利用 pandas 导出为 json 文件

import json
with open(' data/studata2.json' , ' w' ) as f:
    json.dump(data, f)                       # 方法 2:利用 json 模块的 dump 方法导出
```

JSON 文件默认以 utf-8 编码存储。如果数据文件含有中文,导出后中文将以"\uxxxx"的编码形式呈现,这样很不直观。在导出时可设置如下所示的相应参数,这样导出的 JSON 文件中的中文就以普通字符存储,便于查看。

```
import pandas as pd
data = { ' name' :[' 张西' , ' 李明' , ' 刘风' ], ' score' :[90, 85, 87] }
df = pd.DataFrame(data)
df.to_json(' data/studata.json' , force_ascii=False)   # 含有中文时,pd 可指定 force_ascii=False

import json
with open(' data/studata2.json' , ' w' , encoding=' utf8' ) as f:
    json.dump(data, f, ensure_ascii=False)        # json 模块指定 ensure_ascii=False 参数
```

（三）导出到 CSV 文件

CSV 文件以逗号为数据的间隔符,导出时可以借助 Pandas。

```
import pandas as pd
data = { ' name' :[' 张西' , ' 李明' , ' 刘风' ], ' score' :[90, 85, 87] }
df = pd.DataFrame(data)
df.to_csv(' data/stu.csv' , encoding=' GBK' )      # 存为 csv 文件,指定用 GBK 中文编码
```

四、从数据库导入数据

数据库是结构化数据存储的主要形式,大量数据都采用数据库系统进行管理。常用的数据库系统有 MySQL、PostgreSQL、SQLServer 和 SQLite 等。Python 自带 SQLite 模块,可直接支持 SQLite 这一微型数据库。其他数据库在安装相应驱动模块后都可以统一的命令方式使用。

使用某种数据库前需要引入相关的数据库驱动包。如使用 SQLite 数据库,则引入 sqlite 包,语句为"import sqlite3"。如使用 MySQL 数据库,则引入 pymysql 包,语句为"import py-mysql"。操作时一般遵循以下步骤:

（1）连接数据库引擎。

（2）在选择的表上执行查询操作。

（3）读取从数据库引擎返回的结果。

基本操作见以下代码示例(注:代码只展示基本操作,并不完整)。

```
import pymysql
#1. 连接数据库引擎
conn =pymysql.connect(host="数据库服务器", user="用户名", passwd="数据库密码", db="
mytest", port=3306,charset="utf8")
cur =conn.cursor()                    # 创建游标对象
# 2. 执行查询操作
cur.execute("sql 语句")               # 使用 execute()方法执行 SQL 代码
data = cur.fetchall()                 # 返回执行 SQL 代码后的结果集,默认为元组
cur.close()                           # 关闭游标
conn.close()                          # 关闭数据库连接
# 3. 处理 data
```

五、生成随机数据

数据分析中经常要生成随机模拟数据,numpy.random 模块提供了很多随机数函数,下面给出一些随机数生成的例子。

```
import numpy as np
np.random.seed(7)                        # 设定随机数种子,可指定任意种子值
np.random.randint(1,9,size=(2,3))        # 生成[1, 9)区间的 2 行 3 列随机整数数组
np.random.random(10)                     # 生成 10 个[0.0, 1.0)间的随机小数
np.random.randn(3,4)                     # 生成符合标准正态分布的 3 行 4 列二维数组
np.random.normal(loc=2, scale=3, size=(3,4))   # 生成符合正态分布 N(2,9)的 3 行 4 列二维数组
np.random.uniform(2,5, size=(3,4))       # 生成[2,5)范围内均匀分布的 3 行 4 列二维小数数组
```

计算机生成的随机数是伪随机数,是在某种生成算法和种子值的控制下生成的。如果程序执行前先设定某个种子值(np.random.seed(n)),则每次执行时将得到相同的随机数序列。这保证了每次随机实验时可得到相同的验证结果。下面的代码用随机数模拟生成价格波动序列(见图 1-30)。

```
import numpy as np
import matplotlib.pyplot as plt
np.random.seed(7)                   # 随机种子
price =np.random.normal(loc=0.2, scale=1.2, size=100)   # 符合正态分布 N(0.2, 1.44)的价格波动序列
y =np.cumsum(price)                 # 累加价格波动
plt.plot(y, 'b.-' )                 # 折线图,此处 x 默认为[0,1,2,.., len(y)-1]
plt.xlabel(' Time' )
plt.ylabel(' Value' )               # 图 1-30
```

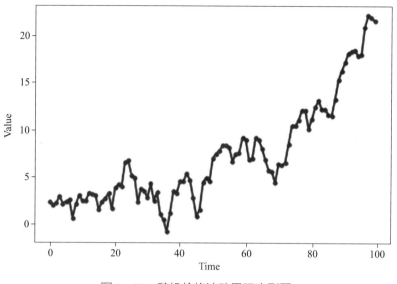

图1-30 随机价格波动累积序列图

六、数据噪声的平滑处理

我们日常处理的数据并不是非常干净的理想数据,数据中总是包含噪声或干扰,如传感器采集的数据。我们希望图表能清晰地传递信息,使用户易于理解。因此,对真实数据的噪声做平滑处理是有意义的。下面代码先生成随机数据并加入噪声,后续进行了模拟平滑处理(见图1-31)。

```
import numpy as np
import matplotlib.pyplot as plt
def moving_average(interval, window_size):
    window =np.ones(int(window_size)) / float(window_size)
    return np.convolve(interval, window, ' same' )          # 用 np 卷积函数做平滑


t =np.linspace(start = -4, stop = 4, num = 100)
y =np.sin(t) + np.random.randn(len(t)) *  0.1              # 加入随机数作为噪声
y_av = moving_average(interval = y, window_size = 10)      # 平滑处理
plt.plot(t, y, "b.-", t, y_av, "r.-")
plt.legend([' original data' , ' smooth data' ])
plt.xlabel(' Time' )
plt.ylabel(' Value' )
plt.grid(True)                                            # 显示网格线,图1-31
```

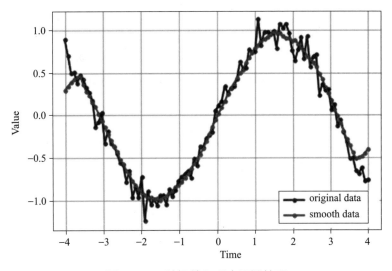

图 1－31　随机数和噪声平滑处理

图 1-31 中折线是原始数据,由于噪声干扰,曲线有众多毛刺。平滑曲线对应用 np 的卷积函数平滑处理以后的数据,整个曲线比较光滑。

第 7 节　Anaconda 开发环境

本部分介绍 Python 平台下的数据可视化技术,读者应具备一定的 Python 编程基础。Python 是一门跨平台、开源、免费的解释型高级编程语言,目前在数据科学中被普遍使用。同时,Python 还在数据可视化、系统安全、人工智能及网站设计等诸多领域中有广泛应用。

在学习 Python 数据可视化之前先要准备好工作环境,包括编辑器、解释器、可视化软件包、配套工具库等。集成开发环境(IDE)往往会提供上述工具的集成。

一、Anaconda 概述

(一) Anaconda 安装

Python 目前有很多开发工具,如 Python 标准安装包中自带的简易 IDLE 工具、众多程序员喜爱的 PyCharm 集成环境、微软的 VScode 环境等。本书推荐使用 Anaconda 集成开发环境。

Anaconda 是一个开源的 Python 发行版本,包含了 Python 内核,同时还自带 conda、numpy、seaborn、pandas 和 matplotlib 等 180 多个科学工具库及其依赖库。如果安装了 Anaconda,就不再需要单独安装 Python 及其他常用工具库了,本书后面章节涉及的很多库均已包含。Anaconda 支持主流的操作系统,包括 Windows、Linux 和 Mac OS。

1. 下载 Anaconda

建议从 Anaconda 官网下载安装包。页面默认下载的是最新版安装包。官网提供个人免费版(Individual Edition)、团队版(Team Edition)、企业版(Enterprise Edition)等版本,用户可选择个人版。本书选用对应 Windows 64 位系统且内核为 Python3.8 的安装包。

2. 安装 Anaconda

下载的安装包大约有 500MB,直接双击安装。安装时建议勾选"Add Anaconda3 to the system PATH environment variable"选项,如图 1-32 所示,将安装路径添加到系统"PATH"环境变量中,方便后续在命令行上调用程序。

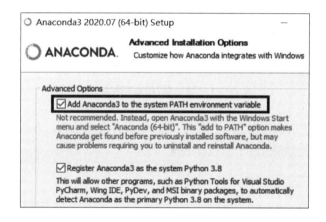

图 1-32 安装时勾选 Add Path 选项

3. Anaconda 程序组

Anaconda 安装完毕后,在"开始"菜单中有如图 1-33 所示的程序组。调试本书代码时推荐使用 Spyder 或 Jupyter Notebook 编程工具。如需在命令行安装其他工具包,可选择"Anaconda Prompt"进入命令行环境,然后使用 pip 或 conda 工具安装第三方包。

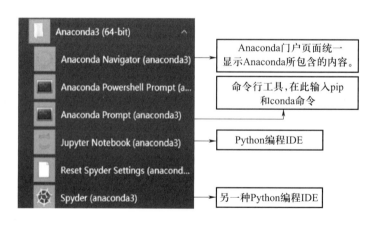

图 1-33 开始菜单中的 Anaconda 程序组

（二）使用 Jupyter Notebook

本书提供的代码文件需要在 Anaconda 自带的 Jupyter Notebook 环境下运行。该环境允许在浏览器中调试运行 Python 代码,输出结果也显示在浏览器中,保存后会得到一个含有代码和输出结果的扩展名为.ipynb 的文件。目前大多数 Python 书籍随书提供的示例代码都是这种格式的文件。

在"开始"菜单中选择"Anaconda/Jupyter Notebook",计算机将启动一个命令行窗口运行 Notebook 的后台服务器(注:不要关闭此窗口),随后会启动默认的浏览器,如图 1-34 所示的 Jupyter 主窗口。界面中将默认显示用户的 Windows 个人目录中的文件。

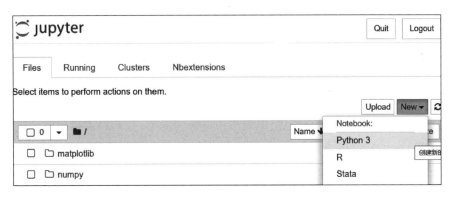

图 1-34　Jupyter 主窗口

如果目录中已有.ipynb 文件,可直接单击打开此文件。用户也可在图 1-34 所示的"New"选项卡中选择"Python3",这样会新建一个.ipynb 文件。在单元格中输入代码,点击标题行上的"Untitled"更改文件名并保存,如图 1-35 所示。

图 1-35　Jupyter 代码编辑界面

点击图 1-34 中的"Upload"按钮可以选择其他目录中的".ipynb"文件,再点击随后出现的"上传"按钮可将选中的文件复制到当前目录中。

用户如果从"开始"菜单启动 Jupyter,此时默认工作目录是用户的个人目录。如果".

ipynb"文件存放在其他目录中,可以先定位到该目录,然后直接在地址栏中输入"jupyter notebook"回车运行,这样就会以该目录作为工作目录,如图1－36所示。当然,能够这样运行的前提条件是在安装时勾选了图1－32中提到的"Add Path"选项。

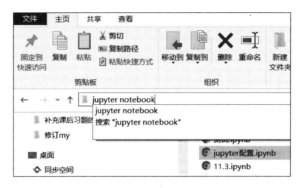

图1－36　在地址栏输入Jupyter Notebook启动

Notebook文件由众多单元格组成,单元格主要分为两类:代码格和标记格。代码格内保存代码,可以运行。标记格内保存文字,可以做简单的Markdown排版。Markdown是一种轻型排版标记语言。两类单元格可以相互转换。

在代码格输入代码后,点击工具栏上的"运行"按钮或按"Shift +Enter"键则执行单元格,执行后光标自动移到下一单元格。如果按"Ctrl+Enter"键则执行后光标仍停留在原单元格。选择Cell菜单下的"Run All"可执行所有单元格。

操作时的状态分为编辑模式和命令模式两种,类似Unix中的Emacs软件的两种模式。按Enter键进入编辑模式,此时可修改单元格的内容。按Esc键或鼠标单击单元格左边栏则进入命令模式。在命令模式下,按"a"键在当前格前面插入新格,按"b"键在当前格后面插入新格,连按两次"d"键则删除当前格。关于快捷键可参见Help菜单下的"Keyboard Short-cuts"菜单项。

Jupyter环境可安装插件以扩充功能,还支持多种开发语言,如R或Stata语言。标记单元格可做简单的排版,设置不同等级的标题,插入链接和图片。更多内容请参阅随书提供的"jupyter配置.ipynb"文件。

（三）可视化绘图库

数据可视化是数据分析及其结果的直观展示。使用Python进行数据可视化需要使用第三方可视化库。常用的可视化库有:

（1）Matplotlib。这个绘图库使用最广泛,用户主要使用Matplotlib.pyplot模块。本书大部分篇幅重点介绍该库。

（2）Seaborn。Seaborn可以实现比Matplotlib更美观、更快捷的可视化效果。本书第7章介绍该库。

（3）Veusz。这是一个用Python和PyQt编写的GPL科学绘图包,也能嵌入其他Python程序中。

（4）Mayavi。一个三维绘图包，支持 Python 脚本。

（5）Networkx。这是一个用于构建和操作复杂的图结构，提供分析图的算法的可视化包。

（6）Pygooglechart。这是一个功能丰富的可视化软件包，可以与 Google 图表 API 连接。

下面代码读取一个记录身高、体重的数据文件（CSV 格式），演示 Jupyter 中的可视化编程，先查看一下数据。

In[1]:	import pandas as pd df = pd.read_csv(' data/height.csv')　　　# 本书数据文件都存放在 data 子目录中 df.head()
Out:	height　weight 0　　150　　45 1　　151　　48 2　　152　　50 3　　153　　57 4　　160　　65

下面就例 1 的数据文件绘制折线图，如图 1-37 所示。

"% matplotlib inline"指定采用 inline 绘图模式，确保图形输出在 Notebook 内部。"import matplotlib.pyplot as plt"导入绘图库，利用 plt.plot()绘制折线图。

| In[2]: | % matplotlib inline
import matplotlib.pyplot as plt　　　　　　　　# 导入绘图库
import pandas as pd
df = pd.read_csv(' data/height.csv')
plt.plot(df["height"], df["weight"], marker=' o')　　# 折线图，' o' 圆点
plt.show()　　　　　　　　　　　　　　　　　# 图 1-37 |

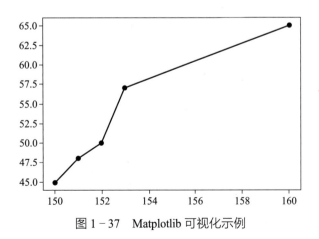

图 1-37　Matplotlib 可视化示例

对文件处理时往往涉及当前目录的切换,如例 2。

In[3]:	import os os.getcwd()	# 返回当前目录名
Out:	' C:\\Users\\wang_'	
In[4]:	os.chdir(r' D:\pyvisual') os.getcwd()	# 切换当前目录
Out:	D:\pyvisual	

其中"import os"载入 os 模块,用于提供文件目录管理功能。os.getcwd()函数获取当前目录路径。如果并非我们希望的目录则可以切换当前目录以方便读取文件。执行命令 os.chdir(r' D:\pyvisual')就将当前目录改为 D:\pyvisual。

二、可视化工具介绍

在长期的数据处理过程中逐渐发展起来了一批优秀的可视化工具软件。这些工具软件有的操作简单,无须编程,通过简单的菜单操作即可输出统计图形;有的功能强大,接口灵活,但需要编程操作,给用户提供了最大的定制性和灵活性,在处理大数据集上有优势。下面列举一些常用的可视化工具软件。

（一）Excel

Excel 是 Microsoft 公司开发的 Office 办公套件之一,其强大的数据处理能力和操作上的简易性受到了全世界用户的认可。结合 Excel 提供的函数功能,使用户在数值计算、财务处理方面的工作简便快捷。同样,Excel 的图表给用户提供了丰富的数据可视化手段。这些可视化涵盖了常用的统计图,并且实现可视化的过程简单,图表格式和展示内容灵活,可快速编辑和美化。

（二）Google Spreadsheets

Google Spreadsheets 是基于 Web 的应用程序,它允许使用者创建、更新和修改表格并在线实时分享数据。基于 Ajax 的程序与微软的 Excel 和 CSV 文件是兼容的,图表和数据表格可用网页的格式保存。

Spreadsheets 提供典型的表格处理功能,比如能够对行和列进行添加、删除和排序。该应用程序允许多个不同地区的使用者在表格上实时合作,并且通过内嵌的即时通信程序聊天。使用者可以从他们的计算机上直接上传表格。

Spreadsheets 具有很好的图表制作功能。利用这个功能,可以在 Spreadsheets 里制作多种图表,包括柱状图、条形图、折线图、饼状图和散点图。

（三）Tableau

Tableau 是一款定位于数据可视化的智能展现工具,可以用来实现交互的、可视化的分析和仪表板应用,能够帮助使用者快速地认识和理解数据。Tableau 具有以下核心优势:

（1）数据获取极速高效。

（2）用户体验良好且易于使用。

（3）易学,不需要技术背景和复杂的统计知识。

（4）操作简单,不需要编程。

（四） D3.js

D3.js(Data-Driven Documents) 又称数据驱动文档。它是目前 Web 端使用最为广泛的 JavaScript 可视化工具库。D3.js 能够向用户提供大量线形图和条形图以外的复杂图表样式, 如 Voronoi 图、树形图、圆形集群和词云等。它的优点是实例丰富且易于调试,同时能够通过 扩展实现任何想要的可视化效果。

与 jQuery 类似,D3.js 直接对 DOM 进行操作,这是它与其他可视化工具的主要区别所 在。D3.js 可设置单独的对象以及功能集,并通过标准 API 进行 DOM 调用。D3.js 没有固 定的数据图形模板供用户参考,不能像操纵 Excel 一样来实现制图功能,但 D3.js 有很多插 件可供选用。

三、交互可视化软件包

传统的可视化软件输出的是静态图片,只能展示,不能和使用者互动。现在越来越多的 软件提供了交互可视化功能,这类软件输出的不再是静态图片,而是网页和 JavaScript 代码。 用户在浏览器中查看可视化网页,随着用户鼠标的点击、移动或选择不同的数据集,可视化 图表会随之改变。

目前在数据分析领域中常用的交互可视化软件包有 Plotly、Pyecharts、Bokeh 和 VisPy 等。

（一） Plotly

Plotly 是 Python 环境下基于浏览器的交互式图形库,构建在 plotly.js 之上。Plotly 是一 个高级的声明式图表库,提供了 30 多种图表类型,包括科学图表、3D 图形、统计图表、SVG 地图和财务图表等。

Plotly 除了有丰富的绘图功能,还支持将图形存放在云端,可以在线分享和修改图形。 Plotly 还支持创建 Dash Web 应用程序,这样仅使用 Python 语言即可构建 Web 应用。Plotly 是目前 Python 平台下功能最强大的可视化库。

本书第 9 章介绍 Plotly 库。

（二） Pyecharts

Echarts 是百度开源的 JS 可视化库,类似前面介绍的 D3 库。直接使用 Echarts 对用户要 求较高,用户需要掌握网页制作和 JS 技术。Python 适合数据处理,Echarts 适合交互可视化, 当两者结合就产生了 Pyecharts 库。

Pyecharts 支持 40 余种图形类型,如柱形图、折线图、水球图、桑基图和百度地图等。该 库只支持 Python 原生数据类型,如列表、元组和字典,不支持 Numpy 和 Pandas 数据类型。

Pyecharts 偏重于可视化效果,缺少一些统计类图表。Pyecharts 是一款国产软件,提供在线中文帮助文档。

本书第 8 章介绍 Pyecharts 库。

(三) Bokeh

Bokeh 是一款在 Web 浏览器中呈现效果的交互可视化 Python 库,这是 Bokeh 与其他静态可视化库最大的区别。

Bokeh 可以像 D3 那样创建简洁漂亮的交互可视化效果,即使是非常大型的或是流数据集也可以进行高效互动。Bokeh 可以帮助用户快速方便地创建互动式图表、控制面板以及数据应用程序。

(四) VisPy

VisPy 是一个高性能的交互式 2D 或 3D 的数据可视化库。利用图形处理器 GPU,通过 OpenGL 库的扩展来对大型数据集进行可视化,包括:

(1) 实时的数据可视化展示。

(2) 3D 模型的快速交互可视化。

(3) OpenGL 可视化演示。

(4) 快速可伸缩的可视化部件。

(5) 支持数百万点阵的高质量交互式科学图表。

更多 VisPy 信息可以参考其官网。

≫ 本章小结

　　本章首先介绍了数据可视化的发展简史、数据可视化的意义。 从这些介绍中读者可以大致理解我们为什么要进行数据可视化,以及技术进步对数据可视化的影响。 其次,本章介绍了数据可视化的分类,使读者大致了解一些常用的数据可视化种类。 接着,本章介绍了数据可视化的理论入门,包括数据可视化的流程、设计基本框架、基本原则和几种基本图表。 为了进一步引导读者理解数据可视化,本章还介绍了数据可视化与其他学科领域的关系,介绍了数据可视化中几种常见的数据文件处理,这些数据文件处理是我们进行数据可视化的基本技能。

　　Anaconda 是本书采用的集成开发环境,因此本章对其安装、测试及可视化绘图库进行了介绍,并重点介绍了 Anaconda 中的 Jupyter Notebook 组件,它是本书示例的开发和展示工具。 同时,本章还简介了常用可视化工具及交互可视化软件包。

》 习题

1. 根据数据可视化发展简史、数据可视化的意义，谈谈数据可视化对人们生产实践有何帮助。

2. 数据可视化有哪些种类？ 举例说明哪些数据分别适合何种类型的可视化方式。

3. 数据可视化流程有哪些步骤，简要说明流程中每个步骤关注的工作。

4. 常见的可视化基本图表有哪些？

5. 简要说明可视化设计的原则，这些原则对我们进行可视化设计时有何指导意义。

6. 给出程序中定义的字典变量 data = {'ID01': {'姓名': '张三', '成绩': 80}, 'ID02': {'姓名': '李四', '成绩': 78}, 'ID03': {'姓名': '王五', '成绩': 92}}，将该数据输出为 JSON 文件"成绩.json"。然后在程序中读取该文件并输出。

7. 给出程序中定义的字典变量 data = {'姓名': ['小明','小美','大壮','小丽'], '成绩': ['90', '91', '92','91']}，将该数据输出为 Excel 文件"成绩.xlsx"。

8. 安装 Anaconda，熟悉 Jupyter Notebook 编程环境，测试教材"Matplotlib 可视化举例"中的例子。

9. 常见的交互可视化软件包有哪些，各有什么特点？

即测即评

第 2 章

Matplotlib 图表构成

学习目标

- 认识图表的常用辅助元素。
- 掌握子图的绘制方法和布局方式。
- 掌握参考线和参考区域的定制方法，掌握标题与图例的定制方法。
- 掌握注释文本的定制方法，设置指向型和无指向型的注释文本。

本章的主要知识结构如图 2-1 所示。

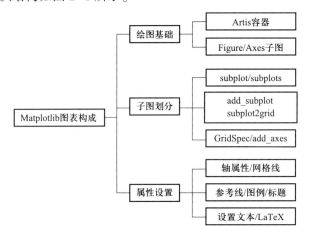

图 2-1 本章知识结构图

Matplotlib 是 Python 平台最常用的可视化工具库，可以方便地创建 2D 和 3D 图形。Matplotlib 在函数设计上参考了 MATLAB，故其名字以"Mat"开头，中间的"plot"表示绘图，结尾的"lib"表示库。Matplotlib 提供了一整套和 MATLAB 类似的绘图函数集，编写几行简短的代码即可实现快速绘图。Matplotlib 官网上展示了很多精美的图形及其源代码，用户需要绘制某种类型的图表可参考借鉴这些优秀的示例。

绘图最常用的数据是 Numpy 数组，因此读者应掌握基本的 Numpy 操作。

读者若使用 Anaconda 开发平台则无需再安装 Matplotlib，平台中已包含该库。如使用其他尚未包含该库的开发环境，可在命令行上执行如下命令安装，命令中指定了清华镜像源以便快速安装：pip install matplotlib -i https://pypi.tuna.tsinghua.edu.cn/sample。

第 1 节　Matplotlib 绘图基础

一、绘图框架

Matplotlib 库结构比较复杂,包含众多的绘图对象和函数。为方便调用, matplotlib.pyplot 模块提供了一组命令式绘图接口函数,绘图时主要使用此模块。语句"import matplotlib.pyplot as plt"表示导入 Pyplot 模块并命名为 plt,后续章节中的 plt 都指代 matplotlib.pyplot 模块。下面展示三个简单的绘图示例,以便读者对绘图有一个初步感受。这些图形在后续章节会有详细介绍。

（一）在同一幅图上绘制正弦和余弦曲线

```
import numpy as np
import matplotlib.pyplot as plt          # 导入绘图库
plt.rcParams[' font.family' ]=' SimHei'   # 设置使用黑体字体以正常显示中文
plt.rcParams[' axes.unicode_minus' ]=False  # 正常显示负号


x = np.linspace(-2*np.pi, 2*np.pi, 100)   # 在[-2π, 2π]间生成等差数列(100 个数)
plt.plot(x, np.sin(x), label=' sin(x)' )   # 绘制正弦曲线
plt.plot(x, np.cos(x), label=' cos(x)' )   # 绘制余弦曲线
plt.legend(fontsize=14)                   # 执行此句才能显示上两条语句设置的图例 label
plt.title(' 正弦-余弦曲线', fontsize=18)    # 图形标题
plt.savefig(' pic1.png', transparent=True) # 保存为背景透明的图片,此句应在 plt.show()之前
plt.show()                                # 显示图形, 见图 2-2
```

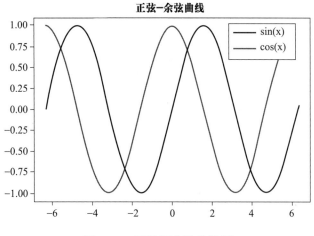

图 2-2　正弦和余弦曲线图

　　上面的代码中,x 和 np.sin(x)都是 Numpy 数组,对应 100 个点的 *x* 坐标和 *y* 坐标。plt.plot()用于绘制折线图,根据提供的坐标绘制点并自动连线。由于点数够多,显示为光滑的曲线。

　　plt.show()用于显示图形,实际编程时,即使省略该句,最后图形也能显示出来。在 IPython 窗口执行魔术命令“% matplotlib inline”将设置图形输出为内嵌模式,此后图形将输出在 IPython 或 Jupyter Notebook 内部。执行魔术命令“% matplotlib”将设置图形输出为独立窗口模式,此后图形将输出在一个弹出的窗口中,窗口工具栏上有放大、缩小和保存图形等工具按钮。

　　(二) 在两个子图上分别绘制正弦和余弦曲线

```
import numpy as np
import matplotlib.pyplot as plt            # 导入绘图库
plt.rcParams[' font.family' ] = ' SimHei'   # 正常显示中文
plt.rcParams[' axes.unicode_minus' ] = False  # 正常显示负号
x = np.linspace(−2*np.pi, 2*np.pi, 100)     # 在[−2π, 2π]间生成等差数列(100 个数)

fig = plt.figure(figsize=(8, 4))            # 创建新画布
axes1 = fig.add_subplot(1, 2, 1)            # 在画布上创建 1 行 2 列模式的第 1 个子图
plt.plot(x, np.sin(x), c=' r', label=' sin(x)' )  # 绘制正弦曲线(此时默认绘制在 axes1 上)
plt.legend(fontsize=14)                     # 显示图例

axes2 = fig.add_subplot(1, 2, 2)            # 创建 1 行 2 列模式的第 2 个子图
plt.plot(x, np.cos(x), c=' g', label=' cos(x)' )  # 绘制余弦曲线(此时默认绘制在 axes2 上)
plt.legend(fontsize=14)                     # 显示图例
plt.suptitle(' 正弦−余弦曲线(多子图)', fontsize=18)  # 设置多子图的 suptitle 大标题
plt.show()                                  # 显示图形, 见图 2−3
```

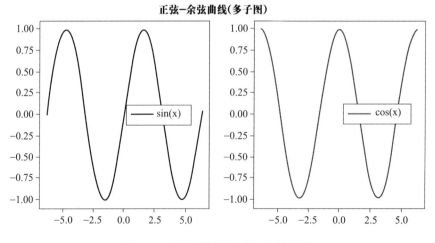

图 2−3　多子图绘制正弦 −余弦曲线

图 2-3 的代码稍显复杂,首先创建画布并新建了两个子图,然后将两条曲线分别绘制在两个子图上。画布和子图的概念见后续说明。

（三）绘制散点图

```
import numpy as np
import matplotlib.pyplot as plt
plt.rcParams[' font.family' ]=' SimHei'
x =np.arange(1,21)                           # x 作为自变量
y =2* x + 1 + np.random.uniform(-2,2,20)     # "y=2x + 1 + 随机数" 模拟产生因变量 y
ax = plt.gca()                               # 返回当前绘图区域对象(类型为 Axes)
ax.scatter(x, y, label=' scatter figure' )   # 在 ax 上绘制散点图
ax.set_title(' 散点图' ,fontsize=18)          # 图标题
ax.set_xticks(range(0,25,5))                 # 设置 x 轴显示的刻度值
ax.set_xlabel(' X 轴' ,fontsize=14)           # X 轴标签
ax.set_ylabel(' Y 轴' ,fontsize=14)           # Y 轴标签, 图 2-4
```

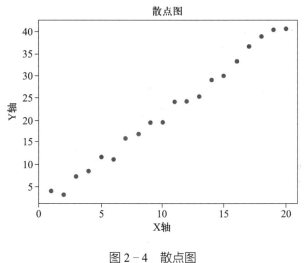

图 2-4　散点图

scatter()函数绘制散点图,常用于探寻变量之间的关系。图中点的分布表明 x 和 y 之间应为线性关系。

（四）架构层次

上面三段代码采用了两种编码风格。前两段代码使用类似 MATLAB 风格的"plt.函数()"的方式调用绘图命令。这种方式较简单,初学者上手很快。第三段代码采用"ax.set_函数()"的面向对象方式编码,ax 是 Axes(绘图区域) 对象。面向对象方式更灵活,可设置更精细的图形细节,彻底掌控整个图形。两种风格的绘图效果是相同的,只是在语法上有所区分。例如,要设置图形标题,前者写为"plt.title(标题)",后者写为"ax.set_title(标题)"。

Matplotlib 库采用面向对象方式架构,主要分为三个层次:

（1）matplotlib.backend_bases.FigureCanvasBase:绘图画板,用于承载画布。

（2）matplotlib.backend_bases.RendererBase：代表渲染器，用于在画板上绘图。

（3）matplotlib.artist.Artist：代表各类图表组件，这些组件利用渲染器绘图。

绘图时用户主要和各类 Artist 对象打交道，一般不需要关注画板和渲染器。Artist 分为简单类型和容器类型两种。简单类型的 Artist 对象是标准的绘图组件，比如 Line2D（线条）、Rectangle（矩形）、Text（文本）等。容器类型可包含多个简单 Artist 对象，常见的容器类型有 Figure（画布）、Axes（绘图区域）和 Axis（坐标轴）等。图形的各部分构成如图 2-5 所示。

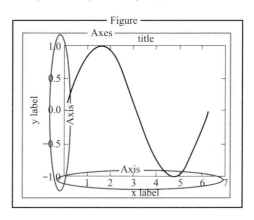

图 2-5　图形框架

图形绘制在一个 Figure（画布）上，Figure 上至少有一个 Axes（子图）对象，可根据需要划分多个 Axes。在 Axes 中可添加简单类型的 Artist（如折线/散点/柱形等），还可设置 Axis（坐标轴）格式以及 title（图形标题）。图 2-2 的代码没有显式创建 Figure，系统会自动创建默认的画布，画布上有一个默认的 Axes。图 2-3 的代码则使用语句“fig=plt.figure()”显式创建 Figure 对象，后续在 fig 对象上添加了两个 Axes。

Artist 对象有容器、辅助、图像三层结构。容器层包括 Figure（画布）、Axes（绘图区域）和 Axis（坐标轴，xaxis 和 yaxis 对应 x 轴和 y 轴）。辅助层包含一些设置函数，例如 xlabel()、ylabel()、title() 用于设置 x 轴、y 轴标签和图形标题，legend() 显示图例等。图像层用于绘制各种图表，如 plot() 绘制折线图，scatter() 绘制散点图，pie() 绘制饼图等。图 2-6 直观地展示了 Figure、Axes 和 Axis 之间的关系。其中 xaxis 代表 x 轴，其下又包含 tick（刻度值）和 ticklabel（刻度标签）。

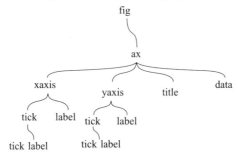

图 2-6　图形对象的隶属关系

在绘制图形、设置图形属性时,函数有很多可选参数以支持个性化设置,如颜色、散点符号、线条形态等。这些参数后续将会介绍,读者也可借助 help()函数获取信息,如"help(plt. scatter)"将显示散点图的命令帮助。访问 Matplotlib 官网,查询官方文档可获取最准确的帮助信息。

二、绘图流程

绘图前应先准备好数据,数据多采用列表、Numpy 数组或 Pandas 中的 DataFrame 和 Series 等格式。绘图的基本流程如图 2-7 所示。

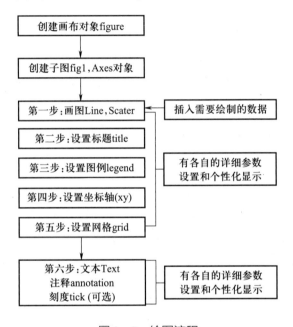

图 2-7　绘图流程

(1) 首先创建画布对象 Figure,再创建绘图区域 Axes 对象。简单图形可以不用显式创建这两类对象,系统会自动创建。

(2) 调用绘图函数绘制各类图形,如折线图或散点图等。

(3) 设置标题 title、图例 legend、坐标轴标签(xlabel/ylabel)、坐标轴刻度(xticks/yticks)、网格 grid、有箭头的注释 annotation、无箭头的文字注释 text 等图形修饰部分。

(4) 显示图形或保存为图片文件。

三、Figure 对象

在构成图表的各种 Artist 对象中,Figure(画布)位于最顶层。它容纳了图形的所有元素,是后续所有绘图操作的总容器。该对象常用属性有:

（1）Figure.patch：画布的背景矩形。

（2）Figure.axes：由画布上的所有 Axes 实例构成的列表。

（3）Figure.images：由画布上的所有 img 图片构成的列表。

（4）Figure.texts：由画布上的所有文字实例构成的列表。

创建新画布使用函数 plt.figure()，格式如下：

fig＝plt.figure(figsize＝None,dpi＝None,facecolor＝None,edgecolor＝None,frameon ＝ True, **kwargs)，主要参数说明如下：

（1）figsize：元组格式(宽,高)，表示图形大小，单位英寸。

（2）dpi：图形分辨率，即每英寸对应的像素数，默认值 100。增大该值则图形将变大。

（3）facecolor：画布背景矩形的颜色。

（4）edgecolor：画布边框颜色。

（5）frameon：默认值 True，表示要显示图形背景色和外框架。

创建画布时最常用的参数是 figsize，用户可根据画布将要容纳的图形组件的多少来设置适当的画布尺寸。

```python
import matplotlib.pyplot as plt
import numpy as np
plt.rcParams[' font.family' ]=' SimHei'
plt.rcParams[' axes.unicode_minus' ]=False
# 画布宽 8 英寸,高 3 英寸,显示分辨率 100,背景粉红色
fig ＝plt.figure(figsize＝(8,3), dpi＝100, facecolor="pink")


# 定义子图区域在画布中的位置
left, bottom, width, height ＝[0.1, 0.1, 0.8, 0.8]
ax ＝fig.add_axes((left, bottom, width, height), facecolor="y")    # 在特定位置创建子图


x ＝np.linspace(−2, 2, 1000)
y1 ＝np.cos(40*x)
y2 ＝np.exp(−x**2)
#绘制曲线图
ax.plot(x, y1*y2,' −.w' )                          # −. 是点线,  w 白色
ax.plot(x, y2, ' r' )                             #r 红色
ax.plot(x, −y2, ' r' )
ax.set_xlabel("x 轴")                            # x 轴标签
ax.set_ylabel("y 轴")                            # y 轴标签
ax.set_title(' Figure 对象' )                     # 标题
fig.savefig("图形 1.png", dpi=200)               # 以 200dpi 的分辨率保存图片,图 2-8
```

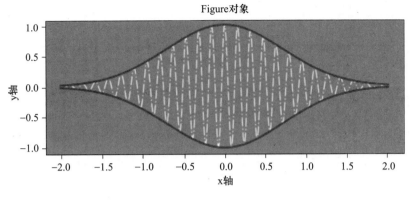

图 2−8　画布示例

上述代码先调用 plt.figure()函数返回 fig 对象,再调用 fig.add_axes()方法在画布上创建 Axes 实例,然后调用 ax.plot()绘制图形。fig.add_axes()方法用于在画布的指定位置创建子图,这个位置参数是由绘图区左下角的坐标及绘图区宽和高构成的列表[left, bottom,width, height]。[0.1, 0.1, 0.8, 0.8]表明子图 Axes 的左下角对应画布左下角 10%的位置,宽度和高度都占据整张画布的 80%。图 2−8 最后在保存图片时设定了"dpi＝200"的参数,图形尺寸为 (8,3)英寸,因此最后保存的图片为 1600×600 像素大小。

四、Axes 子图

Axes 是 Figure 上的绘图区域,此术语也称为子图或坐标系。Axes 是绘图的核心对象,内部可包含众多图形组件。Axes 实例提供了绘图的坐标系,还包含坐标轴对象(xaixs/yaixs 轴)。一个画布上可包含一个或多个 Axes 实例,可使用 fig.add_subplot()函数将 Axes 实例添加到行列规整的画布上,也可用 fig.add_axes()函数将 Axes 添加到画布的任意区域。Axes 对象的主要属性如表 2−1 所示。

表 2−1　Axes 对象的属性

属性	描　　述	属性	描　　述
artists	Artist 对象	lines	Line2D 对象列表
patch	作为 Axes 背景的 Patch 对象,可以是 Rectangle 或 Circle	patches	Patch 对象列表
collections	Collection 对象	texts	Text 文字对象列表
images	AxesImage 对象	xaxis	XAxis,即 x 轴
legend	Legend 图例对象	yaxis	YAxis,即 y 轴

此外,Axes 对象还包含很多绘图函数。例如,ax.plot()绘制折线图,ax.bar()绘制条形图。

Axes 对象的常用绘图方法如表 2-2 所示。

表 2-2 Axes 对象的绘图方法

Axes 方法	创建对象	存储于列表	Axes 方法	创建对象	存储于列表
annotate	Annotate	texts	imshow	AxesImage	images
bar	Rectangle	patches	text	Text	texts
errorbar	Line2D、Rectangle	lines, patches	plot	Line2D	lines
fill	Polygon	patches	scatter	PolygonCollection	collections
hist	Rectangle	patches			

调用 Axes 对象的绘图方法 plot() 会创建 Line2D(线条)对象,并添加到 Axes 对象的 lines 属性中,最后可用语句 ax.lines 返回所有的 Line2D 对象。

```
fig = plt.figure()                    # 新画布
ax = fig.add_subplot(121)             # 用 add_subplot 创建 Axes 对象,1 行 2 列的第 1 个子图
ax.patch.set_facecolor('b')           # 设置子图背景颜色为蓝色
ax.patch.set_alpha(0.1)               # 设置背景的透明度,范围 0-1,1 表示不透明
ax.plot([0,1,2],[1,2,3], c='r', marker='x')     # 绘制一条线,线是 Line2D 对象
ax.plot([-1,0,1],[-1,0,1], c='b', marker='d')   # 再绘制一条线,图略
lst = ax.lines                        # 列表 lst 中含有 2 个 Line2D 对象,可供后续修改时引用
```

五、设置 Pyplot 的参数

Pyplot 模块默认不支持中文,中文字符会错误显示为小方框,因此需要设置 plt.rcParams ["font.family"]参数来改变绘图时的字体,使得图像可以正常显示中文。同时,由于更改字体后将导致坐标刻度的负号无法显示,因此还需要设置 axes.unicode_minus 参数,代码如下:

```
import matplotlib.pyplot as plt
plt.rcParams[' font.family' ] = ' SimHei'      # 设置黑体以正确显示中文
plt.rcParams[' axes.unicode_minus' ] = False   # 确保负号显示正常
plt.xlim((-5, 5))                              # 设置 x 轴刻度范围
plt.title(' 中文标题')         # 执行上面的 plt.rcParams 语句后,中文和负号应显示正常
```

注意,如使用 Mac 系统则应设置为如下中文字体。

```
plt.rcParams[' font.family' ] = ' Arial Unicode MS'   # Mac 系统没有 Simhei 字体,应设置此中文字体
```

rcParams 表示"run configuration"运行配置参数的意思。在绘图时,每类绘图对象都有默认的属性,如线条的宽度、颜色、样式等。这些默认属性值都可用 plt.rcParams 语句修改,示例语句如下。

```
x =np.linspace(1,10,100)
plt.rcParams[' lines.linestyle' ]=' :'        # 修改线条为":" 样式
plt.rcParams[' lines.linewidth' ]=5           # 修改线条宽度
plt.rcParams[' font.size' ] = 14              # 设置字体的默认大小
plt.plot(x, np.sin(x))                        # sin 曲线将采用上面设置的默认线形和宽度
plt.plot(x, np.cos(x), ls=' -.' , lw=2)       # cos 曲线用自设的' -.' 样式,宽度 2,图 2-9
```

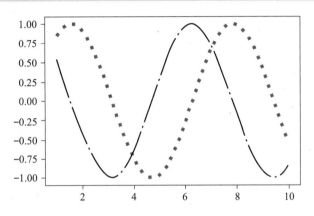

图 2－9　plt.rcParams 参数配置示例

线条常用的参数名称有如下 4 种:

(1) lines.linewidth:线条宽度。

(2) lines.linestyle:线条样式(见表 2-3),默认值为"-"实线。

(3) lines.marker:点的样式(见表 2-4),默认值 None(不显示点)。

(4) lines.markersize:点的大小。

表 2－3　lines.linestyle 参数说明

风格字符	说明	风格字符	说明
－	实线	-.	划点线
－－	虚线	:	点点线

表 2－4　lines.marker 参数说明

标记字符	说明	标记字符	说明	标记字符	说明
.	点	1	下花三角	h	竖六边形
,	像素	2	上花三角	H	横六边形
o	实心圆圈	3	左花三角	+	十字
v	倒三角	4	右花三角	x	x
^	上三角	s	实心方形	D	菱形
>	右三角	p	实心五角	d	瘦菱形
<	左三角	*	五角星			垂直线

第 2 节　子 图 划 分

有时因为业务要求,需要将画布划分为若干子区域,每个子图上绘制不同的统计图形。此处的子图即上一节介绍的 Axes 对象。Matplotlib 提供了多个划分子图的函数:plt.subplot()、plt.subplots()、plt.axes()、plt.subplot2grid()、gridspec.GridSpec()、fig.add_axes()和 fig.add_subplot()等。注意,前 5 个函数的调用主体是 plt 模块,最后两个函数的调用主体是 fig 画布对象。

一、等分子图区域

函数 plt.subplot()用于生成规整的行列布局的子图,调用格式为 plt.subplot(numRows, numCols, plotNum),也可省略参数间的逗号,将命令简写为 plt.subplot(RCN)。numRows(缩写 R)表示将画布分成几行,numCols(缩写 C)表示将画布分成几列,plotNum(缩写 N)代表子图编号(从 1 开始)。与此函数类似的还有 plt.subplots()和 fig.add_subplot(),三个子图划分函数的代码示例如下。

（一）plt.subplot()示例

```
import matplotlib.pyplot as plt
plt.subplot(1, 2, 1)                          # 1 行 2 列模式的第 1 个子图
plt.text(0.4, 0.5, ' 121', c=' red', fontsize=20)   # 在坐标(0.4, 0.5)处显示红色字符串'121'
plt.subplot(122)                              # 1 行 2 列模式的第 2 个子图
plt.text(0.4, 0.5, ' 122', c=' r', fontsize=20)    # 图 2-10
```

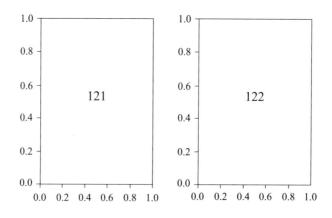

图 2-10　plt.subplot 多子图示例

每次执行 plt.subplot()将产生一个新的 Axes,这个 Axes 自动成为当前默认的子图,后续的绘图对象就在此 Axes 上呈现。如果想再使用以前的 Axes 绘图,可通过 fig.axes 列表获取画布上的 Axes,见下面的示例。

```
fig = plt.gcf()      # 返回当前画布对象,gcf 表示 get current figure
ax = fig.axes[0]     # fig.axes 是列表,包含画布上所有的 Axes, 取得第 0 个即"121"子图
ax.text(0.1, 0.2,' first', fontsize=20)       # 此语句将在图 2-10 的"121"子图中显示文本"first"
```

（二）plt.subplots()示例

相比上条命令,plt.subplots()命令末尾多了一个"s"。执行此命令将返回一个画布对象 fig 及由多个 Axes 构成的数组。

```
#返回一个画布对象 fig, ax 是二维数组,2 行 2 列共 4 个子图
fig, ax =plt.subplots(nrows=2, ncols=2, figsize=(8,6))
fig.patch.set_color(' b' )              # 画布背景蓝色
fig.patch.set_alpha(0.1)               # 画布背景透明度 0.1
x = np.arange(1,11)
ax[0,0].plot(x, x)                     # 注意 ax 内的坐标,此处 ax 是二维数组, 绘制直线 y=x
ax[0,1].plot(x, -x)                    # y = -x
ax[1,0].plot(x, x**2)                  # y = x²
ax[1,1].plot(x, np.log(x))             # y = lnx
for i, axes in enumerate(ax.ravel()):  # ravel()将二维转为一维以便遍历
    axes.set_title(' ax' +str(i+1), fontsize=' 20' )   # 设置每个子图的 title, 图 2-11
fig.tight_layout()                     # 自动调整子图间距
```

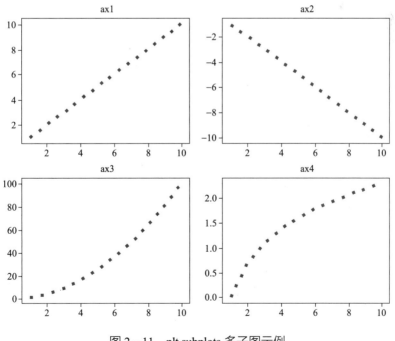

图 2-11　plt.subplots 多子图示例

如果执行语句"fig, ax = plt.subplots(nrows=1, ncols=2)"将产生 1 行 2 列模式的子图,此时 ax 是一维数组,用 ax[0]和 ax[1]对应两个子图。

多子图的轴有时会有所重叠,可使用 fig.tight_layout()自动调整子图间距。

（三）fig.add_subplot()示例

对比前面两条命令,fig.add_subplot()命令的主体是画布对象 fig。

```
fig =plt.figure()                          # 新画布
ax1 =fig.add_subplot(221)                  # 2 行 2 列的第 1 个子图
ax1.text(0.4,0.5,' ax1' ,c=' r' ,fontsize=18)
ax3 =fig.add_subplot(223)                  # 2 行 2 列的第 3 个子图
ax3.text(0.4,0.5,' ax3' ,c=' r' ,fontsize=18)
ax2 =fig.add_subplot(122)                  # 1 行 2 列的第 2 个子图
ax2.text(0.4,0.5,' ax2' ,c=' r' ,fontsize=18)      # 图 2-12
```

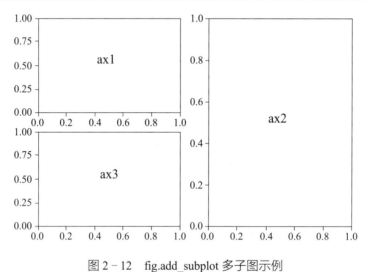

图 2-12　fig.add_subplot 多子图示例

上面的代码呈现了一种更灵活的布局。ax1 和 ax3 是 2 行 2 列模式的第 1 和第 3 个子图,占据了画布的左半部分。ax2 是 1 行 2 列模式的第 2 个子图,这样正好占据了画布的右半部分。

二、划分复杂子图

如果遇到复杂的子图划分情况可考虑使用函数 plt.subplot2grid()。该函数内含的 rowspan 和 colspan 参数可以让子图跨越网格的多行或多列,实现灵活的区域划分。函数的工作方式是设定网格,选中网格,确定选中行列的数量。行和列都从 0 开始编号,代码如下。

```
import matplotlib.pyplot as plt
plt.rcParams[' font.family' ]=' SimHei'
# (3,3) 3 行 3 列, (0,0)表示当前为第 0 行第 0 列子图, colspan=3 横向占用 3 列宽
plt.subplot2grid(shape=(3,3), loc=(0,0), colspan=3)
plt.text(0.4, 0.5,' 子图 1', fontsize=18)


# (1,0)表示当前为第 1 行第 0 列子图, colspan=2 横向占用 2 列宽
plt.subplot2grid((3,3), (1,0), colspan=2)
plt.text(0.4, 0.5,' 子图 2', fontsize=18)


# (1,2) 第 1 行第 2 列子图, rowspan=2 纵向占据 2 个子图高度
plt.subplot2grid((3,3), (1,2), rowspan=2)
plt.text(0.4, 0.5,' 子图 3', fontsize=18)


plt.subplot2grid((3,3), (2,0))                  # 第 2 行第 0 列子图
plt.text(0.4, 0.5,' 子图 4', fontsize=18)


plt.subplot2grid((3,3), (2,1))                  # 第 2 行第 1 列子图
plt.text(0.4, 0.5,' 子图 5', fontsize=18)        # 图 2-13
plt.tight_layout()
```

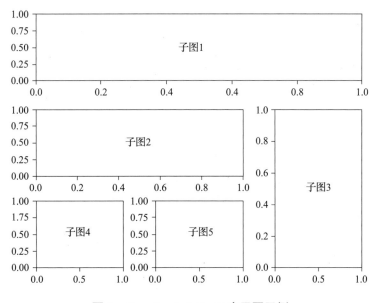

图 2-13　plt.subplot2grid 多子图示例

　　Matplotlib 库中的 gridspec 函数也可达到和 subplot2grid 函数相同的划分效果, 代码要更简单一些。

```
import matplotlib.gridspec as gridspec          # 导入 gridspec
gs = gridspec.GridSpec(3,3)                      # 实例化, 3 行 3 列
ax1 =plt.subplot(gs[0,:])                        # ax1 对应第 0 行的所有列
ax1.text(0.4,0.5,' ax1' ,c=' r' ,fontsize=18)
ax2 =plt.subplot(gs[1, :-1])                     # 第 1 行, 含第 0、1 两列, 但不含-1 列(最后一列)
ax2.text(0.4,0.5,' ax2' ,c=' r' ,fontsize=18)
ax3 =plt.subplot(gs[1:, -1])                     # 第 1 行开始的所有行, 列是-1 列(最后一列)
ax3.text(0.4,0.5,' ax3' ,c=' r' ,fontsize=18)
ax4 =plt.subplot(gs[2, 0])                       # 第 2 行第 0 列
ax4.text(0.4,0.5,' ax4' ,c=' r' ,fontsize=18)
ax5 =plt.subplot(gs[2, 1])                       # 第 2 行第 1 列
ax5.text(0.4,0.5,' ax5' ,c=' r' ,fontsize=18)    # 图 2-14
```

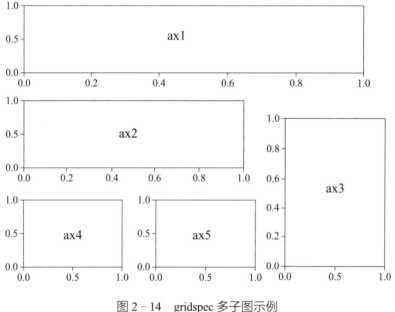

图 2-14　gridspec 多子图示例

对于多子图可以使用 plt.subplots_adjust()函数调节子图的间距。该函数有 left、right、bottom、top、wspace 和 hspace 等参数, 取值都是 0~1 之间的小数, 它们是将绘图区域的宽和高都视为 1 进行正规化之后的坐标或长度。

```
# 画布 left 左边空白 10% , right 右边到 0.9 的位置(即右空白 10% ),
# 子图间横向空白为单个子图宽度的 20% ,纵向空白为单个子图高度的 10%
plt.subplots_adjust(left=0.1, right=0.9, wspace=0.2, hspace=0.1)


# 子图间横向和纵向空白都为 0, 所有子图将相互邻接
plt.subplots_adjust(wspace=0, hspace=0)
```

三、图中图

Matplotlib 可以在画布的任意位置放置 Axes 对象,即使与现有的 Axes 对象重叠亦可,这样可实现图中图的效果。创建时使用 fig.add_axes()函数。

```
import matplotlib.pyplot as plt
plt.rcParams[' font.family' ] = ' SimHei'
x = [1, 2, 3, 4, 5, 6, 7]                                    # 定义数据
y = [1, 7, 15, 24, 30, 50, 55]
plt.plot(x, y, ' gD-' )                                      # g 绿色, D 菱形点, -实线
plt.title(' 大图', fontsize=20)


fig =plt.gcf()                                               # 返回当前画布
left, bottom, width, height =0.2, 0.5, 0.25, 0.25
ax =fig.add_axes([left, bottom, width, height])             # 在指定位置创建 Axes
ax.plot(x,y, ' r^' )                                         # r^ 红色三角点
ax.set_title(' 图中图', fontsize=16)                          # 图 2-15
```

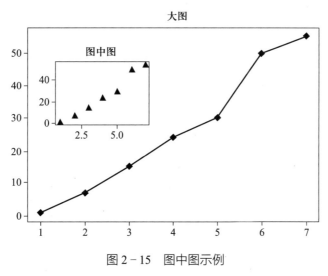

图 2 - 15　图中图示例

第 3 节　Axes 属性设置

Axes 实例有 x 轴和 y 轴属性,可以使用 Axes.xaxis 和 Axes.yaxis 来控制两个轴的相关元素,例如刻度(tick)、刻度标签(ticklabel)、刻度线定位器等。此外,Axes 还包含网格线(grid)、参考区域、标题(title)、注释(text)、图例(legend)等图形细节元素,如图 2-16 所示。

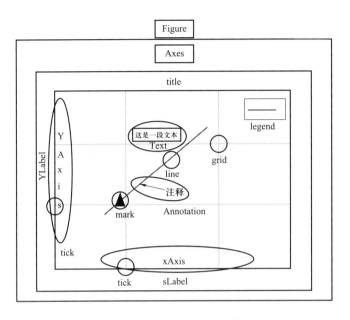

图 2-16　Axes 组成元素

一、轴属性

Axes 的周边有四条轴脊(top、bottom、left 和 right),默认底部的轴脊为 x 轴,左边的轴脊为 y 轴,x 轴和 y 轴上有刻度线和刻度标签。函数 set_color()、set_linewidth()和 set_linestyle()用于设置轴脊的颜色、宽度和样式。

```python
# 以右轴脊为例,设置其颜色为黄色,宽度为 10,样式为虚线
import matplotlib.pyplot as plt
ax = plt.gcf().gca()                      # 返回当前画布的当前子图
ax.spines[' right' ].set_color(' y' )     # 设置右轴脊黄色
ax.spines[' right' ].set_linewidth(10)    # 线宽
ax.spines[' right' ].set_linestyle('--')  # 线条样式,图 2-17
```

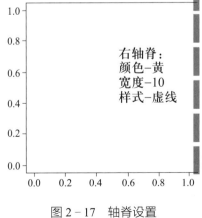

图 2-17　轴脊设置

函数 plt.xlim()、plt.ylim()用于设置数轴显示范围,例如,plt.xlim(−5, 5)设置 x 轴显示范围为[−5, 5]。plt.xlabel()、plt.ylabel()设置轴的名称,plt.xticks ()、plt.yticks()设置轴刻度。当调用前缀为 Axes 对象时,上述调用格式变为"ax.set_函数",例如 ax.set_xlim()、ax.set_xlabel()。下面的代码展示了如何设置各种轴脊。

```python
import matplotlib.pyplot as plt
plt.rcParams[' font.family' ]=' SimHei'
plt.rcParams[' axes.unicode_minus' ]=False
x =np.linspace(−2* np.pi, 2* np.pi, 100)
y =np.cos(x)
plt.figure(figsize=(6,6),dpi=100)


ax1 =plt.subplot(221)                           # 2 行 2 列模式的第 1 个子图
ax1.spines["right"].set_color("none")           # 右轴颜色为 none, 即不显示
ax1.spines["top"].set_color("none")             # 顶轴不显示
ax1.set_xlim(−2* np.pi, 2* np.pi)               # 设置 ax1 的 x 轴显示范围
ax1.set_ylim(−1.0, 1.0)                         # y 轴范围
plt.title(" $ a $ ")                            # $ a $ 是 LaTex 标记,见本节第 6 点说明
plt.scatter(x, y, marker="o", color="r")


ax2 =plt.subplot(222)
ax2.xaxis.set_ticks_position("top")             # ax2 的顶轴显示刻度
ax2.yaxis.set_ticks_position("right")           # ax2 的右轴显示刻度
ax2.set_xlim(−2* np.pi, 2* np.pi)
ax2.set_ylim(−1.0, 1.0)
plt.title(" $ b $ ")
plt.scatter(x, y, marker="+", color="g")


ax3 =plt.subplot(223)
for pos in [' top' ,' bottom' ,' left' ,' right' ]:    # 将 4 个轴都设为不显示
    ax3.spines[pos].set_color("none")
plt.xticks([])                                  # x 轴的刻度为空,即不显示
plt.yticks([])                                  # y 轴不显示刻度
plt.title(" $ c $ ")
plt.scatter(x, y, marker="*  ", color="c")


ax4 =plt.subplot(224)
ax4.spines["right"].set_color("none")           # 不显示右轴
```

```
ax4.spines["top"].set_color("none")          # 不显示顶轴
ax4.spines[' bottom' ].set_position((' data' ,0))   # 底部 x 轴移到位置 0
ax4.spines[' left' ].set_position((' data' ,0))    # 左边 y 轴移到位置 0,移动后原点(0,0)在图的中央
plt.title(" $ d $ ")
plt.scatter(x, y, marker="D", color="m")

plt.subplots_adjust(wspace=0.3, hspace=0.3)   # 调整子图之间的间隔
plt.suptitle(' 坐标轴的显示控制', fontsize=18) # 图 2-18
```

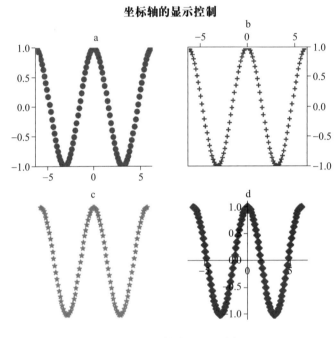

图 2-18　轴脊设置示例

二、网格线、参考线和参考区域

为了更好地观察图形和坐标轴的对应关系,通常会在绘图区域添加一些参考元素。例如,背景网格线、水平参考线、竖直参考线、水平参考区域、竖直参考区域等。为避免背景喧宾夺主,可借助参数 alpha 调节背景透明度。alpha 取值在 0~1 之间,值越小越透明。

函数 plt.grid()用于设置平行于 x 轴或 y 轴的网格线,plt.grid(False)则隐藏网格线。此外,还可以使用参数 linestyle 和 color 设定网格线的线形和颜色,调用方式为 plt.grid(linestyle=":", c="r"),代码如下。

```
import matplotlib.pyplot as plt
plt.grid()                              # 显示 x 轴和 y 轴网格线
plt.grid(axis='x')                      # 只显示对应 x 轴的垂直网格线
plt.grid(axis='y')                      # 只显示对应 y 轴的水平网格线
                                        # 设置网格线形态为"-.",红色,透明度 0.5
plt.grid(linestyle="-.", c='r', alpha=0.5)   # 图 2-19
```

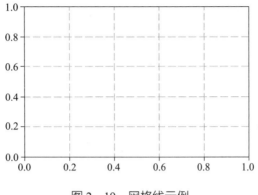

图 2-19 网格线示例

函数 axhline()用于绘制水平参考线,例如"plt.axhline(y=1, c='r', ls='--', lw=2, alpha=0.3)"表示水平参考线设在 $y=1$ 处。函数 axvline()用于绘制竖直参考线,"plt.axvline(x=0)"则在 $x=0$ 处绘制一条竖直参考线,代码如下。

```
import numpy as np
x = np.linspace(-2*np.pi, 2*np.pi, 100)
plt.plot(x, np.cos(x))
plt.axhline(y=1, c='r', ls='--', lw=2, alpha=0.3)    # 水平参考线, y=1 处
plt.axhline(y=0, c='r', ls='--', lw=2, alpha=0.3)    # 水平参考线, y=0 处
plt.axvline(x=0, c='g', ls='-')                      # 竖直参考线, x=0 处
plt.ylim(-1.2, 1.2)                                  # 设定 y 轴数据范围,图 2-20
```

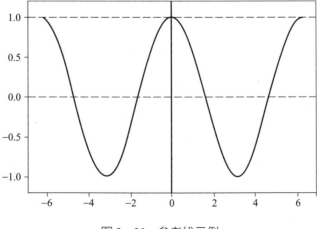

图 2-20 参考线示例

　　函数 axhspan()用于绘制水平条状参考区域,例如"plt.axhspan(ymin = −0.25, ymax = 0.25, facecolor=' purple')"表示在 y 轴区域[−0.25,0.25]处绘制水平参考条。函数 plt.axvspan()则绘制竖直参考条。

```
plt.xlim(0,10)
plt.ylim(−1,1)
plt.axhspan(ymin=−0.25, ymax=0.25, facecolor=' purple' , alpha=0.1)        # 水平参考条区域
plt.axvspan(xmin=4, xmax=6, facecolor=' g' , alpha=0.1)              # 竖直参考条区域, 图 2−21
```

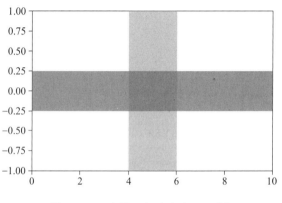

图 2−21　水平和竖直参考区示例

　　合理地利用参考区域函数可以绘制出精美的修饰图画,代码如下。

```
import numpy as np
from matplotlib.patches import Circle              # 引入 patches 模块中的画圆函数 Circle
plt.rcParams[' font.family' ]=' SimHei'
plt.rcParams[' axes.unicode_minus' ]=False
x =np.linspace(−10,10,100)
y =np.random.rand(100)


# 月亮( 由两个不同颜色的圆的左上角部分叠加而成)
ax = plt.gca()                          # 获取当前 Axes
c1 = Circle(xy=(−3,4), radius=0.8, color=' y' )       # 圆心在(−3,4), 半径 0.8 的黄色圆
ax.add_patch(c1)                        # 将圆添加到子图上
c2 = Circle(xy=(−2.5,3.8), radius=0.8, color=' w' )     # 圆心在(−2.5,3.8)的白色圆
ax.add_patch(c2)                        # 添加白色圆, 叠加后产生月亮效果


# 海浪+散点( 由 sin(2x)和 cos(2x)曲线叠加)
plt.plot(x, np.sin(2*x), ls =' −' , lw = 5, c=' b' , alpha=0.7)        # sin(2x)曲线
plt.plot(x, np.cos(2*x), ls =' −' , lw = 7, c=' b' , alpha=0.5)        # cos(2x)曲线
plt.scatter(x, y, c=' b' , alpha=0.4)
```

```
# 下方的黄色沙滩由宽度为 100 的线条绘制
y3 =-x* (x-3)/10 - 3
plt.plot(x, y3, ls =' -', lw = 100, c=' y' )                # 宽度为 100 的黄色线条

# 背景由 4 个不同透明度的蓝色水平条实现
plt.xlim(-4, 4)
plt.ylim(-3, 6)
plt.axhspan(ymin=-3, ymax=-1, facecolor=' blue' , alpha=0.1)
plt.axhspan(ymin=-1, ymax=1, facecolor=' blue' , alpha=0.2)
plt.axhspan(ymin=1, ymax=3, facecolor=' blue' , alpha=0.3)
plt.axhspan(ymin=3, ymax=6, facecolor=' blue' , alpha=0.4)
plt.grid(c=' r' , alpha=0.1)
plt.title(' 风景' , fontsize=16)                           # 图 2-22
```

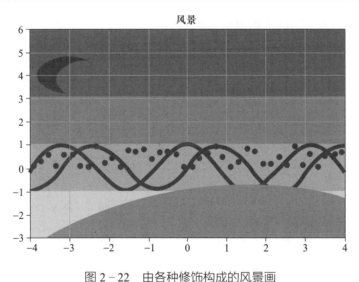

图 2-22　由各种修饰构成的风景画

三、图例

图例用于标识区分画布上的不同绘图组件。绘图时可以先设置各组件的 label,然后执行"plt.legend(loc=0)"显示出图例。"loc=0"表示系统将自动选择最合适的位置显示图例,尽量不遮盖图形,参见前面图 2-2,此为默认参数。用户也可自行指定图例的位置,例如 loc=1 表示右上角,loc=2 表示左上角,loc=3 表示左下角等。loc 的取值还可以用字符串"upper right""upper left""lower left"等替代,详情请查询帮助 help(plt.legend)。

```
x = np.linspace(-10,10,100)
plt.plot(x, np.sin(x), label=' sin(x)' )
plt.plot(x, np.cos(x), label=' cos(x)' )
plt.legend()                      # 默认 loc=0
plt.legend(loc=8)                 # loc=8 位置在下方中部
plt.legend(loc='lower center' )   # 字符串表示的位置同上,也为下方中部。图略
```

图例函数的格式为 plt.legend(loc=' best' , fontsize=12, frameon=True, framealpha=0.2, borderpad=0.3, ncol=1, title=None),主要参数说明如下。

（1）loc:图例位置,可取 0 至 10 的整数或相应的字符串。若使用了 bbox_to_anchor 参数则此 loc 参数无效。

（2）frameon:默认 True 表示显示图例边框。

（3）ncol:图例列的数量,默认 1 列。

（4）title:图例标题。

（5）shadow:是否为图例边框添加阴影。

（6）bbox_to_anchor:自定义图例位置。该参数接收(x,y)形式的元组,x 和 y 是 Axes 中的标准化坐标。将 Axes 的宽和高都视为 1,点(0,0)对应左下角,点(1,1)对应右上角。若 x 和 y 的值大于 1 或者小于 0,图例将被放置在 Axes 区域之外,代码演示如下。

```
x =np.arange(10)
y1,y2,y3,y4 = x, x* 2, x* 3, x* 4
plt.plot(x,y1, x,y2,' -.' , x,y3,' :' , x,y4,' --' )   # 绘制 4 条线,初始未设置 label
#在 legend 中为 4 条线设置 label
plt.legend([' $ y1=x $ ' ,' $ y2=2* x $ ' ,' $ y3=3* x $ ' ,' $ y4=4* x $ '],\
bbox_to_anchor=(1.05,1))                 # (1.05, 1) 图例在 Axes 区域以外, 图 2-23
```

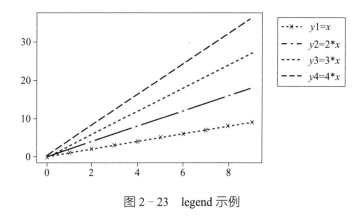

图 2-23　legend 示例

默认情况下,参数 ncols=1 表示所有图例都在一列垂直显示。当图例较多时,可设置参数 ncols=n 将图例拆分成 n 列,代码如下。

```
plt.plot(x,y1,x,y2,'–.',x,y3,':',x,y4,'――')
# 图例 2 列显示, 见图 2-24
plt.legend(['＄y1=x＄',' ＄y2=2* x＄',' ＄y3=3* x＄',' ＄y4=4* x＄'],loc='upper left',ncol=2)
```

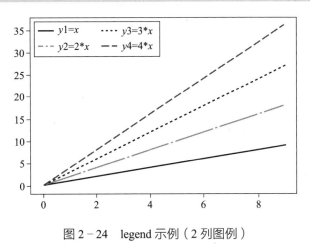

图 2－24　legend 示例（2 列图例）

```
plt.plot(x,y1,x,y2,'–.',x,y3,':',x,y4,'――')
#title 图例标题,shadow 阴影效果
plt.legend(['＄y1=x＄',' ＄y2=2* x＄',' ＄y3=3* x＄',' ＄y4=4* x＄'], title='图例标题',shad-
ow=True)  # 图 2-25
```

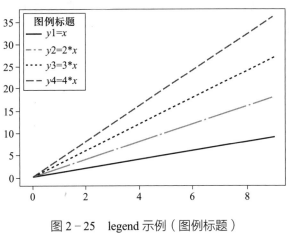

图 2－25　legend 示例（图例标题）

读者可以尝试一下"bbox_to_anchor=(0,1), ncol=4"的可视化效果。

四、标题

为图表添加标题可以说明绘图区域的核心信息。plt.title()函数用于设置图表标题,可以指定标题的名称、位置、颜色、字体、大小等。主要参数说明如下。

（1）loc：标题位置，取值可为 left、right、center，默认居中。

（2）fontsize：字体大小，默认 12，用数字或字符串表达均可，字符串可取值 xx-small、x-small、small、medium、large、x-large、xx-large 等。

（3）va：垂直对齐，可选参数 center、top、bottom、baseline。

（4）ha：水平对齐，可选参数 left、right、center。

（5）rotation：旋转角度，可选参数 vertical、horizontal，也可为数字角度。

（6）backgroundcolor：背景颜色。

（7）bbox：标题外框，用字典格式定义方框外形，含有 facecolor 背景色(简写 fc)、edgecolor 边框线条色(简写 ec)等键值。

```
import numpy as np
import matplotlib.pyplot as plt
plt.rcParams[' font.family' ] = ' SimHei'
x =np.random.random(10)
y =np.random.random(10)
plt.scatter(x,y,marker=' * ' ,s=100)
plt.title(' 中间标题', fontsize=16)
plt.title(' 左边标题', loc=' left', fontdict={' fontsize' :' 18',   ' color' :' r' , ' family' :' KaiTi' } )
plt.title(' 右边标题', loc=' right', family = ' FangSong' ,fontsize = 20,
        bbox=dict(facecolor=' y' ,edgecolor=' blue' , alpha=0.3))     # 标题外框, 图 2-26
```

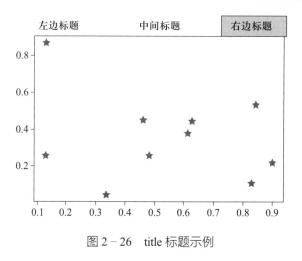

图 2 - 26　title 标题示例

前面介绍了划分子图，设置子图标题使用命令 plt.title，要给所有子图设置一个总标题可使用命令 plt.suptitle，参见图 2-3 相关代码。

五、文本格式和注释

绘图时可在图形中添加适当文本注释，使图形释义更清晰。普通的不带箭头的注释可使用函数 plt.text()或 plt.figtext()添加,带箭头的注释使用函数 plt.annotate()添加。plt.text()在当前 Axes 中添加注释文本,坐标是相对 Axes 而言。plt.figtext()在当前画布上添加文字,坐标是相对画布而言。函数的调用方式为 plt.text(x, y, s, color=' b' , ha=' center' ,va=' top' ,fontsize=20),参数说明如下(见图 2-27)。

(1) x,y:注释文本的横坐标和纵坐标。

(2) s:文本内容。

(3) weight:文本粗细风格。

(4) fontsize:字体大小。

(5) backgroundcolor:文本背景颜色。

(6) rotation:文本旋转角度。

(7) bbox:文本外框,用字典格式表示。

(8) ha:水平对齐,取值' center/left/right' ,默认' left' 文本左边对齐坐标。

(9) va:垂直对齐,取值' top/center/bottom' ,默认' bottom' 文本底部对齐坐标。

```
plt.axis([0, 3, 0, 2])                              # 设置 x 轴范围 0~3, y 轴范围 0~2
plt.figtext(0.1, 0.9, ' figtext()在画布中注释,坐标相对当前画布' , c=' k' ,fontsize=18)
plt.text(0.1, 0.9, ' text()在 Axes 中注释,坐标相对当前 Axes' , c=' b' ,fontsize=16)
plt.text(0.2, 1.6, ' 带框注释' ,fontsize=20,bbox=dict(fc=' y' , alpha=0.3))
plt.text(2.1,1.5,' 旋转角度' ,fontsize=18, rotation=30)
plt.text(0.3,0.4,' 水印效果' ,fontsize=40, alpha=0.1)      # 透明度很高,水印效果
plt.text(2.2,0.35,' 上面' ,fontsize=40,c=' r' , zorder=2)   # 图形重叠时, zorder 值大的显示在上面
plt.text(2,0.2,' 下面' ,fontsize=40,c=' b' , zorder=1)       # zorder 值小的在下面
ax = plt.gca()                    # transform 表明坐标是相对 ax 标准化后的坐标
ax.text(0.5,0.6,' ax 中央' , transform=ax.transAxes, fontsize=18, ha=' center' ) # 相对坐标, 图 2-27
```

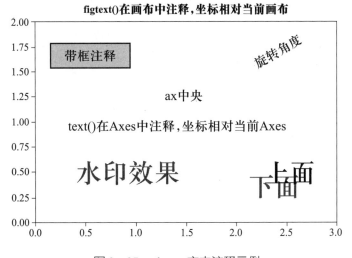

图 2－27　plt.text 文本注释示例

上面代码的前两句坐标都是(0.1,0.9)，但因为 plt.figtext() 和 plt.text() 的坐标定位不同，所以两句注释文本出现在图中的不同位置。bbox 参数可设置带框的文本，rotation 参数可旋转文本。当 alpha 透明度很高时，文本类似水印的效果。重叠的图形对象可用 zorder 参数决定排列顺序，zorder 值大的图形显示在上层。最后一句中的"transform＝ax.transAxes"表明本次采用 ax 的标准化相对坐标，即将宽和高都视为 1，因此"(0.5,0.6) ha='center'"的坐标位置大约在图形中央。

下面演示一个文本注释的综合示例。

```
import matplotlib.pyplot as plt
import numpy as np
plt.rcParams['font.family']='SimHei'
plt.rcParams['axes.unicode_minus']=False
fig = plt.figure(figsize=(5,4),dpi=100,facecolor='pink')    # 新画布
fig.patch.set_alpha(0.5)                                    # 设置背景色透明度

x =np.linspace(-4,0,100)                    # x 坐标范围[-4, 0]
f = lambda x: (4-(x+2)**2)**0.5             # 圆半径 2, 圆心(0,-2), 定义根据 x 计算 y 的函数
# 绘制上下两个半圆以形成字母 O
plt.plot(x, f(x), c='r',linewidth=5)        # 上半圆
plt.plot(x, -f(x), c='r',linewidth=5)       # 下半圆

plt.axvspan(xmin=1.7,xmax=2,facecolor='b')  # 竖直参考条, 字母"k"竖直的一笔
x=np.linspace(2,6,10)
plt.plot(x,x-2, ls='-', lw=6, c='c')        # 字母"k"折线两笔的第一笔
plt.plot(x,2-x, ls='-', lw=6, c='g')        # 第二笔

plt.title('我:老师,期末考试可以简单一点吗?')
plt.text(-3, 3.3,'同学, 请努力学习! ',fontsize=13)
plt.xlabel('我:好的,谢谢老师! ',loc='left',fontsize=13)    # 图 2-28
```

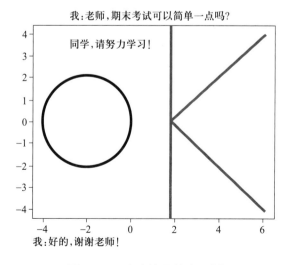

图 2-28　文本注释综合示例

函数 plt.annotate()可以添加有箭头指示的标注文字。调用格式为"plt.annotate（s,xy,xytext,fontsize,color,bbox,arrowprops)"，参数说明如下。

（1）s：注释文本。

（2）xy：箭头所指处的坐标。

（3）xytext：注释文本的坐标。

（4）arrowprops：标注箭头的属性，字典格式。

（5）bbox：设置边框，字典格式。

下面的代码绘制标准正态分布的密度曲线并加上箭头标注。

```
import matplotlib.pyplot as plt
import numpy as np
from scipy.stats import norm          # 从 scipy.stats 中引入 norm 正态分布模块
plt.rcParams[' font.family' ]=' SimHei'
plt.rcParams[' axes.unicode_minus' ]=False
x = np.arange(-5,5,0.2)
y = norm.pdf(x,0,1)                    # 得到一组标准正态分布 N(0,1)的概率密度值
plt.plot(x,y,' r-' )                   # 绘密度曲线
plt.annotate(f 最大值{y.max():.4f}', xy=(0, y.max()), xytext=(2, 0.35),fontsize=16, c=' b' ,
    arrowprops={' arrowstyle' :' ->' ,' connectionstyle' :' arc3, rad=0.2' })  # rad 箭头弯曲程度
plt.annotate(' 对称分布', xy=(2,0.07), xytext=(2.5,0.1), fontsize=16, c=' k' ,
    arrowprops={' arrowstyle' :' fancy' })
plt.grid(linestyle=' :' )
plt.title(' 标准正态密度曲线', fontsize=18)       # 图 2-29
```

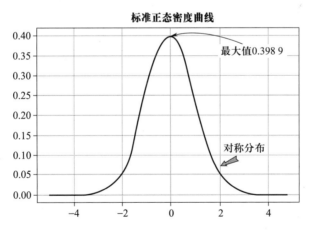

图 2-29 plt. annotate 带箭头标记示例

上面的代码利用 scipy.stats.norm.pdf()函数获取标准正态分布的概率密度值，用 plt.plot()绘制密度曲线，再用 plt.annotate()做了两个带箭头的文字标注。箭头的样式使用字典 arrowprops 定义，其中' arrowstyle' 参数可设为' ->' 、' <->' 、' simple' 、' wedge' 和' fancy' 等值。下面再看一个示例，注意其中的 textcoords 参数。

```
x =np.linspace(-np.pi* 2, np.pi* 2,100)
plt.plot(x, np.sin(x))
plt.annotate(' 顶部',
    xy=(np.pi/2, 1),              # 箭头位置的坐标
    xytext=(40, 0),               # 文字距离 x、y 处的偏移像素点
    textcoords=' offset points',  # 此参数表示文字距离箭头的位置是相对偏移
    va=' center', arrowprops={ ' facecolor' : ' black' } )
plt.annotate(' 底部',
    xy=(-np.pi/2, -1),            # 箭头位置的坐标
    xytext=(0, 50),               # 文字距离 x、y 处的偏移像素点
    textcoords=' offset points',  # 相对箭头处偏移
    ha=' center', arrowprops={ ' facecolor' : ' blue' , ' shrink' : 0.1 } )   # 箭头外观, 图 2-30
```

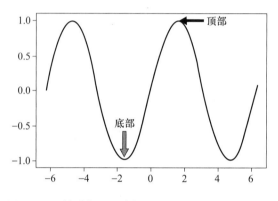

图 2-30　箭头标记示例(textcoords=' offset points')

　　上面的代码设置了参数 textcoords=' offset points' ,该参数表明此处的 xytext 不再是绝对坐标,而是相对 *x*、*y* 参数的偏移像素点,因此文字就出现在箭头位置的相对偏移处。参数 shrink 规定了箭头的收缩程度,该参数值越大,则箭头收缩程度越大,离文字越远。

六、LaTeX 标记

　　有时我们需要在图形中显示数学公式、上标下标、希腊字母等特殊符号,这时可使用 La-TeX 标记语言。LaTeX 是一种轻量级排版标记语言,其标记由" $ \特殊字符串 $ "构成。例如," $ y=x^2 $ "显示 x 的平方,r" $ \alpha $ "显示希腊字母 α,r" $ \frac{2}{3} $ "显示分数 2/3。一般而言,在" $ 文本 $ "内的文本会以斜体形式输出。一些特殊符号必须用"\"开头,为避免被错误识别为转义字符,需要在前面加上字母"r"。下面是一些标记示例。

```
import matplotlib.pyplot as plt
plt.rcParams[' font.family' ]=' SimHei'
plt.rcParams[' font.size' ]=14                    # 设置全局字体默认大小为 14
plt.xlim([0, 13])
```

```
plt.ylim([0, 13])

plt.text(1, 11, r' 希腊字母 $ \alpha > \beta $ ')          # LaTeX 语法格式为 $ \标记符号 $
plt.text(1, 9, r' 下标 $ \alpha_i > \beta_i $ ')           # 下标用 _
plt.text(1, 7, r' 上标 $ s^2+y^3 $ ')                      # 上标用 ^
plt.text(1, 5, r' 分数 $ \frac{2}{3} $ ')                  # 分数用 \frac{分子}{分母}
plt.text(1, 3, r' 平方根 $ \sqrt{x^2 + y^2} $ ')           # 平方根 \sqrt{}
plt.text(1, 1, r' $ sin^2\alpha+cos^2\alpha=1 $ ')

plt.text(6, 11, r' 求和符号 $ \sum_{i=0}^\infty x_i $ ')    # 求和 sum_
plt.text(6, 9, r' 开 n 次方 $ \sqrt[3]{x} $ ', fontsize=16) # n 次方 \sqrt[n]{}
plt.text(6, 7, r' $ sin(\frac{2\pi}{3})=\frac{\sqrt{3}}{2} $ ') # 圆周率 \pi
plt.text(6, 5, r' 积分 $ \int_a^b f(x)\mathrm{d}x $ ')      # 积分 \int_a^b
plt.text(6, 3, r' 组合 $ \binom{k}{n} = \binom{k}{n-1}+\binom{k-1}{n-1} $ ')    # 组合

labels=[r' $ \frac{\pi}{2} $ ', r' $ \pi $ ', r' $ \frac{3\pi}{2} $ ', r' $ 2\pi $ ']   # π 用 \pi 表示
plt.xticks([np.pi/2,np.pi,np.pi* 3/2,2* np.pi], labels=labels)   # x 轴上只显示几个 π 值
plt.title(r' 方程: $ y=ax^2+bx+c $ ');                       # 图 2-31
```

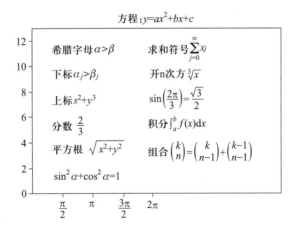

图 2-31 LaTeX 标记符号示例

》 本章小结

本章介绍了图形组成的三层结构：容器层、图像层和辅助层。

容器层主要指 Figure（画布）、Axes（子图）和 Axis（坐标轴）。画布是图形的第一层。子图是画布之上的第二层，充当绘图区域的角色。坐标轴（Axis）是 Axes 中的一条轴，包含刻度和刻度标签。图像层指 Axes 内根据数据绘制出来的图像，如 plot（折线图）、scatter（散点图）、bar（柱形图）等。

辅助层为 Axes 内除了图像层以外的内容，主要包括外观颜色（facecolor）、四条轴脊线（spines）、坐标轴名称（axis label）、坐标轴刻度（tick）、刻度标签（ticklabel）、网格线（grid）、图例（legend）、标题（title）等内容。 该层的设置可使图像显示更加直观，更容易被用户理解。

　　本章还介绍了多子图的划分，帮助读者合理地分割画布。 最后介绍了 La-Tex 标记符号。

》 习题

1. 请简述数据可视化的概念。

2. 请简述 Pyplot API 和 Object-oriented API 的基本用法。

3. 请简述指向型和无指向型注释文本的区别。

4. 请列举图表常用的辅助元素及其作用。

5. 辅助层函数有哪些？ 各有何作用？

6. 请简述本章绘图子区定义的函数，说明它们之间的区别。

7. 请列举 numpy 库中用于生成数值的几个函数，并说明该函数作用。 比如：np.linspace(0,5,100) 用来生成 0~5 之间均匀分布的 100 个数。

8. 请根据第 7 题中的 numpy 库函数生成数据，完成图 2 – 32 的绘制。

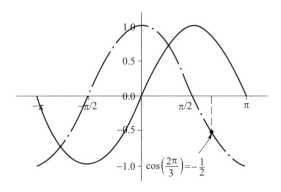

图 2 – 32　数据图

即测即评

第 3 章

Matplotlib 图形类别

○ 学习目标

- ⊙ 掌握 Matplotlib 的绘图函数,并能绘制简单的图表。
- ⊙ 使用正确的图表绘制函数,如折线图、散点图、饼图、直方图等。
- ⊙ 了解常用绘图函数的主要参数。

本章的知识结构如图 3-1 所示。

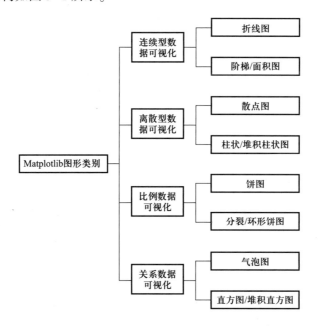

图 3-1 知识结构图

图形用于反映数据蕴含的信息,统计数据一般具有多个维度的信息。平面图形具有横向、纵向两个维度,3D 图形还含有第三维(z 轴)。利用横、纵坐标可以将数据映射到平面的某个位置。映射时所用的坐标轴可分为两类:分类轴和连续轴。例如,要绘制网民的网龄和所属地区的关系图,x 轴按地区分类(如广州或深圳等),此时 x 轴就是分类轴;y 轴是网龄的数值连续分布,y 轴就是连续轴。

　　一般的图形多是二维平面图形,如要反映更高维度的数据就需要借助其他修饰方法。最常见的就是用颜色、填充和线条形态来区分不同类别或数值的差异。颜色和线条形态多用在折线图中,填充在柱状图和条形图中较常见,点的形态(圆点或菱形点)在散点图中较常用。图形面积和线条粗细也可反映数值差异,重要信息还可插入文字注释。绘制图形时要坚持言简意赅、重点突出的原则。

　　Matplotlib 绘图程序的开头几乎都需要引用下面的语句,为节省篇幅,后续代码段不再列出这些语句,默认下述语句已包含。

```
import numpy as np
import matplotlib.pyplot as plt
plt.rcParams[' font.family' ] = ' Simhei'          # 中文正常显示
plt.rcParams[' axes.unicode_minus' ] = False       # 负号正常显示
```

第 1 节　连续型数据可视化

　　时间数据是最常见的连续型数据,反映数据随时间连续变化的情况。例如,一天之中温度的变化、股市行情的变化等。连续型数据可以用折线图、阶梯图、面积图等呈现。

一、折线图

　　折线图(Line Chart)亦称曲线图,是将数据点用直线连接而成的图形。折线图可用于展示连续型数据变量间的关系,直观体现目标变量 y 随自变量 x 的变化趋势,从而发现数据之间的关联性。折线图的 x 轴通常是数量或时间,y 轴是数值,其基本框架如图 3-2 所示。

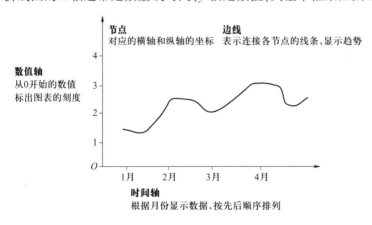

图 3-2　折线图基本框架

　　折线图通过给定坐标绘制数据点,自动将数据点用直线连接。如果点数较少则为锯齿状外观,如点数密集则呈现光滑的曲线。绘制折线图时合理设置横轴长度尤为重要,横轴单位长度决定了点的密集程度。函数 plt.plot()用于绘制折线图,常用参数如表 3-1 所示。

表 3-1　plot 函数常用参数表

参数名	描述	参数名	描述
x/y	x 轴和 y 轴数据	color	颜色,简写为"c"
linestyle	线条类型,简写为"ls"	linewidth	线条粗细,简写为"lw"
marker	散点类型	alpha	透明度,取值 0~1 之间

函数调用格式为 plt.plot(x,y,ls=':',c='b', marker='o',lw=2),表示绘制蓝色且线宽为 2 的虚线,线上点的形状为实心圆点。x 和 y 为横、纵坐标,一般为列表或 numpy 数组。如果省略 x 则简写为 plot(y),此时隐含 x 为[0,1,...,len(y)-1]的数组。如果想一次绘制多条线,可以用 plot($x1, y1, x2, y2, x3, y3$)的格式,系统自动为每条线设置不同颜色。颜色参数如表 3-2 所示,颜色用英文单词或缩写字母表示均可。

表 3-2　color 参数

颜色缩写	指代颜色	颜色缩写	指代颜色
b	蓝色	m	品红色
g	绿色	y	黄色
r	红色	k	黑色
c	青色	w	白色

线型可以用标准风格名称,如"solid""dashed""dashdot"和"dotted",也可以用简写形式,如"-""--""-."和":",参见第 2 章表 2-3。默认线型为"-"实线。

如不指定 marker 参数,线条上的点默认并不绘制出来。marker 参数见第 2 章表 2-4。

线条的颜色、数据点形状和线型除了可用 c、marker 和 ls 这三个参数分别设置外,还可以按这三个参数的顺序合并简写为一个格式字符串,如图 3-3 所示。

```
x =np.arange(15)
plt.plot(x, x* 2, 'gD-', x, x* 3, 'ro:', x, x* 4, 'y^--')   # 线条格式字符串示例, 图 3-3
```

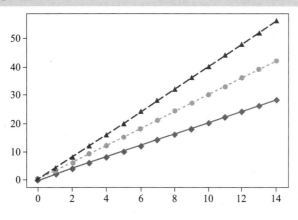

图 3-3　折线图格式字符串示例

下面用折线图展示两种商品的销售数量对比,代码如下。

```
plt.figure(figsize=(8, 6))
day  =list(range(1, 11))
A = [314, 359, 205, 1469, 1829, 1327, 165, 878, 438, 514]      # A 商品销量
B = [963, 1639, 906, 2027, 3175, 2485, 4042, 3501, 3265, 3200] # B 商品销量
plt.plot(day, A,   'bD--', lw=2, label='A')                    # 折线 A
plt.plot(day, B,   'gx:', lw=2, label='B')
plt.legend(fontsize=16)                                        # 显示图例
plt.ylim(0, 5000)                                             # y 轴数据范围

#在数据点上方添加销量标注,y+150 调整标注位置,ha/va 水平和垂直方向对齐
for x, y in zip(day, A):
    plt.text(x, y+150, y, ha='center', va='bottom', fontsize=14, c='b')
for x, y in zip(day, B):
    plt.text(x, y+150, y, ha='center', va='bottom', fontsize=14, c='g')

plt.xlabel('日期', fontsize=16)
plt.ylabel('数量', fontsize=16)
plt.title("商品 A/B 十日销售数量对比图", fontsize=18)               # 图 3-4
```

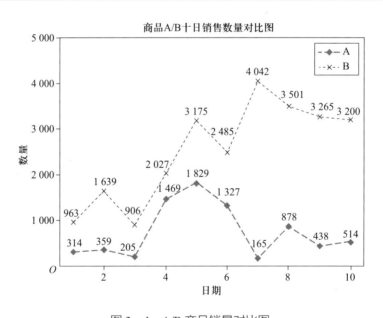

图 3-4　A/B 商品销量对比图

图 3-4 反映了两种商品十日内的销售数量对比,图中的数字使用 plt.text()标注。数据点的坐标是(x,y),标注文本的坐标为$(x,y+150)$,这样可将数字标注在数据点的上方。

二、阶梯图

阶梯图是折线图的 y 值持续保持在同一个值,直到发生变化跳跃到下一个值,其形状类似阶梯。例如,银行的利率一般会持续几个月甚至几年不变,然后某一天上调或下调。又如楼盘价格长期稳定在某个值,后期因市场需要进行了调整。阶梯图的结构如图 3-5 所示。

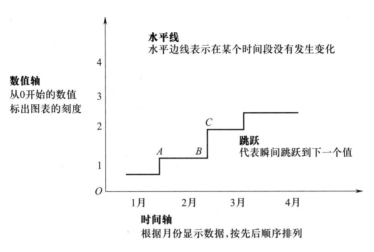

图 3-5　阶梯图基本框架

在图 3-5 中,A 点到 B 点保持在同一个值,B 点到 C 点跃升到新值。阶梯图常用在时间序列数据的可视化任务中,凸显时序数据的波动周期和规律。绘制阶梯图使用函数 plt.step()。下面绘制 2020 年 1 月到 8 月广州房价变化阶梯图,图中的水平线表示在短时间内房价没有变化。

```
x = [1, 2, 3, 4, 5, 6, 7, 8]
y = [31882, 31993, 31691, 31475, 30828, 30595, 31500, 30552]
plt.step(x, y, where=' pre' )           # 如参数设为 where=' post', 见图 3-7
plt.xticks(x,  [' 1 月', ' 2 月', ' 3 月', ' 4 月', ' 5 月', ' 6 月', ' 7 月', ' 8 月'] )
plt.grid(axis=' y', ls=' :', alpha=0.6)
plt.xlabel(' 月份(单位:月)' )
plt.ylabel(' 金额(单位:元)' )
plt.title(' 2020 年 1-8 月广州房价变化阶梯图') # 图 3-6
```

plt.step()的参数中有一个 where 参数要留意。形参 where 默认值为"pre",表示相邻两个点先跳变 y 值,再水平移动 x 值。where 参数还可以设为"post",表示相邻两个点先水平移动 x 值,再跳变 y 值。两种参数的对比见图 3-6 和图 3-7。

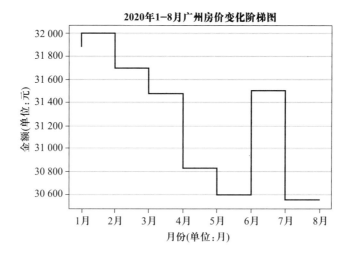

图 3 - 6　房价阶梯图(where =' pre')

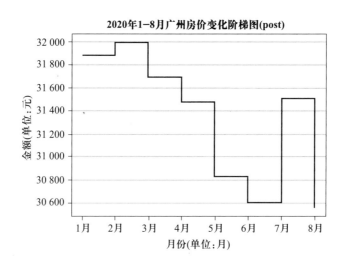

图 3 - 7　房价阶梯图(where =' post')

三、面积图

　　面积图亦称堆积折线图,是将折线图中折线与 x 轴之间的区域用颜色或纹理填充(填充区域的大小称为面积),填充后人们的关注焦点通常会聚焦于色块上。面积图一般是多组时序数据的叠加,强调数量随着时间而变化,引导人们关注总值的变化趋势。

　　图3-8是面积图结构示意图,横轴表示时间,纵轴为数值。如果对这个面积图进行垂直切片,就得到某时间点上各部分的对比情况。面积图也可视为按时间连接的堆积柱状图(堆积柱状图见本章第 2 节)。

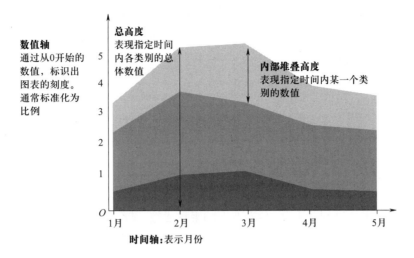

图 3-8 堆叠面积图基本框架

面积图绘制时将若干条折线放在同一个坐标系中,每层面积图的起点基于前一个数据集,以每条折线为边界,用颜色填充此条折线的区域,每个区域相互堆积但不会覆盖。每个颜色断层代表一条折线所属的数据区域,形成"地表断层"的可视化效果。绘制面积图使用函数 plt.stackplot( ),代码如下。

```
x =np.arange(1, 6)
y1 = [20, 36, 40, 22, 20]
y2 = [60, 85, 70, 65, 62]
y3 = [40, 55, 60, 45, 30]
labels = [ ' A ' , ' B ' , ' C ' ]
colors = [ ' #ac8e00 ' , ' #fc8d99 ' , ' #abcd05 ' ]        # 自定义颜色,颜色由十六进制 RGB 构成
plt.stackplot(x, y1, y2, y3, labels=labels, colors=colors)        # 面积图,图 3-9
plt.legend(fontsize=14)
plt.title(' 面积图 ', fontsize=18)
```

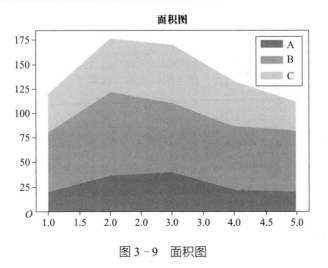

图 3-9 面积图

　　面积图上总的面积代表了所有数据的总和,各个层的面积表示各数据分量的和,这些堆叠起来的面积图在观察大数据的各个分量变化情况时格外有用,所以面积图适用于对比多变量随时间变化的情况。

第 2 节　离散型数据可视化

　　在离散型数据中,数据大多来自某个具体的时间点或时间段,可能的数据取值也是有限的。例如,学生期末考试的总人数、各专业课的平均成绩、某个时段内的车流量等,这些都是离散型数据。

一、散点图

　　散点图,顾名思义就是由一些散乱的点构成的图形。散点图使用一系列的散点在平面直角坐标系中展示(x,y)变量的分布情况。通过观察点的分布,人们可以判断变量之间是否存在某种关联。若存在关联,是线性关系还是非线性关系。在统计学的回归分析与预测中会频繁使用散点图。图 3-10 反映了散点图的基本框架。散点图中若包含多个类别的数据,可将散点用不同形状或颜色加以区分。

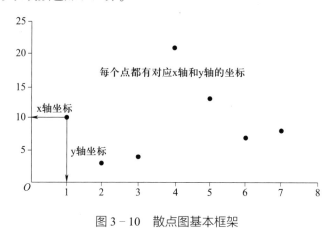

图 3 - 10　散点图基本框架

　　函数 plt.scatter()用于绘制散点图,调用格式为:

　　plt.scatter(x,y,s = None,c = None,marker = None,cmap = None,edgecolors = None, **kwargs)。参数说明如下:

　　(1) x,y:散点的 x 和 y 坐标数组。

　　(2) s(size):点的大小。

　　(3) c(color):点的颜色。

（4）marker：点的形状。

（5）cmap：颜色映射表。

散点图的简单示例可参考第 2 章第 1 节图 2-4。下面用散点图展示鸢尾花数据集中不同种类的鸢尾花。该数据集是一个简单的示例数据集，常见于机器学习的各种算法演示中。

鸢尾花数据集包含在机器学习算法库 sklearn 中，Anaconda 环境已包含了 sklearn 库。数据集顺序存放了三类鸢尾花，类别名为 setosa、versicolor 和 virginica，每一类含 50 条样本，共计 150 条记录。每条记录有 4 个属性，分别为花萼的长和宽、花瓣的长和宽，属性单位都是厘米。我们可以取出花萼的长和宽这两个属性，对三类花分别绘制散点图（见图 3-11）。命令 iris.keys()可查看 iris 中包含的内容。

```
from sklearn.datasets import load_iris        # 鸢尾花数据集加载器
iris =load_iris()                             # 数据集，其中 iris.data 是数据
mark = ['^','*','H']                          # 点的形状
colors = ['b','r','y']                        # 点的颜色
for k,vname in enumerate(iris.target_names):  # iris.target_names 含三种花的名称
    plt.scatter(iris.data[k*50:(k+1)*50, 0], iris.data[k*50:(k+1)*50, 1],
              marker=mark[k], c=colors[k],  s=30, label=vname) #每类花 50 条记录,取第 0/1 列
plt.xlabel("sepal length", fontsize=16)
plt.ylabel("sepal width", fontsize=16)
plt.title("sepal length and width scatter", fontsize=18)
plt.legend()                                  # 图 3-11
```

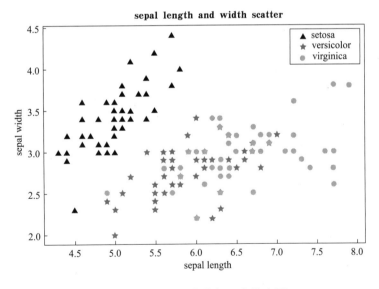

图 3-11　鸢尾花花萼长、宽散点图

从图 3-11 中可见，三角形点大部分聚集在图形左上角，但另两类散点几乎混杂在一起，这表明只选用花萼长度和宽度这两个属性不足以区分三类花，要选用更多的属性或使用机器学习算法中的降维算法对属性进行再加工。

函数 plt.plot()用于绘制折线图,如果只绘制点,不绘制连线,例如 plt.plot(x,y, marker=' o', ls=' none'),则显示效果和散点图相同。

另外,如果将上例的 iris.data 由 np 的数组转为 DataFrame 类型,则可在绘图时指定"data= df"参数,这样其他参数传递 df 的字符串列名即可,如下所示。这种指定参数的形式类似第 7 章介绍的 Seaborn 库。

```
import pandas as pd
df = pd.DataFrame(np.c_[iris.data,iris.target],columns=['花萼长','花萼宽','花瓣长','花瓣宽','类型'])
plt.scatter(x=' 花瓣长', y=' 花瓣宽', c=' 类型', data=df)          # 图略
```

Pandas 的数据框对象具有 df.plot()绘图方法,绘图时会调用其预设的后台图形库绘图。默认情况下,Pandas 的后台绘图库就是 Matplotlib。下面使用数据框对象的 plot 命令绘制散点图,效果同上。

```
df.plot(kind=' scatter', x=' 花瓣长', y=' 花瓣宽', c=' 类型', cmap=' spring')
```

其中 kind 参数指定图形类型,可以设为 kind=' line' 折线图,kind=' bar' 柱状图,kind= ' hist' 直方图,kind=' pie' 饼图,kind=' kde' 密度曲线图等。

```
df.groupby('类型')[' 花瓣长'].mean().plot(kind=' bar',rot=0)     # 比较每类的平均花瓣长,柱状图
df[[' 花瓣长',' 花瓣宽']].plot(kind=' hist')                      # 比较两列数据的直方图
df[[' 花瓣长',' 花瓣宽']].plot()                                  # 默认 kind=' line',折线图,图略
```

二、柱状图

柱状图是以柱体高度或者长度的差异来反映数值变化的一种统计图表。柱状图的时间轴 x 轴可以是类别型、序数型或数值型,数值轴 y 轴映射柱体高度。

柱状图基本框架如图 3-12 所示。这类图多用于对比分类数据,x 轴上柱子的宽度和彼此的间隔一般不具备实际含义。柱状图中的数据集类别不宜过多,类别过多会产生很多柱体,就无法很好地对比数据了。

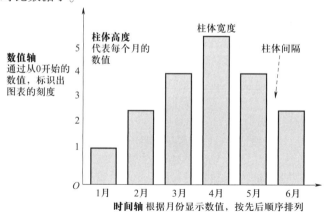

图 3-12　柱状图基本框架

函数 plt.bar(x, height, width＝0.8, bottom ＝None,align＝' center' ,＊ kwargs)用于绘制柱状图,参数如表 3-3 所示。

表 3-3　plt.bar()命令常用参数表

参数名	说明	类型
x	x 坐标	数值型或字符串均可
height	柱形高度	数值型
width	宽度	0~1,默认 0.8
bottom	柱形起始位置	默认从 y 轴 0 处起始
align	柱形中心位置	center, edge
color	柱形颜色	r、g、b 等,默认 b
edgecolor	边框颜色	同上
linewidth	柱体边线宽度	整数
tick_label	柱体下面的标签	字符串列表
log	y 轴是否用科学记数法	bool 型
hatch	柱体的填充样式	/、//、|、- 等

例如,我们可以用柱状图对比学生的成绩,横坐标表示学号,纵坐标表示成绩,代码如下。

```
np.random.seed(7)                        # 设定随机种子,确保每次产生同样一批随机数
sno = np.arange(1, 11)                    # 学号
score ＝np.random.randint(55, 100, 10)    # 成绩
plt.ylim(0, 105)
plt.bar(sno, score, width＝0.5, tick_label＝sno)                    # 柱状图
for x, y in zip(sno, score):
    plt.text(x, y+2, y, ha＝' center' , va＝' bottom' , fontsize＝14)   # 数字标注位置(x, y+2)
plt.xlabel(' 学号' , fontsize＝16)
plt.ylabel(' 成绩' , fontsize＝16)                                 # 图 3-13
```

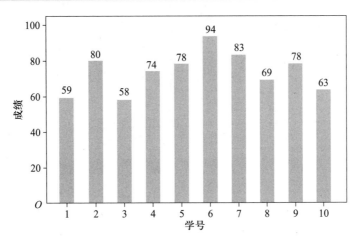

图 3-13　成绩对比柱状图

图 3-13 用柱状图对比了 10 位同学的单科成绩,并用 plt.text 方法将分数标注在柱体之上。Matplotlib 3.5 版增加了一种新的柱体标注方法,如下所示。

```
#另一种在柱体上标注数值的方法,在 matplotlib 3.5 版本中才可用
ax = plt.gca()
p = ax.bar(sno, score, width=0.5, tick_label=sno)    # 绘制后返回所有柱体对象 p
ax.bar_label(p, padding=3, c=' g' );                 # 使用 ax.bar_label()方法标注, 图略
```

上面只对比了单科成绩,如果要同时对比多科成绩可使用簇状柱状图。下面的代码对比 10 位同学三科的成绩。

```
plt.figure(figsize=(8, 4), dpi=100)            # 设置画布尺寸
np.random.seed(7)
sno = np.arange(1, 11)                         # 学号
y = np.random.randint(55, 100, size=(10, 3))   # 10 行 3 列数组,对应三科成绩

plt.bar(sno, y[:, 0], width=0.25, color=' c' , label=' 语文' , alpha=0.5)
plt.bar(sno+0.25, y[:, 1], width=0.25, color='r', label=' 数学' , alpha=0.5)   # sno+0.25 偏移一个柱体宽
plt.bar(sno+0.5, y[:, 2], width=0.25, color=' b' ,  label=' 英语' , alpha=0.5)  # sno+0.5 偏移两个柱体宽
plt.legend(fontsize=12)
plt.xticks(sno+0.25, labels=sno)   # sno+0.25 偏移一个柱体,确保学号在 3 个柱体的中间
plt.xlabel(' 学号' , fontsize=14)
plt.ylabel(' 成绩' , fontsize=14)
plt.title(' 三门成绩簇状柱形图' ,fontsize=16)# 图 3-14
```

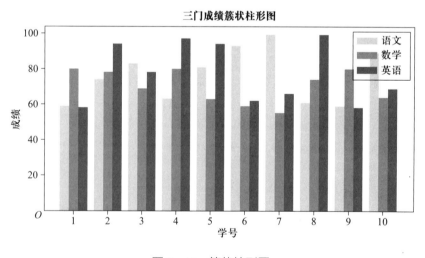

图 3-14　簇状柱形图

又如,需要对比两组实验数据,可以将两组数据分别绘制在 y 轴的正负半轴上,这样对比效果更显著。代码如下。

```
np.random.seed(7)                       # 设定随机种子
n = 10
x =np.arange(n)
y1    = np.random.random(n)
y2    = np.random.random(n)
plt.bar(x, y1, facecolor=' #FFF88F' )       # 将 y1 绘制在 y 轴正半轴
for i, j in zip(x, y1):
    plt.text(i, j+0.05, ' %.2f' % j, ha=' center' , va=' bottom' ,fontsize=14)       # 标注数据

plt.bar(x, -y2, facecolor=' #7799ff' )       #将 y2 取反,绘制在 y 轴的负半轴
for i, j in zip(x, y2):
    plt.text(i, -j-0.05, ' %.2f' % j, ha=' center' , va=' top' ,fontsize=14)
plt.ylim(-1.3, 1.3)                     # 图 3-15
```

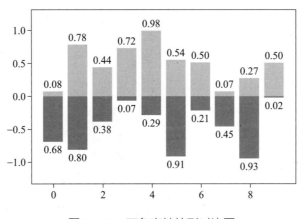

图 3-15　正负半轴柱形对比图

柱状图的柱体是垂直放置,如果将柱体水平放置就得到条形图。函数 plt.barh()用于绘制条形图。条形图相当于柱状图交换 x 轴和 y 轴,x 轴是数值轴,y 轴是类别轴,示例代码如下。

```
x = [15, 20, 5, 30, 23]
y = list(' ABCDE' )
plt.barh(y, width=x, height=0.5, alpha=0.5, hatch=' /' )       # 水平条形图,设置 width
for k, v in enumerate(x):
    plt.text(v+1, k, v, va=' center' , c=' b' , fontsize=16)       # 因为是水平,坐标要交换, 为(v+1, k)
plt.xlim(0, 35)
plt.yticks(fontsize=18)                     # y 轴刻度字体大小
plt.xticks(fontsize=16)                     # 图 3-16
```

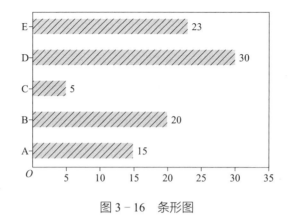

图 3 – 16　条形图

三、堆积柱状图

堆积柱状图是将同一类别的若干柱体上下堆积而成,其基本结构如图 3–17 所示。前面介绍的簇状柱形图是将同一类的柱体并列放置,堆积柱状图则将柱体上下堆叠。堆叠后既可对比单个数据,又可对比每个类别的总和数据。

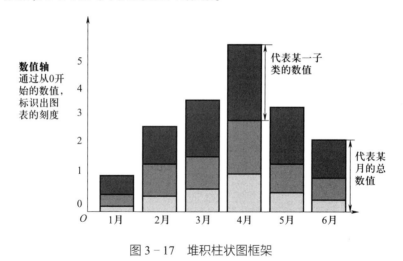

图 3 – 17　堆积柱状图框架

继续以 10 位同学的三科成绩为数据绘制堆积柱状图,仍旧使用 plt.bar()命令,但要注意设置 bottom 参数。

```
plt.figure(figsize=(12, 6), dpi=100)
np.random.seed(7)
sno = np.arange(1, 11)
y =np.random.randint(55, 100, size=(10, 3))      # 产生 10 行 3 列的数组,对应三科成绩
plt.bar(sno, y[:, 0], width=0.6, color=' c' , label=' 语文' , alpha=0.5, tick_label=sno)
```

```
plt.bar(sno, y[:, 1], width=0.6, bottom=y[:, 0], color='r', label='数学', alpha=0.5)
plt.bar(sno, y[:, 2], width=0.6, bottom=y[:, 0] + y[:, 1], color='b', label='英语', alpha=0.5)
smean = y.sum(axis=1).mean()                        # 平均总分
plt.axhline(y=smean, c='r', ls='--')                # 水平参考线
plt.annotate(f'平均总分线{smean:.1f}', xy=(8.4, smean+1), xytext=(8.8, smean+10), fontsize=16,
             c='b', arrowprops={'arrowstyle': '->', 'connectionstyle': 'arc3,rad=0.2'})
plt.legend(fontsize=14, bbox_to_anchor=(1, 1))
plt.title('十位学生三科成绩对比图', fontsize=18)    # 图3-18
```

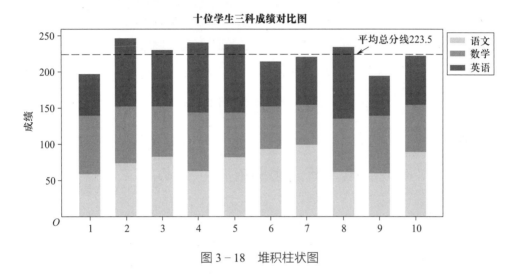

图 3-18　堆积柱状图

堆积柱状图的关键参数是 bottom,绘制时 x 坐标都是 sno,但第 2 组柱状图指定 bottom=$y[:, 0]$,这样就堆叠在第 1 组的上方。第 3 组柱状图指定了 bottom=$y[:, 0]+y[:, 1]$,这样又堆叠在第 2 组的上方。

下面用同一批数据使用函数 plt.barh()绘制堆积条形图,注意设置 left 参数。

```
plt.barh(sno, y[:, 0], color='c', label='语文', alpha=0.5, tick_label=sno)
plt.barh(sno, y[:, 1], left=y[:, 0], color='r', label='数学', alpha=0.5)        # 设置 left 实现堆叠
plt.barh(sno, y[:, 2], left=y[:, 0]+y[:, 1], color='b', label='英语', alpha=0.5)
smean = y.sum(axis=1).mean()
plt.axvline(x=smean, c='r', ls='--')                # 竖直参考线
plt.annotate(f'平均总分线\n{smean:.1f}', xy=(225, 0.4), xytext=(230, 0.8), fontsize=12,
             c='b', arrowprops={'arrowstyle': '->', 'connectionstyle': 'arc3,rad=0.2'})
plt.legend(fontsize=14, bbox_to_anchor=(1, 1))
plt.ylabel('学号', fontsize=14, rotation=0)
plt.title('堆积条形图', fontsize=16)                # 图3-19
```

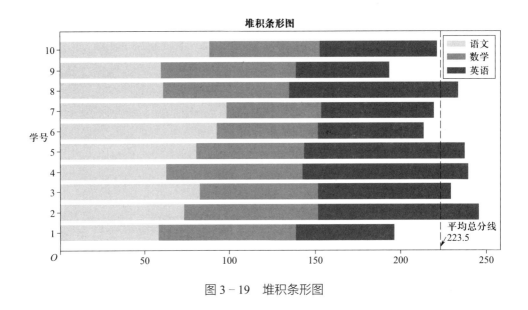

图 3-19　堆积条形图

第 3 节　比例数据可视化

比例数据是日常生活中常见的一类数据。例如,人民的性别比例、地区比例和受教育程度比例等。在比例数据中,一般关注各部分的占比,占比总和应为 100%。

一、饼图

饼图适合表现比例、份额类的数据,它清晰地呈现了各子类的占比情况。饼图的基本框架如图 3-20 所示,圆饼代表整体,每个扇形代表整体的一部分。饼图不适合做数据的精确对比,因为对人眼来说,占比 20% 和 25% 的扇形区分度并不大。分类过多的数据也不适合使用饼图,类别应控制在 10 个以内。

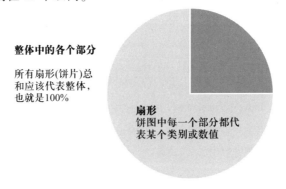

图 3-20　饼图基本框架

函数 pie()用于绘制饼图,语句"plt.pie([1,2,4])"可绘制含三个扇形的饼图,各扇形所占比例会自动计算。该函数的完整参数格式如下:

plt.pie(x, explode＝None, colors＝None, autopct＝None, pctdistance＝0.6, shadow＝False, labels＝None, labeldistance＝1.1, startangle＝None, counterclock＝True, radius＝None, wedgeprops＝None, textprops＝None),其中主要参数为:

(1) x:待绘制的数据序列。

(2) explode:各扇形对圆心的径向偏移量。例如(0, 0.1, 0)表示第 2 个扇形相对圆心向外凸出 0.1 的位置,另两个扇形位置不变。

(3) colors:颜色序列,对应每个扇形的颜色。即使不设置,系统默认也会给每个扇形分配不同的颜色。

(4) autopct:格式字符串,指定扇形内数值的显示格式。例如"%.2f%%"表示扇形内显示 2 位小数的百分比格式。"%d"表示扇形内显示整数数值。

(5) pctdistance:浮点数,表示 autopct 数值标签距圆心的距离。该数值是一个相对值(相对于半径),默认值为 0.6。

(6) shadow:默认值为 False,如果为 True 则有阴影效果。

(7) labels:扇形的字符串标签序列,即每个扇形旁边的文字标注。

(8) labeldistance:浮点数,表示 labels 标签距圆心的距离。该数值是一个相对值(相对于半径),默认值为 1.1。

(9) startangle:指定绘制的起始角度,默认从 0 度角开始,逆时针方向。

(10) counterclock:默认值为 True 表示扇形按逆时针方向排列,如设为 False 则按顺时针排列。

(11) radius:表示饼图半径的浮点数,默认值为 1。

(12) wedgeprops:一个字典,控制扇形的属性。

(13) textprops:一个字典,控制文字的属性。

(一) 饼图示例

```
x = [10, 5, 20, 10, 25, 15]
labels = '波斯猫','加菲猫','短毛猫','狸花猫','孟加拉猫','其他'    # 标签
plt.pie(x, labels=labels, autopct='%.1f%%', textprops={'fontsize': 12})      #'%.1f%%' 显示百分比
#plt.axis('equal')                      # 旧版本的 plt 需执行此句才能显示为正圆
plt.legend(bbox_to_anchor=(1, 1))                      # 图 3-21
```

注意,在较旧版本的 plt 中,饼图会显示为椭圆形,需要执行 plt.axis('equal')命令将轴的分辨率调整为一样,这样饼图才显示为一个圆。

(二) 不完整饼图示例

绘制饼图时如给定数据均小于 1 且相加之和也小于 1,则数据会被直接视为比例数据。例如"[0.5,0.3,0.1]"会被视为 50%、30%、10%,用这组数据绘制的饼图将出现一个缺口,见图 3-22。

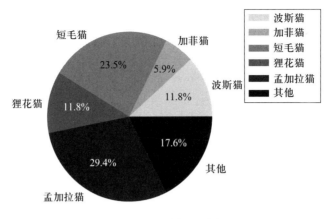

图 3－21　饼图示例

```
x = [0.5, 0.3, 0.1]    #数据均小于1且和也小于1,数据被直接视为比例数据
plt.pie(x, labels=['A', 'B', 'C'], autopct='%.1f%%', pctdistance=0.7,
        startangle=90, shadow=True, normalize=False, textprops={'fontsize': 14}))    # 图 3-22
```

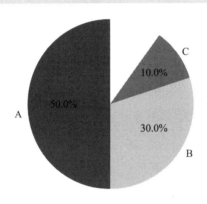

图 3－22　饼图(各数据之和小于 1)

上面的代码设置了"startangle＝90",因此占比 50% 的第 1 个扇形是从 90 度角开始绘制的,而不是从默认的 0 度角开始。因为数据被直接视为比例数据,所以 plt 要求添加"normalize＝False"参数以避免显示警告信息。

二、分裂式饼图

一般的饼图每个扇形的尖端和圆心是重合的,如果想重点突出某一个扇形时,可以通过设置参数 explode 来实现。代码如下。

```
x = [10, 5, 20, 10, 25, 15]
labels = '波斯猫', '加菲猫', '短毛猫', '狸花猫', '孟加拉猫', '其他'    # 标签
explode = (0, 0.2, 0, 0, 0, 0)                                    # 第 2 个扇形突出 0.2
```

```
patch, txt, pct = plt.pie(x, labels=labels, autopct='% .1f%%',
                          explode=explode,textprops={'fontsize':12})
for p in patch:                        # patch 是 pie()命令返回的扇形组列表
    p.set_alpha(0.6)                   # 设置每个扇形的透明度
plt.legend(bbox_to_anchor=(1, 1))      # 图 3-23
```

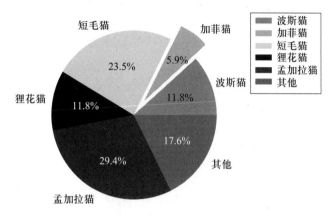

图 3-23　突出的饼图

图 3-23 通过设置 explode=(0, 0.2, 0, 0, 0, 0)将第 2 个扇形突出了 0.2 的位置。

另外,图 3-21 中扇形的底色太深,想设置 alpha 值加以淡化,但 pie()命令没有 alpha 参数,无法直接设置。一般绘图命令执行后会返回一系列绘图时产生的对象,我们可以保存这些对象,这样后续便可引用修改。pie()命令执行后返回扇形组、标签组和百分比标记组三个列表。这些列表中的每个元素都是一个对象,可以如上面代码所示逐一遍历,用"对象.set_alpha()"命令设置透明度,也可以用语句"plt.setp(patch, alpha=0.6)"统一设置。

又如,用饼图绘制某信用平台失信用户受教育水平分布,并突出显示受教育程度为硕士的失信用户占比,代码如下。

```
data = [0.286, 0.33, 0.238, 0.098, 0.048]
labels = ['中专', '大专', '本科', '硕士', '其他']
explode = [0, 0, 0, 0.2, 0]            # 定义各扇形距圆心的距离
colors = ['r', 'g', 'c', 'm', 'y']     # 自定义颜色


patch, txt, pct = plt.pie(data,
            explode=explode,           # 突显某个扇形
            labels=labels,             # 受教育水平标签
            colors=colors,             # 饼图的自定义填充色
            autopct='% .1f%%',         # 百分比格式
            pctdistance=0.7,           # 百分比标签距圆心的距离
            labeldistance = 1.1,       # 文字标签距圆心的距离
            counterclock = False,      # 顺时针方向
```

```
            wedgeprops = {' linewidth' : 1.5, ' edgecolor' :' c' },        # 饼图内外边界的属性
            textprops = {' fontsize' :14, ' color' :' k' },                # 文本标签的属性
            )
plt.setp(patch, alpha=0.6)              # 设置所有扇形的透明度
txt[3].set_color(' r' )                 # txt 是 pie()返回的标签组, txt[3]对应"硕士", 设为红色
plt.title(' 某平台失信用户受教育水平分布' , fontsize=16)        # 图 3-24
```

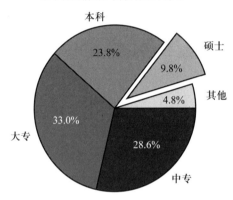

图 3-24　失信用户受教育水平对比饼图

上述代码突显了硕士扇形并将文字设为红色。"counterclock＝False"设定按顺时针方向绘制。

三、环形图

环形图可视为饼图的变形,如图 3-25 所示。环形图看起来像一个面包圈,外围不同颜色的弧形长度反映数值的差异,而饼图则是通过扇形角度反映类别的占比。饼图强调整体性,一般只绘制单个饼图,只反映按一个指标分类的占比。而环形图可以叠加,同时反映多种分类情况的对比。

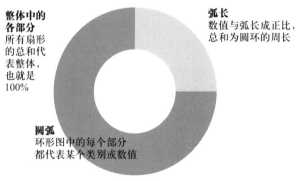

图 3-25　环形图框架

绘制环形图还是使用函数 pie()。有两种绘制方式:第一种是利用视觉错位的效果,绘制两个半径不等的饼图,半径较小的饼图颜色和画布背景色(默认白色)一致,叠加后出现圆环。第二种是设置参数 wedgeprops,调节环的宽度和颜色。通常第二种方式更常用。代码示例如下。

```
#方式 1:两个同心圆堆叠(视觉错觉)
plt.pie([1, 2, 3])                              # 大圆,默认半径为 1
plt.pie([1, 2, 3], colors='w', radius=0.6)      # 小圆、白色、半径 0.6, 图略. 效果同图 3-26


#方式 2: wedgeprops 参数设置环的宽度为 0.4
plt.pie([1, 2, 3], wedgeprops=dict(width=0.4))  # 图 3-26
plt.text(-0.3, -0.1, '环形图', fontsize=18)     # 在环形图的中间标注文字
```

另一个环形图的示例代码如下,效果见图 3-27。

```
fig = plt.figure(figsize=(8, 7))
data = [3, 4, 5, 7, 3]
labels = ['a', 'b', 'c', 'd', 'e']
plt.pie(data, labels=labels, radius=1,
        autopct='%1.1f%%',          # 百分比格式
        pctdistance=0.75,           # 百分比到圆心的距离
        labeldistance=1.1,          # 标签到圆心的距离
        textprops={'fontsize': 20, 'color': 'k'},
        wedgeprops=dict(width=0.5, edgecolor='w'))  # 圆环外边缘宽度, 图 3-27
```

图 3-26 环形图 1

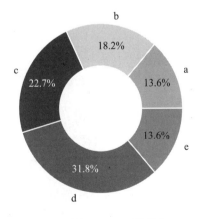

图 3-27 环形图 2

环形图可由不同半径的饼图嵌套而成,这样可实现多组定量数据占比的比较。如同用同样的原料做面包,搭配的比例不同,做出来的口味也不同。下面我们用环形图对比两种面包的配料。

```
fig =plt.figure(figsize=(8, 7))
elements = ['面粉', '砂糖', '奶油', '果酱', '坚果']
weights1 = [40, 15, 20, 10, 15]
weights2 = [30, 25, 15, 20, 10]
colors = ['#4575b4', '#d73027', '#fdae61', '#74add1', '#66a613']
patch1, txt1, pct1 =plt.pie(weights1, autopct='%3.1f%%',
                            radius=1,pctdistance=0.85,
                            colors=colors,
                            textprops=dict(color='w'),
                            wedgeprops=dict(width=0.3, edgecolor='w'))
patch2, txt2, pct2 =plt.pie(weights2, autopct='%3.1f%%',
                            radius=0.7,pctdistance=0.75,
                            colors=colors,
                            textprops=dict(color='w'),
                            wedgeprops=dict(width=0.3, edgecolor='w'))
plt.legend(patch1, elements, fontsize=14, title='配比表', loc='center left',
           bbox_to_anchor=(0.9, 0.2, 0.3, 1))        # 图例
plt.setp(pct1, size=14, weight='bold')               # plt.setp()设置对象的属性
plt.setp(pct2, size=14, weight='bold')
plt.text(-0.3, 0.1, '外圈:吐司面包', fontsize=14)        # 在圆环中心标注文字
plt.text(-0.3, -0.18, '内圈:口袋面包', fontsize=14)
plt.title('不同果酱面包配料比例表', fontsize=20)          # 图 3-28
```

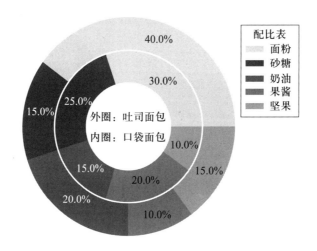

图 3-28　面包配料环形图比较

上述代码绘制了两个半径不同的圆环,通过设置 wedgeprops 实现环形效果。pie()函数返回三个对象,patch1 代表饼图中的五个扇形,pct1 是百分比文字列表,后续使用 plt.setp(pct1)设置了百分比文字的大小。

第 4 节　关系数据可视化

统计学要探寻数据与数据之间的关系,关系就是关联性,即通常所谓的正相关、负相关或者不相关。比如,一般情况下人们的收入和生活质量大体上是正相关的,一个城市的经济状况和当地的房价也是正相关的,空气含氧量与海拔高度是负相关的。大多数实际问题涉及很多因素,寻找数据间的关联会变得困难。

为便于判断数据间的关系,我们可以将数据绘制为各种图形。图形能直观地反映出影响因素和预测对象之间的总体关系趋势。通过观察散点图上数据点的分布情况,可以推断变量间的相关性。正相关的两个变量变动趋势相同。例如,身高与体重是正相关,一般来说身高越高,体重就越重。反之,负相关的两个变量的变化方向相反。不相关的两个变量在图中的点就是错乱无序的。图 3-29 汇总反映了通常的相关性变化。

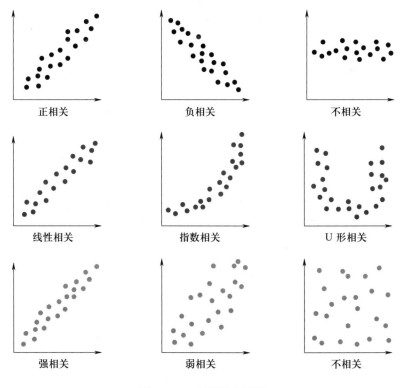

图 3-29　相关性汇总图

一、气泡图

气泡图的基本框架如图 3-30 所示。气泡图类似散点图,但会将散点设置为不同的大小。气泡的大小是有意义的,这样除了横轴和纵轴,气泡大小可以反映第三个变量的变化,相当于以二维方式绘制了三维变量的图表。如果再辅以不同的颜色,则气泡图可以反映四维变量的情况。

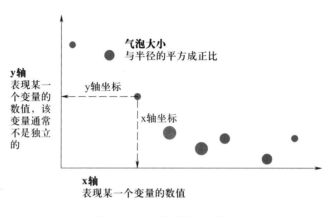

图 3-30　气泡图基本框架

气泡图仍旧用 scatter()绘制,参数 size(简写为 s)定义气泡大小,用于指示数据的相对重要程度。下面绘制水稻产量、温度及降雨量之间的关系,温度为横轴,降雨量为纵轴,水稻产量定义为气泡的大小,代码如下。

```
production = [1125, 1725, 2250, 2875, 2900, 3750, 4125]        # 产量
tem = [6, 8, 10, 13, 14, 16, 21]                              # 温度 x 轴
rain = [25, 40, 58, 68, 110, 98, 120]                         # 降雨量 y 轴
plt.scatter(tem, rain, s=production, c=range(7), alpha=0.6)   # 设置 size,气泡图
plt.axis([0, 30,0, 150])                                      # 同时设置 x/y 轴坐标范围
plt.xlabel(' 温度', fontsize=16)
plt.ylabel(' 降雨量', fontsize=16)
plt.title(' 温度-降雨量对水稻产量的影响', fontsize=18)             # 图 3-31
```

图 3-31 中,“s=production”将水稻产量映射为大小不同的散点,“c=range(7)”指定了不同的颜色,绘图时系统会将这些整数映射为不同的颜色。

二、直方图

直方图(Histogram)亦称质量分布图,是一种统计图形,由一系列高度不等的柱体表示数据的分布情况,基本框架如图 3-32 所示。一般横轴表示数据区间段,纵轴表示柱体所含

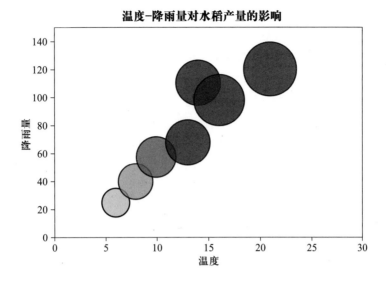

图 3 – 31　温度–降雨量对水稻产量的影响气泡图

的数据频次。构建直方图时需将数据合理分段,统计每个数据段内含有数据的个数,数据频次即柱体的高度。合理分段是构建直方图的关键,每个区间段应是相邻的,并且通常是等距的。

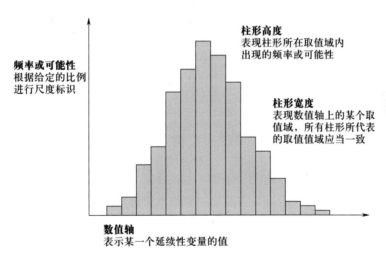

图 3 – 32　直方图基本框架

直方图和柱状图外观相似,但两者是完全不同的两类图形。直方图中柱体的高度表示频次(或频率),柱体宽度没有意义。直方图的水平轴和垂直轴都是连续的,而一般柱状图的水平轴对应分类数据,数值是离散的,柱体是分离的。直方图可以直观地反映出数据的分布情况和集中趋势。

函数 plt.hist(x,bins = 10,density = 0,histtype = ' bar ',align = ' mid ',cumulative = False,label = None,**kwargs)用于绘制直方图,主要参数如下:

（1）x：数据序列。

（2）bins：柱体个数，默认值 10 个。

（3）density：默认值 0 表示 y 轴为频次；如为 1 则为频率（频次/数据总个数）。

（4）histtype：柱体类型（默认 bar），还可为 barstacked、step、stepfilled。

（5）align：对齐方式，可设为 left、mid、right。

（6）cumulative：默认值 False，如设为 True 则显示累积直方图。

（7）edgecolor/facecolor：柱体边缘线颜色和柱体颜色。

```
np.random.seed(0)
mu, sigma = 100, 20                          # 均值和标准差
a =np.random.normal(mu, sigma, size=300)     # 获取正态分布 N(100, 400) 数组
plt.hist(a, bins=20, histtype=' bar', density=0,
         edgecolor=' k', facecolor=' y', alpha=0.75)  # 直方图，图 3-33
```

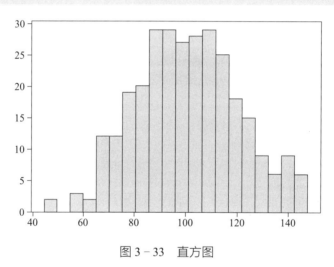

图 3－33　直方图

从图 3-33 可看出绝大部分数据介于 80~120 之间，极大和极小的数据都较少。在用直方图描绘数据分布时，还可以给直方图添加一条概率密度曲线，这样会更明显地识别数据的分布特征，代码如下。

```
np.random.seed(0)
mu = 60.0
sigma = 2.0
bins = 50
data =np.random.normal(mu, sigma,500)        # 返回符合正态分布 N(60, 4)的 500 个数据
# 此处 density 要设为 1，y 轴显示概率密度值
p,x,patches = plt.hist(data, bins, facecolor="b", edgecolor="w", alpha=0.4, density=1 )

y=1/(np.power(2*np.pi,0.5)*sigma)*np.exp(-0.5*(x-mu)**2/sigma**2)   # 根据公式计算
                                                                    # 概率密度
```

```
plt.plot(x, y, color="orange", ls="--", lw=2)
plt.text(54, 0.2,r" $ y=\frac{1}{\sqrt{2\pi}\sigma}e^{-\frac{(x-\mu)^2}{2\sigma^2}} $ ",
        c="r",fontsize=20)                       # 标注正态分布密度函数
plt.grid(ls=":",lw=1,c="gray",alpha=0.4)         # 网格线
plt.xlabel("体重",fontsize=14)
plt.ylabel("概率密度",fontsize=14)
plt.title(r"体重直方图: $ \mu=60.0 $ , $ \sigma=2.0 $ ",fontsize=16)     # 图 3-34
```

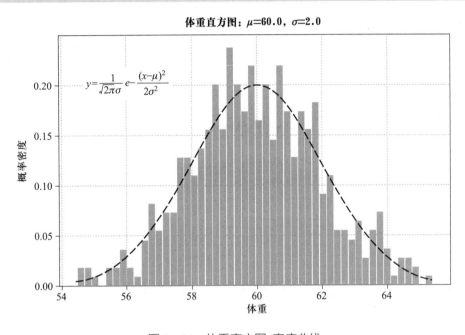

图 3-34　体重直方图–密度曲线

上面代码中首先产生服从正态分布 N(60,4)的 500 个样本,然后绘制有 50 个柱体的直方图。注意设置"density=1"的参数,这样 y 轴才显示概率密度值。hist()执行后返回 3 个对象, p 是每个柱体对应的概率密度, x 是柱体的 x 轴坐标,patches 对应 50 个柱体。执行"y = 1/(np.power(2*np.pi,0.5)*sigma)*np.exp(-0.5*(x-mu)**2/sigma**2)"语句计算返回数组 x 的概率密度,这是根据概率密度的公式计算的。调用 plot()绘制关于 x 和 y 的折线图,这样得到正态分布概率密度曲线。最后用 text()方法添加正态分布概率密度公式,公式可用前面介绍的 LaTex 标记符号描述。

三、堆积直方图

上一小节介绍的直方图可以反映数据的分布状态,便于判断其总体概率密度分布,例如一个班的成绩分布情况可以用直方图来反映。如果想在同一画布中绘制两个班的成绩分布情况呢?这个要求可用堆积直方图来实现,绘制时提供两组数据,指定"stacked=True"的关键字参数。

```
np.random.seed(7)
scores1 = np.random.randint(30, 101, 50)        # 1 班分数
scores2 = np.random.randint(30, 101, 50)        # 2 班
x = [scores1, scores2]
bins = [0, 40, 60, 80, 90, 100]                 # 自定义分数段,统计指定区间段的人次
# stacked = True 表示堆积
plt.hist(x, bins=bins, color=['b', 'm'], edgecolor='k', stacked=True, label=['1', '2'], alpha=0.5)
plt.xticks(fontsize=16)
plt.yticks(fontsize=16)
plt.ylabel('人次', fontsize=16)
plt.legend(fontsize=14)
plt.title('两个班成绩分布(堆积直方图)', fontsize=18)    # 图 3-35
```

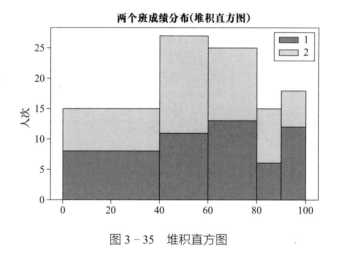

图 3-35　堆积直方图

　　上例设置"stacked = True"的参数以实现两组直方图的堆积。同时 bins 参数没有设置为单个数值,而是设定为一个数值列表,这样可以自定义分段区域,数据边界按左闭右开的原则。直方图不关注横轴,通常只关注柱体高度。图 3-35 表明两个班的学生分数大多集中在 [40,60) 区间,其次是 [60,80) 区间,[0,40) 区间段人次最少。

》 本章小结

　　本章讨论了较为重要的可视化内容。 数据可划分为连续数据、离散数据、比例数据、关系数据。 针对每种图表,本章分别阐述了相应的描述内容、操作示例以及设计规则。 重点介绍了折线图、柱状图、饼图、环形图、散点图、气泡图和直方图的绘制方法。 饼图适合绘制比例数据,直方图适合反映数据的分布情况。

》习题

1. 请列举三个常见的可视化图表并说明其特点。

2. 编写程序，分别采用面向对象和面向函数两种方式绘制正弦曲线和余弦曲线。

提示：利用 numpy 的 linspace()、sin()或 cos()函数生成样本数据、正弦或余弦值。

3. 绘制分裂式饼图：假设笔记本电脑行业有 A、B、C、D、E 五家公司，它们在 2023 年的国内市场份额分别为 45%、25%、15%、5% 和 10%。要求将 B 公司数据分裂出来。

4. 在题 3 基础上完成环形饼图绘制。现在这几家公司同时也在做 PC 市场，假设它们 2023 年占有的 PC 市场份额分别是 35%、35%、8%、7% 和 15%。用环形饼图反映笔记本和 PC 市场的份额情况。

5. 已知《Python 程序设计》和《Java 基础》两种图书近 7 年的销售量如下。

《Python 程序设计》的销量为：[58000, 60200, 63000, 71000, 84000, 90500, 107000]；《Java 基础》的销量为：[52000, 54200, 51500, 58300, 56800, 59500, 62700]。

请根据上述信息，绘制柱状图、条形图、堆积柱状图、堆积条形图，并以其销量的均值绘制水平或竖直参考线。

6. 请设计一个程序计算如果在 2020 年投资 1 万元，年收益率为 6%，那么经过多少年可赚取一倍的收益？绘制出收益曲线图。

即测即评

第4章

Matplotlib 统计图形绘制

学习目标

- 掌握箱线图的绘制函数和主要参数。
- 掌握极线图的绘制方法及主要参数。
- 理解误差棒图的应用场景及绘制方法。
- 理解等高线图的应用场景及绘制方法。
- 掌握 3D 工具包的使用，可熟练地使用 mplot3d 绘制常见的 3D 图形。

本章的知识结构如图 4-1 所示。

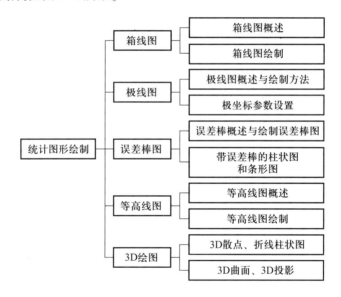

图 4-1　本章知识结构图

数据可视化是以图形的方式展示数据。好的图形自己会"说话"，正所谓"一图抵千言"。由于数据和需求的多样性，越来越多的统计图形被运用到可视化领域。本章继续介绍 Matplotlib 中的一些统计图形，这些图形有不同的适用场合。例如，箱线图描述数据分布的情况，极线图展示数据的多个维度，误差棒图展示数据的不确定性，等高线图反映等值数据的投影曲线,3D 图展示数据之美。

与第 3 章类似,为节省篇幅,本章各代码段默认已包含下述语句,代码段头部不再列出这些语句。后续各章都采用此约定。

```
import numpy as np
import matplotlib.pyplot as plt
plt.rcParams[' font.family' ] = ' Simhei'          # 中文正常显示
plt.rcParams[' axes.unicode_minus' ] = False       # 负号正常显示
```

第1节　箱　线　图

箱线图(boxplot)亦称箱形图或盒式图,主要用于展示数据的分布情况,因图形外观形似箱子而得名。

一、箱线图概述

箱线图由一个箱体和一对箱须构成,箱体下边沿是下四分位数 Q_1、上边沿是上四分位数 Q_3,箱体内的横线对应中位数 Q_2。箱须表示数据的范围,在箱须末端之外的数值被视为离群值,一般用小圆圈标注这些异常值称为离群点。箱线图外观如图 4-2 所示。

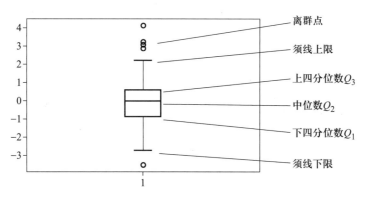

图 4-2　箱线图框架

箱线图一目了然地反映了数据的大致分布,可以粗略地看出数据是否具有对称性及分布的离散程度等信息。箱体的数据范围是 Q_1 至 Q_3,这个区间含有 50% 的数据。箱须限定了正常数据的范围,箱须以外标注异常值。箱线图判断异常值是以四分位数和四分位距为基础的,四分位数具有一定的耐抗性,多达 25% 的数据可以变得任意远而不会很大地扰动四分位数,所以箱线图识别异常值的结果比较客观。

二、箱线图绘制

函数 plt.boxplot()用于绘制箱线图,语法格式如下,主要参数如表 4-1 所示。

plt.boxplot(x,sym＝None,whis＝None,widths＝None,patch_artist＝None,...)

表 4-1　boxplot 的常用参数

参数名	说明	参数名	说明
x	数据序列	widths	设置箱体宽度
vert	True 纵向或 False 横向	patch_artist	是否给箱体设置颜色
showmeans	默认 False 不显示 True 则显示均值线	meanline	默认 False,均值用点表示 True 均值用线表示
labels	刻度标签	sym	离群点的标记样式
whis	四分位间距的倍速,确定箱须包含数据的范围		

下面绘制一个简单的箱线图。

x = [1, 21, 2, 3, 5, 39, 13, 1, 34, 55, 8, 89]

plt.boxplot(x, showmeans＝True, meanline＝True)　　# meanline 表示均值用线表示(默认用点),图4-3

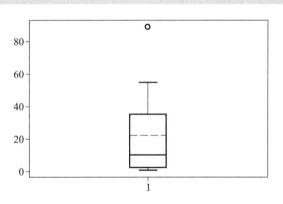

图 4-3　箱线图

如图 4-3 所示,箱线图主要由箱体、箱须和离群值等部分组成。其中,箱体的范围由下四分位数 Q_1 和上四分位数 Q_3 界定。图 4-3 的箱体内含两根横线,下面一根对应中位数 Q_2,上面一根是均值线。箱须分为上箱须和下箱须。一般认为实验数据应该是独立同分布的,如果一批数据中个别数据特别大或特别小,一般认为这些数据是异常的,可能是采集或录入时出错。

统计学上规定四分位距 $IQR＝Q_3-Q_1$,通常认为 $[Q_1-1.5×IQR, Q_3+1.5×IQR]$ 是正常数据的范围,即 Q_1 和 Q_3 各向外侧延伸 1.5 倍 IQR。公式中的系数 1.5 可以视情况调整。上箱须的截至范围是正常数据范围中的最大值,下箱须的截至范围是正常数据范围中的最小值。

箱线图涉及分位数的计算,公式 $W=1 + (n - 1)×QS$ 用于计算分位数的位置。其中 n 是数据个数,QS 是分位点,例如 Q_1、Q_2 和 Q_3 对应的分位点为 0.25、0.5 和 0.75。

将图 4-3 的数据 x 排序后得到序列如下:

x=[1,　1,　2,　3,　5,　8, 13, 21, 34, 39, 55, 89]

Q_1 分位数对应的位置为 w_1=1+(12−1)×0.25=3.75,整数部分的"3"表明先取第 3 个数,小数".75"表示再取第 4 和第 3 个数差值的 75%,因此 Q_1 = 2 + (3−2)×0.75=2.75。

Q_3 分位数对应的位置为 w_3=1+(12−1)×0.75=9.25,整数部分的"9"表明先取第 9 个数,小数".25"表示再取第 10 和第 9 个数差值的 25%,因此 Q_3 = 34 + (39−34)×0.25=35.25。

上面的计算结果可以用 numpy 的分位数函数 percentile 验证如下。

```
x = [1, 21, 2, 3, 5, 39, 13, 1, 34, 55, 8, 89]
print(np.percentile(x, [25, 50, 75]))      # 计算 25%,50%,75% 分位数,注意参数是整数格式
Out:
[ 2.75 10.5   35.25]                        # np 的计算结果和上面人工计算结果一致
```

由上面的计算可得 IQR=Q_3−Q_1=35.25−2.75=32.5,正常数据范围为[Q_1−1.5×IQR, Q_3+1.5×IQR],计算得到[−46, 84]。x 序列在正常范围内的最小数是 1,故下箱须是 1,x 序列在正常范围内的最大数是 55,故上箱须是 55。数据"89"在范围以外,被视为离群值,在图 4-3 中以一个小圆圈标注。

plt.boxplot()函数的参数 whis 可用于调整上面计算中的默认系数"1.5"。如果将该参数值调大,使得上箱须大于 89,则该箱线图就不存在离群值了。因此 whis 参数可以用来确定箱须包含数据的范围大小,换言之也可以决定离群值的多少。

多组数据可以同时绘制多个箱线图,以便对比分析。例如,绘制某班两门课程的成绩对比图,代码如下。

```
np.random.seed(7)
y1 = np.random.randint(70, 100, 50)         # 成绩 1
y2 = np.random.randint(40, 95, 50)          # 成绩 2
data = [y1, y2]
labels = [' python 数据可视化' , ' 数据挖掘' ]   # 课程名
colors = [' #FFF68F' , ' #9999ff' ]
whis = 0.4                                   # 箱须系数,由默认值 1.5 调整为 0.4
widths = 0.5                                 # 箱体宽度
# True 表示绘图后返回箱体 patch, 以便后续修改颜色
box =plt.boxplot(data, whis=whis, widths=widths, sym=' * ' , labels=labels, patch_artist=True)
for patch, color in zip(box[' boxes' ], colors):    # 遍历 box[' boxes' ], 设置不同的箱体颜色
    patch.set_facecolor(color)
plt.axhline(np.mean(y1), c=' #FFF68F' )       # 均值水平参考线
```

```
plt.axhline(np.mean(y2), c=' #9999ff' )
plt.xticks(fontsize=16)
plt.ylabel(' 分数' , fontsize=14)
plt.title(' 课程成绩箱线图' , fontsize=16)        # 图 4-4
```

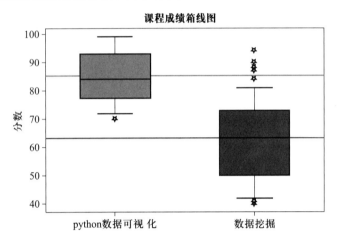

图 4－4　多箱体对比图

图 4-4 代码设置了 whis 参数,将默认的 1.5×IQR 修改为 0.4×IQR,这样箱须长度会随之改变。绘图命令返回的对象 box 内含有众多子对象,可用于设置箱须、箱帽(箱须顶端的小横线)、箱体和离群点的样式。

第 2 节　极　线　图

极坐标系是初等数学中的知识。极坐标系中的每一个点由极角和极径确定。直角坐标系和极坐标系是可以相互转换的,与此类似,我们前面学习过的折线图或柱状图也可以转为极坐标图,这样图形的表现形式更丰富,更有吸引力。

一、极线图概述

极线图是绘制在极坐标系上的图形,通过极角和极径来对比数据的差异。极线图上可同时绘制多个数据序列,每个数据序列的点用线条连接,各个点代表某个数据指标,如对企业经营的收益性、生产性、流动性、安全性和成长性等方面的评分。多根线条组合在一起形成类似雷达形状,因此极线图也称为雷达图。

极坐标系中点的坐标用极角(theta)和极径(r)描述,绘制极线图需提供两个相同长度的参数数组 theta 和 r,对应极角和极径。

二、绘制方法

极线图的绘制有三种方法:

(1) 使用 polar()函数,格式为 plt.polar(theta, r, **kwargs)。

(2) 使用函数 subplot()创建极坐标系子图,创建时指定参数 projection='polar' 或 polar =True,后续在此子图上绘制极线图。

```
#方法一 使用函数 plt.polar()
theta =np.linspace(0, 2*np.pi, 6)
r1 = [3, 4, 5, 5.5, 4, 3]   # A 企业 5 项评分。注意,为封闭图形,序列末尾应再加上第一个数据
r2 = [4, 5, 5, 4.5, 3, 4]   # B 企业 5 项评分
labels = ['收益性','生产性','流动性','安全性','成长性','收益性']
plt.polar(theta, r1, c='g', marker='*', markerfacecolor='b', markersize=15, lw=2)# 极线图
plt.polar(theta, r2, c='y', marker='d', markerfacecolor='r', markersize=10, lw=2)
plt.thetagrids(theta*180/np.pi, labels)      # 设置外圈的标签,参数要用角度为单位
plt.legend(['A','B'], fontsize=14)       # 图 4-5
```

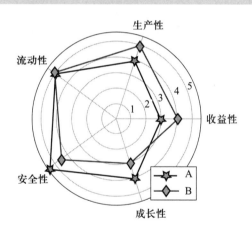

图 4-5 A-B 公司评分(极线图)

```
#方法二 创建子图时设置 projection='polar' 或 polar=True 的参数
# theta、r1 和 r2 与上面代码一样
ax =plt.subplot(111, projection='polar')                  # 创建极坐标子图
ax.plot(theta, r1, c='g', marker='*', mfc='b', ms=15, lw=2)
ax.plot(theta, r2, c='y', marker='d', mfc='r', ms=10, lw=2)  # 图略
```

以上两种方法绘图效果相同。参数 mfc、ms 和 lw 分别是 markerfacecolor、markersize 和 linewidth 的简写。

注意代码中数据序列的设置。因为 theta 范围为[0, 2*np.pi],共 6 个弧度值,构成一个首尾相连的闭环,所以数据序列的末尾应再重复添加第一个元素,也提供 6 个数据值,这样绘图时才能形成闭合的图形。

(3) 第三种方法使用的绘图函数是 ax.plot(),该方法原本是绘制折线图,但因为 ax 采用极坐标系,所以原来的 x 和 y 位置的参数被理解为极角和极径。

类似上面的绘制方法,还可以将数据样本以辐射柱形图展示出来。

```
ax = plt.subplot(111, polar=True)                   # 创建极坐标系子图
theta1 = np.linspace(0, 2*np.pi, 5, endpoint=False)              # A 极角
theta2 = np.linspace(0.35, 2*np.pi+0.35, 5, endpoint=False)      # B 从 0.35 弧度开始,与 A 错开
r1 = [3, 4, 5, 5.5, 4]                          # A 企业的 5 项评分
r2 = [4, 5, 5, 4.5, 3]                          # B 企业的 5 项评分
ax.bar(theta1, r1, color='b', width=0.3, alpha=0.4)# 极坐标系中 ax.bar 绘制辐射柱形图
ax.bar(theta2, r2, color='r', width=0.3, alpha=0.4)
plt.legend(['A','B'],fontsize=14)               # 图 4-6
```

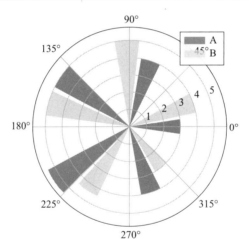

图 4-6　A-B 公司评分(极坐标辐射柱形图)

ax.bar()命令原本用于绘制直角坐标系下的柱状图,需要的参数为 x 和 height。当 ax 子图采用极坐标系后,x 位置上的参数被视为极角,height 位置上的参数被视为极径,width 参数指定扇形的弧度,但此处 width 宽度一般没有实际意义。图 4-6 外观简洁,两个公司的数据两两一组,便于对照。

三、极坐标参数设置

巧妙设置极角和极径可以在极坐标系中绘制出很多美观的几何图形,下面试举两例。

```
theta  =np.arange(0, 2*np.pi, 0.02)
r = 1.2*np.ones_like(theta)                    # r 为全 1 数组


plt.subplot(121, polar=True)                   # 左子图
plt.plot(theta, r, lw=2)                        # r 数组的值都相同,极径一样,绘制圆
plt.plot(theta, theta/4, '--', lw=2)            # 渐开曲线
plt.rgrids([ ])                                 # 清空,圆内不标注极径数字


plt.subplot(122, polar=True)                   # 右子图
plt.plot(theta, 1.4*np.cos(7*theta), '--', lw=2)  # 绘制 7 个花瓣
plt.rgrids([0.3, 1], angle=45)                  # 在 45 度角的线上标注极径 0.3 和 1
plt.thetagrids([0, 45])                         # 圆的最外侧只标注 0 度和 45 度角,图 4-7
```

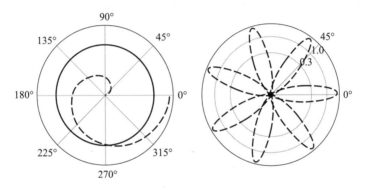

图 4-7　极坐标图参数设置

图 4-7 的左图绘制了一个整圆和渐开的曲线,同时清空了圆内的标注数字。plt.rgrids()
设置同心栅格的极径大小和文字标注的角度,因此右图中的虚线圆圈只有两个,极径为 0.3
和 1,圆圈上的标注沿 45°线排列。函数 plt.thetagrids()设置放射线栅格的角度,因此右图中
只有两条放射线,角度为 0°和 45°。

第 3 节　误 差 棒 图

误差用于表示数据的不确定程度,误差一般使用标准差(Standard Deviation,SD)或标准
误差(Standard Error,SE)表示。标准差(SD)是方差的算术平方根,总体标准差用 σ 表示,样本
标准差用 s 表示。标准差反映数据集的离散程度,标准差越小,说明数据越集中在其均值附
近。σ 和 s 的计算公式如下。

$$\sigma = \sqrt{\frac{1}{N}\sum_{i=1}^{N}(x_i - \mu)^2}\quad（总体）\qquad s = \sqrt{\frac{\sum_{i=1}^{N}(x_i - \bar{x})^2}{N-1}}\quad（样本）$$

标准误差(SE)是样本分布的标准差。如果是样本平均数分布的标准差,那么就称为 SEM(Standard Error of the Mean)。标准误差反映样本(Sample)对于总体(Population)的差异性,每次抽样的样本数越多,标准误差就越小。公式如下:

$$\sigma_{\bar{x}} = \frac{\sigma}{\sqrt{n}}$$

一、误差棒概述

在科学实验中会存在测量误差或实验误差,这是无法控制的客观存在。在可视化实验数据时,可以在图形上增加误差棒以表示客观存在的测量偏差。误差棒是以被测量值的算术平均值为中点,向上下两端各画出一条线段,线段总长度表示被测量数据可能以某一置信度的概率落在棒上区间内。

通过抽样获得样本,对总体参数进行估计会由于样本的随机性导致参数估计值出现波动,因此需要用误差置信区间来表示对总体参数估计的可靠范围。误差棒可以很好地实现充当总体参数估计的置信区间的角色。误差棒的计算方法有很多种:单一数值、置信区间、标准差和标准误差等。其可视化样式有:水平误差棒、垂直误差棒、对称误差棒和非对称误差棒等。

二、绘制误差棒图

函数 plt.errorbar()用于绘制误差棒图。语法格式为:errorbar(x, y, yerr＝None, xerr＝None, ecolor＝None, elinewidth＝None,capsize＝None, **kwargs)。主要参数说明如下:

（1）x/y:数据的 x 坐标和 y 坐标。

（2）yerr:y 轴方向的误差。

（3）xerr:x 轴方向的误差。

（4）ecolor:errorbar 颜色。

（5）elinewidth:errorbar 线宽度。

（6）capsize:errorbar 头部小横线的宽度。

（7）errorevery:指定间隔。例如为 3,则每 3 个点绘制一个 errorbar。

误差棒图示例代码如下。

```
x =np.linspace(0.1, 0.8, 10)
y =np.exp(x)
plt.errorbar(x, y, fmt="ro:", yerr＝0.15, xerr＝0.03)        # 误差棒图 4-8
```

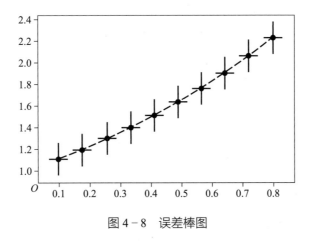

图 4-8　误差棒图

图 4-8 代码中参数 yerr=0.15 指定 y 轴方向的误差，上下误差默认是对称的，因此误差棒总长度为 0.3。参数 xerr 指定 x 轴方向的误差。

下面的代码演示了非对称误差的例子，代码中设置了数据点下方的误差大于数据点上方的误差。参数 capsize 指定误差帽（误差棒两端的小横线）的长度，capthick 指定误差帽的厚度。

```
x =np.linspace(0.1, 0.8, 10)
y =np.exp(x)
error = 0.02 + 0.2*x
lower_error = error
upper_error = 0.4*error                        # 上误差小一些
error_limit = [lower_error, upper_error]       # 下误差和上误差
plt.errorbar(x, y, yerr=error_limit, fmt=':*b', ecolor='y', elinewidth=4,
ms=5, mfc='c', mec='r', capsize=6, capthick=2)   # 不对称误差棒,图4-9
```

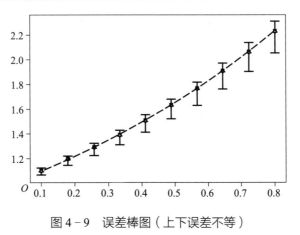

图 4-9　误差棒图（上下误差不等）

三、带误差棒的柱状图

前面我们已学习了柱状图和误差棒图,现在可以将这两种图形结合起来,绘制带误差棒的柱状图,使柱状图反映的信息更加丰富。

```
x =np.arange(7)
y = [79, 26,89,   68, 82, 39, 60]
std_error = [7, 3,  2, 2, 3, 2, 6]
label = ['小米', '魅族', '华为 P40',  '荣耀', '华为 nova', '三星', '苹果']
error_attri = dict(elinewidth=2, ecolor='b', capsize=4)          # 误差棒的格式参数
plt.bar(x, y, yerr=std_error, width=0.5, align='center', ecolor='r',
          color='cyan' ,error_kw=error_attri, tick_label=label)    # 带误差棒的柱状图
plt.ylabel('销售额(万元)')
plt.xticks(rotation=20, fontsize=14)                 # 刻度标签倾斜 20 度,避免重叠
plt.grid(axis='y', ls=':', color='gray', alpha=0.5)
plt.title('商场一季度手机销售额', fontsize=16)          # 图 4-10
```

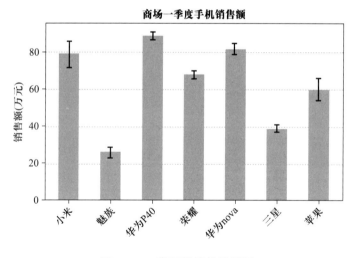

图 4-10　带误差棒的柱状图

绘制带误差棒柱状图的关键是指定 bar()函数中的参数 yerr。同时,误差棒的属性由关键字参数 error_kw 指定,图 4-10 对误差棒的线宽、颜色和误差帽的长度做了设置。

四、带误差棒的条形图

与带误差棒的柱状图类似,在条形图函数 barh()中可以通过参数 xerr 设置误差棒。下面绘制带误差棒的并列条形图。

```
x =np.arange(6)
y1 = [100, 68, 79, 61, 72, 56]
std_err1 = [7, 2, 6, 5, 5, 3]
y2 = [120, 75, 70, 78, 85, 80]
std_err2 = [5, 1, 4, 8, 9, 2]
tick_label = ['计算机', '财经', '金融', '工商管理', '保险学', '新媒体']
bar_width = 0.4
error_attri = dict(elinewidth=2, ecolor='black', capsize=3)
plt.barh(x, y1, bar_width, color='cyan', tick_label=tick_label, align='center',
        xerr=std_err1, error_kw=error_attri, label='广西')
plt.barh(x+bar_width, y2, bar_width, color='m', tick_label=tick_label, align='center',
        xerr=std_err2, error_kw=error_attri, label='广东')
plt.legend()
plt.ylabel('图书类型', fontsize=14)
plt.title('不同地区不同类型图书销售额(万元)', fontsize=16)       # 图4-11
```

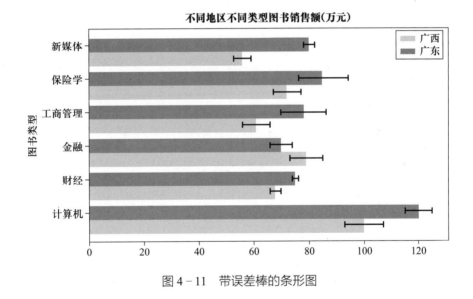

图4-11 带误差棒的条形图

第4节 等高线图

等高线起源于等深线,用于表征地表的高低起伏。1728年荷兰人克鲁最先用等深线来表示河流地势,后人持续加以改进,用此线描绘陆地海拔高度的变化。1791年法国人绘制了第一张等高线地形图,19世纪初等高线开始逐渐应用于测绘学中。

一、等高线图概述

地理上绘制等高线是将海拔高度相同的点连成闭合曲线,将曲线投影到平面形成一圈圈水平闭合曲线,这些曲线按比例缩绘在图纸上即得到等高线图。等高线旁会标注其海拔高度。数据分析中绘制等高线图的主要目的并不是画地图,而是用等高线及着色反映绘图区域内数值的变化情况。

数据分析中的等高线图用于反映数值的变化,其本质就是绘制函数 $z = f(x,y)$ 的变化。x 和 y 是横、纵坐标,通过函数映射得到 z,将 z 值相等的各点连成平滑曲线投影到平面图形中。

二、绘制等高线图

函数 contour() 用于绘制等高线,函数 contourf() 用于填充区域颜色。一个等高线图的示例代码如下。

```
# 1. 定义函数 z=f(x,y)
def f(x, y):
    return (1 - x / 2 + x**5 + y**3) *np.exp(-x**2 - y**2)  # 返回高度值
# 2. 定义两个坐标的一维向量
delta = 0.25                          # 网格间距
a = np.arange(-3.0, 3.0, delta)       # 一维数组(长度24)
b = np.arange(-2.5, 2.5, delta)       # 一维数组(长度20)
# 3. 获得网格坐标矩阵
X, Y = np.meshgrid(a, b)   # 将向量 a 和 b 映射为网格,X 和 Y 是二维网格矩阵,均为 20 行 24 列
# 4. 画等高线
c = plt.contour(X, Y, f(X, Y), 10, colors='k')
# 5. 在等高线旁标注数值
plt.clabel(c, inline=True, fontsize=10)
# 6. 填充颜色
plt.contourf(X, Y, f(X, Y), 3, cmap=plt.cm.spring, alpha=0.3)
plt.axis('off')                       # 不显示数轴,图4-12
```

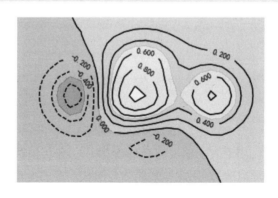

图 4－12　等高线图

代码中 a 和 b 都是一维等差数列,因为等高线需要计算整个区域的 z 值,因此用 mesh-grid()函数将 a 和 b 映射为一个铺满整个绘图区域的网格,得到栅格 X 和 Y,均为 20 行 24 列的矩阵。例如"X,Y=np.meshgrid([0,1,2],[1,2,3,4])"将返回如图 4-13 所示的矩阵。

$$X=\begin{bmatrix} [0 & 1 & 2] \\ [0 & 1 & 2] \\ [0 & 1 & 2] \\ [0 & 1 & 2] \end{bmatrix} \qquad Y=\begin{bmatrix} [1 & 1 & 1] \\ [2 & 2 & 2] \\ [3 & 3 & 3] \\ [4 & 4 & 4] \end{bmatrix}$$

图 4 - 13　meshgrid()生成坐标网格

图 4-13 表明 meshgrid(a,b)将向量 a 视为行向量,向下扩充行,将向量 b 视为列向量,向右扩充列。绘图时整个区域被均分为等距的小格子,矩阵 X 和 Y 的值两两配对得到每个小格子的坐标(x,y),通过函数 $z=f(x,y)$ 得到该格子的 z 值。语句"plt.contour(X, Y, f(X,Y), 10)"中的前两个参数是矩阵坐标网格,第三个参数是根据坐标计算出的 z 值,z 值即等高线数据。第四个参数 10 控制等高线的数量或密集程度,值越大等高线划分越细越密集,反之越稀疏。如果取 0 则图形将被一分为二。此处 contour()内的坐标参数可以使用 X 和 Y 二维矩阵,也可使用一维数组 a 和 b,写为 contour(a,b,f(X,Y))亦可。

代码"plt.clabel(c, inline=True)"用于标注等高线上的数值,变量 c 是上一步绘制后返回的等高线对象,inline 控制是否将 Label 画在线上面,默认值 True。

代码"plt.contourf(X,Y,f(X,Y),3, cmap= plt.cm.spring)"用于填充区域颜色,参数"3"控制颜色细分的数量,数值越大则颜色渐变越柔和,参数 alpha 可设置颜色透明度。cmap 指定采用何种颜色映射表,help(plt.cm)将显示出可用的颜色表名。

等高线反映数值的变化,也可称为等值线。等值线可以直观地表示二元函数的变化趋势,例如在等值线密集的地方表示函数值在此区域变化较快。

```
def f(x, y, w=5, sigma=2):
    return np.sin(w*x)**2*np.sin(w*y)**2*np.exp((x+y)/sigma)
n = 256
a = np.linspace(0, 3, n)
b = np.linspace(0, 3, n)
X, Y =np.meshgrid(a, b)
C =plt.contour(X, Y, f(X, Y),   8, colors=' black' )          # 等高线
plt.contourf(X, Y, f(X, Y), 8, alpha=0.3)                     # 着色
plt.clabel(C, fontsize=10)                                     # 标注数值,图 4-14
```

等高线图可用于机器学习算法中的决策区域绘制,contour()绘制决策边界线,contouf()给决策区域着色。例如,假定有一个分类问题已解出分类的判断公式为 $y=2x_1+x_2+3$,x_1 和 x_2 是两组自变量。如果公式计算结果大于等于 0 则归为 1 类,计算结果小于 0 则归为 -1 类,绘制决策区域代码如下。

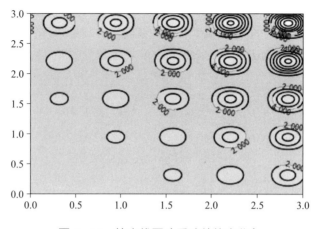

图 4-14　等高线图（反映数值变化）

```
deff(x1, x2):
     return np.where(2*x₁ + x₂ + 3 >= 0, 1, -1)    # 函数只有 1 和 -1 两种取值
n = 300
a = np.linspace(-3, 3, n)
b = np.linspace(-3, 3, n)
X, Y = np.meshgrid(a, b)
C = plt.contour(X, Y, f(X, Y),  colors='b')        # f()只有 1 和 -1 两个值，将只绘制 1 条等高线
plt.contourf(X, Y, f(X, Y),  alpha=0.3)            # 整个区域只有两种值，着色后分为两部分
plt.text(-2.8, -2, 'y = -1 负类', fontsize=16)
plt.text(0.5, 1, 'y = 1 正类', fontsize=16)
plt.text(-1, -0.9, ' $ y = 2x₁+x₂+3 $ ', fontsize=16) # 图 4-15
```

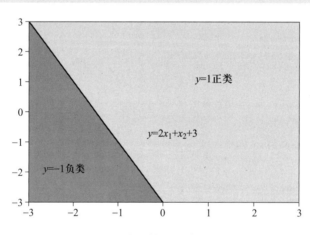

图 4-15　分类决策区域（等高线图）

　　图 4-15 绘制了一个二分类问题的分类区域，图中所示在边界线右上方的数据点都将归为 1 类，左下方的点都将归为 -1 类。如果是一个多分类问题，$f()$ 函数返回多个类别的值，图中就将分为多个着色区域。等高线图还可用于表现 3D 曲面向平面的投影，详见下一节的介绍。

第 5 节　3D 绘图

前面介绍的都是 2D 图形,3D 图形也是数据可视化的一个重要应用领域。绘制 3D 图形需要将 Axes 子图设为三维坐标系,主要有两种设置方法。一种是创建子图时指定参数 projection='3d',另一种是先导入 mpl_toolkits.mplot3d 模块中的 Axes3D 对象,然后利用 Axes3D 对象将画布转为 3D 模式。

```
#方法一  利用'3d'参数
ax =plt.subplot(projection='3d')          # 创建子图时指定 3d 参数 (d 为小写字母)

#方法二  利用 Axes3D 类
from mpl_toolkits.mplot3d import Axes3D
fig = plt.gcf()                           # 获取当前画布 fig
ax = Axes3D(fig)                          # 将 fig 转为 3D,返回一个 Axes
```

与二维图形相比,3D 图形增加了一个表示纵深的深轴,绘图时一般需指定 xs、ys、zs 和 zdir 等参数,含义如下:

（1）xs、ys、zs:横轴、纵轴和深轴。

（2）zdir:作为深轴的坐标轴,默认是 z。

其中 xs、ys 和 zs 并不是固定表示横轴、纵轴、深轴的意思,可视情况设定 zdir 参数,灵活地定义深轴指向。

一、3D 散点图和 3D 折线图

在 3D 空间绘制散点图也使用 scatter()函数,在 x 轴和 y 轴坐标之后再添加 z 轴坐标,使用三元有序数对在 3D 空间内定位散点。

```
ax =plt.subplot(111, projection="3d")         # 创建 3d 子图
xs = np.random.rand(100)*10                   # 随机生成数据点坐标
ys = np.random.rand(100)*10+20
zs1 =np.random.rand(100)*10
zs2 =np.sqrt(xs**2+ys**2)

ax.scatter(xs, ys, zs=zs1, zdir="z", c="b", marker="D", s=40, alpha=0.5)    # 第一组 3D 散点图
ax.scatter(xs, ys, zs=zs2, zdir="z", c="cyan", marker="*", s=40)            # 第二组 3D 散点图
ax.set_xlabel('X', fontsize=16)               # 设置轴标签
ax.set_ylabel('Y', fontsize=16)
ax.set_zlabel('Z', fontsize=16)               # 图 4-16
```

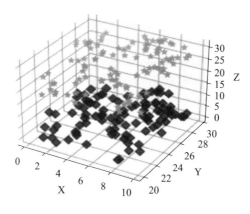

图 4-16　3D 散点图

上述代码先创建 3D 子图,然后随机生成 x、y、z 三个轴的坐标,绘图时提供三个坐标序列,参数 zdir="z"表示将 z 轴视为深轴。用户如在 Spyder 中调试上例,可在 IPython 中先执行"% matplotlib"命令,将图形输出设为独立窗口模式,则 3D 图形将输出在一个小窗口中,图形可用鼠标拖动并旋转观察。

下面绘制一条 3D 曲线。

```
from mpl_toolkits.mplot3d import Axes3D        # 导入 Axes3D
z = np.linspace(0, 13, 1000)
x = 5*np.sin(z)
y = 5*np.cos(z)
zd = 13*np.random.random(100)
xd = 5*np.sin(zd)
yd = 5*np.cos(zd)
fig = plt.figure(figsize=(8, 6))              # 新建画布
ax = Axes3D(fig,auto_add_to_figure=False)     # 创建一个 3DAxes, 这是 mpl 3.5 版的建议写法
fig.add_axes(ax)                              # 将 ax 加入 fig
ax.plot3D(x, y, z,c=' gray' )                 # plot3D 绘制 3D 曲线
ax.scatter3D(xd, yd, zd, c=' purple' )        # scatter3D 也可绘制 3D 散点图,图 4-17
```

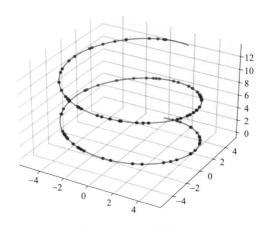

图 4-17　3D 曲线图

二、3D 柱状图

多组数据的柱状图可以在平面空间对比,也可在三维空间中对比。我们可以将多组数据的柱状图投射到平面上,投射时借助 z 轴将柱状图分层。以下代码在深轴方向上绘制了三排柱形,每排都含有 8 根柱子,这样就产生了 3D 的效果,代码如下。

```
np.random.seed(7)
ax =plt.subplot(projection=' 3d' )
for z in range(3):
    xs = range(1, 9)
    ys = 15*np.random.rand(8)
    ax.bar(xs, ys, zs=z, zdir=' y' )          # 3D 柱状图,图 4-18
```

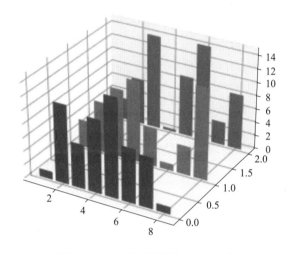

图 4-18　3D 柱状图(zdir=' y')

上面代码中,循环产生三组数据,参数 xs 指定每排数据有 8 个柱体,参数 ys 表示每个柱体的高度。参数 zdir 取值不同,观察图形的角度也不同。如果设置 zdir=' x' 的参数,则结果如图 4-19 所示。事实上,从图形及对应的坐标轴刻度可以看出 zdir 的变化仅仅改变了观察图形的角度,并没有改变图形本身。

三、3D 曲面

3D 曲面用于绘制函数 $z=f(x,y)$ 的图形,其中 (x,y) 是坐标,z 值视为高度。3D 曲面可以按曲面高度涂上不同的颜色,还可添加颜色标尺,说明数值和颜色的对应关系。例如,假定在机器学习中定义了一个函数 $z(x,y)=x^2+y^2+xy+x+y+1$,这个函数的图像绘制如下。

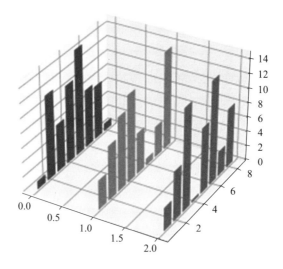

图 4-19　3D 柱状图（zdir='x'）

```
ax = plt.subplot(projection="3d")
a = np.arange(-10, 10, 0.1)
b = np.arange(-10, 10, 0.1)
X, Y = np.meshgrid(a, b)                                              # 坐标网格
Z = (X**2 + Y**2 + X*Y + X + Y + 1)
#曲面函数,可查询帮助 help(ax.plot_surface)
ax.plot_surface(X, Y, Z, rstride=1, cstride=1, cmap='rainbow')       # 图 4-20
```

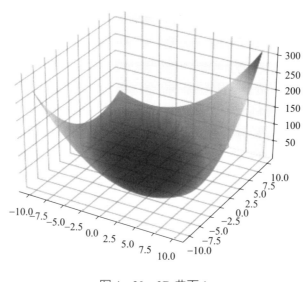

图 4-20　3D 曲面 1

　　上面的代码使用函数 plot_surface(x, y, z, rstride=1, cstride=1)绘制 3D 曲面, *x* 和 *y* 是坐标网格, *z* 对应曲面高度。rstride 和 cstride 参数控制曲面在行和列方向的跨度, 最小值可设

为 1,此时曲面最光滑。cmap 指定颜色映射表。下面绘制一个带颜色标尺的三维曲面。

```
ax  =plt.subplot(projection="3d")
delta = 0.125
a  =np.arange(-3.0, 3.0, delta)
b  =np.arange(-2.0, 2.0, delta)
X, Y  =np.meshgrid(a, b)
Z1  =np.exp(-X**2 - Y**2)
Z2  =np.exp(-(X - 1)**2 - (Y - 1)**2)
Z  = (Z1 - Z2)*2                       # 计算 Z 轴数据(高度数据)
surf=ax.plot_surface(X, Y, Z,cmap=' rainbow')  # 绘制曲面, 图 4-21
ax.set_zlim(-2, 2)                     # 设置 Z 轴范围
plt.colorbar(surf,shrink=0.6,aspect=10)# 图形右侧显示颜色条,反映数值和颜色的映射情况
```

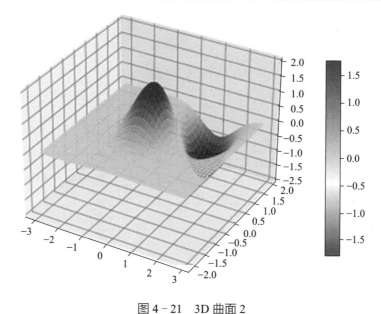

图 4-21　3D 曲面 2

四、等高线与 3D 投影

3D 曲面是立体图形,如果将曲面上 z 值相同的点投影到平面上就可以得到等高线图。下面展示三维曲面投影为等高线图的效果。

```
ax  =plt.subplot(projection="3d")
a  =np.arange(-3, 3, 0.1)
b  =np.arange(-3, 3, 0.1)
x, y  =np.meshgrid(a, b)              # 返回坐标网格
```

```
z = np.sin(np.sqrt(x**2 + y**2))                              # 计算 z
ax.plot_surface(x, y, z, rstride=1, cstride=1, cmap='rainbow')   # 3D 曲面,横纵坐标跨度为 1
ax.contour(x, y, z, zdir='z', offset=-2)                      # 投影到 z 轴 z = -2 处
ax.set_zlim(-2, 2)                                            # z 轴显示范围, 图 4-22
```

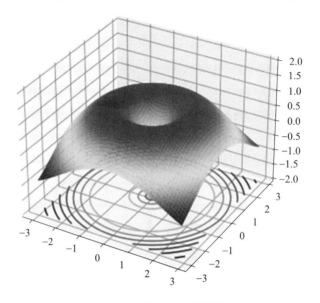

图 4-22　3D 曲面投影的等高线图

上面的代码先用 plot_surface()绘制了 3D 曲面,然后执行 ax.contour(x, y, z, zdir='z', off-set=-2)将曲面投影到 z=-2 处形成等高线图。

》 本章小结

本章介绍了箱线图、极线图、误差棒图、等高线图的绘制,利用这些图形可以更好地反映数据变化的趋势。 在数据分析和机器学习课程中会使用到这些图形。 本章最后还介绍了 3D 图形的绘制方法,使得图形立体化,视觉效果更直观。

》 习题

1. 什么是箱线图,其主要作用是什么?

2. 请谈谈你对等高线图的理解。

3. 已知 2019 年 12 个月份的发电量分别为[5 200, 5 254.5, 5 283.4, 5 107.8, 5 443.3, 5 550.6, 6 400.2, 6 404.9, 5 483.1, 5 330.2, 5 543, 6 199.9]亿千瓦时; 2020 年 12 个月份的发电量分别为[4 605.2, 4 710.3,

5 168.9, 4 767.2, 4 947, 5 203, 6 047.4, 5 945.5, 5 219.6, 5 038.1, 5 196.3, 5 698.6]亿千瓦时。 将"发电量（亿千瓦时）"作为 x 轴的数据，将"2019 年"和"2020 年"作为 y 轴的刻度标签，使用水平箱线图绘制这两年的发电量。

4. 霍兰德职业兴趣测试是美国专家霍兰德根据大量的职业咨询经验及其职业类型理论研究出的测评工具。 实验根据个人兴趣不同，将人格分为研究型（I）、艺术型（A）、社会型（S）、企业型（E）、传统型（C）和现实型（R）6 个维度。 假设有 6 个用户在这 6 个维度上测评值如表 4 - 2 所示：

表 4 - 2　用户测评值表

	研究型	艺术型	社会型	企业型	传统型	现实型
ID1	0.40	0.32	0.35	0.30	0.30	0.88
ID2	0.85	0.35	0.30	0.40	0.35	0.30
ID3	0.43	0.89	0.32	0.85	0.30	0.30
ID4	0.30	0.25	0.35	0.43	0.32	0.40
ID5	0.20	0.38	0.89	0.30	0.35	0.28
ID6	0.34	0.31	0.32	0.40	0.89	0.28

根据表格数据将第一行人格类型作为极线图的标签，将其余行的数据作为极线图的数据，绘制霍兰德职业兴趣测试结果的极线图。

5. 假设某植物学家分别在春、夏、秋三个季节对马尾松、樟树、杉树和桂树四种树进行观察，并检测了不同树种的根部生物量。 马尾松在春、夏、秋三个季节的根部生物量为[2.04+- 0.16, 1.57+- 0.08, 1.63+- 0.10]，樟树在三个季节的根部生物量为[1.69+- 0.27, 1.61+- 0.14, 1.64+- 0.14]，杉树在三个季节的根部生物量为[4.65 +- 0.34, 4.99+- 0.32, 4.94+- 0.29]，桂树在三个季节的根部生物量为[3.39+- 0.23, 2.33 +- 0.23, 4.10+- 0.30]。 将春、夏、秋三个季节作为 x 轴的刻度标签，每种树的根部生物量作为 y 轴数据，波动值作为误差，绘制误差棒图。

6. 已知等高线图包括 x 值、y 值和高度 3 个重要信息，假设坐标点的高度为 h，且 h、x、y 之间的关系如下： $h = \left(1 - \dfrac{x}{2} + x^5 + y^3\right) e^{-x^2 - y^2}$。 使用 numpy 生成一组位于- 2~2 之间的样本数据，计算出等高线的高度，绘制并填充等高线图。

7. 绘制三维空间中的散点图，数据可随机生成。

即测即评

第 5 章

Matplotlib 绘图高阶设置

学习目标

⊙ 掌握坐标轴的设置方法，包括设置坐标轴的标签、刻度范围和刻度标签。

⊙ 掌握共享坐标轴的方法，可以共享子图之间的坐标轴。

⊙ 掌握图表配色及选择颜色映射的方法。

⊙ 了解文本的常用属性设置方法。

本章的知识结构如图 5-1 所示。

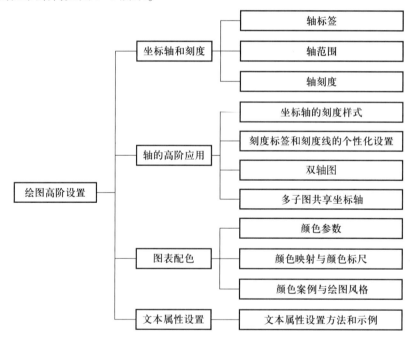

图 5-1　本章知识结构图

本章介绍 matplotlib 中的一些高阶设置选项，如设置坐标轴刻度，设定坐标轴范围，绘制双 y 轴图形，多子图共享坐标轴，选择丰富的颜色，设定更漂亮的字体等内容。合理设置上述选项可以使图形的释义更清晰，视觉效果更富有表现力。

第 1 节　坐标轴和刻度

　　前面我们已经学习过很多绘图对象,其中容器类的对象有 Figure(画布)、Axes(绘图子区域)和 Axis(坐标轴)。一张画布上可以包含多个子图,一个子图包含两个或三个坐标轴(3D 图形)。每个子图有一个 title(标题),每个轴都有一个 label(轴标签)。坐标轴上有很多刻度线,刻度线下面有刻度标签。画布上几乎所有的内容都是单独的 artist 对象,可以单独设置。

　　创建画布和子图后就可以绘制图形了,图形中的坐标轴常常需要微调。二维图形有 x 轴和 y 轴,每个轴可以单独设置各自的属性,如轴标签、轴范围和轴刻度等。

一、轴标签

　　轴标签是轴最重要的属性,它说明该轴对应何种数据。其设置命令为 plt.xlabel()/plt.ylabel()或 ax.set_xlabel()/ax.set_ylabel()。有时为避免轴标签和轴刻度重叠,可使用参数 labelpad 设置两者间的距离(单位:磅)。此外,设置时还可以使用 color、fontsize、fontproperties 等属性修饰轴标签。

```
a = np.arange(0, 5, 0.02)
plt.plot(a, np.sin(2* np.pi* a), 'r-.')
plt.xlabel(' 横轴:时间', fontproperties=' SimHei', fontsize=18)              # 黑体
plt.ylabel(' 纵轴:振幅', fontproperties=' Simsun', labelpad=5, fontsize=18)   # 宋体,间距5,图5-2
```

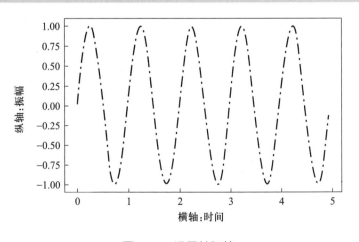

图 5-2　设置轴标签

　　轴标签和图形标题还可以添加文本框,起到强调、突出的作用。

```
# 奥运五环,设置文本框
fig = plt.figure(figsize=(4, 4), dpi=100)
ax = fig.add_subplot(111)
x1 = np.linspace(-1, 1, 100)
y1 = (1-x1**2)**0.5
for p in [-1.5, 0, 1.5]:            # 上面的三个环,每个环由上下半圆构成
    ax.plot(x1+p, y1)              # 上半圆
    ax.plot(x1+p, -y1)            # 下半圆
for p in [1, -1]:                   # 下面的两个环
    ax.plot(x1+p, y1-1)
    ax.plot(x1+p, -y1-1)


x = np.linspace(-5, 5, 5000)
y = np.random.uniform(-4, 4, 5000)
ax.scatter(x, y, c='y', marker='*', s=100, alpha=0.1)        # 放大的散点作为背景
ax.set_xlim(-3, 3)                                          # x 轴刻度范围
ax.set_ylim(-3, 3)
box = dict(facecolor='#6959CD', pad=2, alpha=0.4)           # 文本框属性,字典格式
ax.set_xlabel('x 轴', fontsize=18, bbox=box)
ax.set_ylabel('y 轴', fontsize=18, bbox=box)
ax.yaxis.set_label_coords(-0.08, 0.5)                       # 设置 y 轴标签位置
ax.xaxis.set_label_coords(0.5, -0.05)
ax.set_title('奥运五环', fontsize=20, va='bottom', bbox=box)    # 图 5-3
```

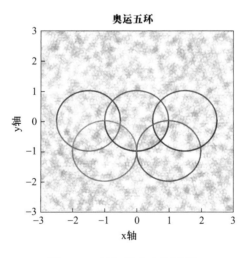

图 5-3　轴标签文本框设置

标题和轴标签的文本框效果通过设置关键字参数 bbox 实现,该参数接收字典类型的值。方法 set_label_coords()用于设置文本的位置,位置参数采用相对 Axes 的坐标,将宽和高

均视为 1 进行标准化,如坐标(0.5,0.3)表示在 x 轴 50% 及 y 轴 30% 处。数值如是负值则在坐标轴的反方向,如(-0.05,0.03)表示在 x 轴负向 5% 及 y 轴正向 3% 处。

二、轴范围

绘图时坐标轴显示的数据范围一般会根据绘图数据自动设定,但有时需要做一些调整。图形太靠近边框可增大轴的范围,图形留白太多可缩小轴的范围。设置轴范围使用 plt.xlim()/plt.ylim()/plt.axis()或 ax.set_xlim()/ax.set_ylim()命令,代码如下。

```python
fig = plt.figure(figsize=(10, 4))
t = np.arange(0.0, 12*np.pi, 0.01)
x = np.sin(t)*(np.e**np.cos(t)-2*np.cos(4*t)-np.sin(t/12)**5)
y = -np.cos(t)*(np.e**np.cos(t)-2*np.cos(4*t)-np.sin(t/12)**5)
ax1 = fig.add_subplot(131)
plt.plot(x, y, color='r')
plt.title('图 1 默认轴范围', fontsize=16)


ax2 = fig.add_subplot(132)
plt.plot(x, y, color='m')
plt.xlim(-6, 6)                          # 设置 x 轴范围
plt.ylim(-6, 6)                          # 设置 y 轴范围
plt.title('图 2 指定轴范围为 6', fontsize=16)


ax3 = fig.add_subplot(133)
plt.plot(x, y, color='m')
plt.axis([-1, 1, -1, 1])                 # 同时设置 x 和 y 轴范围
plt.title('图 3 指定轴范围为 1', fontsize=16)   # 图 5-4
```

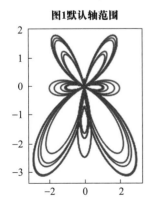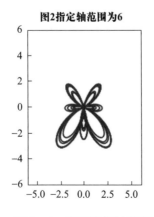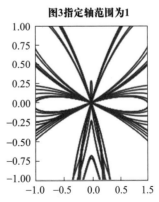

图 5-4　设置坐标轴范围

三、轴刻度

轴刻度作为图形的一部分,由刻度线和刻度标签组成。绘图时 plt 会根据数据的特征显示合适的轴刻度线和刻度标签。数据量很少时,刻度标签可能和每个数据对应;数据量很大时,就会若干个数据才标注一个刻度。设置轴刻度使用 plt.xticks()/plt.yticks()或 ax.set_xticks()/ax.set_yticks()等方法。

```
x = np.linspace(0, 4, 1000)
x_tick = np.arange(-1.5, 2.0, 0.5)                        # x 轴刻度
y_tick = np.arange(-1.5, 3.0, 0.5)
y = (x**(2/3))+0.9*((3.3-x**2)**0.5)*np.sin(31.41593*x)
plt.plot(x, y, lw=3, c='r', label='heart')
plt.plot(-x, y, lw=3, c='black')
plt.xticks(x_tick,labels=list('ABCDEFG'), fontsize=14)    # 设置 x 轴刻度标签
plt.yticks(y_tick,labels=list('abcdefghi'), fontsize=14)  # 设置 y 轴刻度标签
plt.title('刻度标签修改', fontsize=16)                     # 图 5-5
```

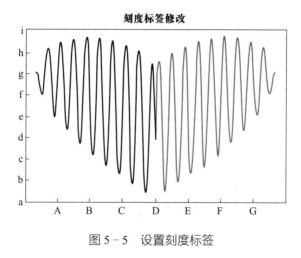

图 5-5　设置刻度标签

修改刻度标签的语法形如"plt.xticks(刻度列表,labels=标签列表)",两个列表的长度应一致,设置后坐标轴上将只显示刻度列表中的刻度。如果执行 plt.xticks([ ])将清空 x 轴所有刻度。

第 2 节　轴的高阶应用

本节进一步介绍坐标轴的高阶应用,如设置坐标轴的刻度样式、刻度标签和刻度线的个性化设置、绘制双轴图、多子图共享坐标轴等,使读者全面掌握坐标轴的相关设置。

一、坐标轴的刻度样式

刻度是图形的重要组成部分,由刻度标签和刻度线组成。这里需要了解两个概念:刻度定位器和刻度格式器。刻度定位器设置刻度线的位置,刻度格式器设置刻度标签的显示样式。刻度分为主刻度(major)和次刻度(minor),如 0 和 1 可设为主刻度,内部的 0.1、0.2 可设为次刻度。绘图时系统会根据数据范围自动设定合适的主刻度,次刻度默认不显示。

为展示刻度参数的效果,下面绘制一条标注主、次刻度的余弦曲线。

```
from matplotlib.ticker import MultipleLocator, AutoMinorLocator        # 导入刻度相关设置函数
fig = plt.figure(figsize=(10,6))
ax = fig.add_subplot(111)
x = np.linspace(0,10,100)
ax.plot(x, np.cos(x))              # 余弦曲线


# set_major_locator 设置 x 轴和 y 轴主刻度线的位置
# 参数 MultipleLocator(2) 表示在 2 倍处设置主刻度线, 如 0 2 4 6 等位置
ax.xaxis.set_major_locator(MultipleLocator(2))
ax.yaxis.set_major_locator(MultipleLocator(1))


# set_minor_locator 设置 x 轴和 y 轴次刻度线的位置
#参数 AutoMinorLocator(4)表示将每一份主刻度等分为 4 份
ax.xaxis.set_minor_locator(AutoMinorLocator(4))
ax.yaxis.set_minor_locator(AutoMinorLocator(2))


# 该函数控制刻度标签的显示精度,函数形参要求为 (x, pos)的形式
def minor_tick(x, pos):
    if not x % 1:
        return x              # x 为 1 的整数倍则返回原数据
    return '%.1f' % x         # x 为小数,则保留 1 位小数位数


# set_minor_formatter 设置次刻度标签格式
ax.xaxis.set_minor_formatter(minor_tick)        # 必须执行此句才能显示次刻度线
ax.yaxis.set_minor_formatter(minor_tick)


ax.tick_params('x',which='major', length=10,width=2,labelsize=12,colors='r')      # x 轴主刻度线格式
ax.tick_params('x',which='minor', length=5,width=1, labelsize=10,labelcolor='k') # x 轴次刻度线格式
ax.set_xlim(0,10)
ax.set_ylim(-1.5,1.5)
ax.grid(linestyle='-.', linewidth=0.5, color='r')              # 图 5-6
```

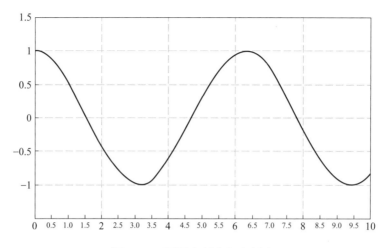

图 5 - 6　设置主刻度和次刻度

上述代码首先导入 MultipleLocator(主刻度定位器)和 AutoMinorLocator(次刻度定位器)。"ax.xaxis.set_major_locator(MultipleLocator(2))"表示在 x 轴的 2 的整数倍处设置主刻度,这样 x 轴主刻度设为 0、2、4 等位置。

"ax.xaxis.set_minor_locator(AutoMinorLocator(4))"设置次刻度位置,将 1 份主刻度均分为 4 份,因此 x 轴次刻度在 0.5、1.0、1.5 等位置。

"ax.xaxis.set_minor_formatter(minor_tick)"设置次刻度标签的显示格式。函数 minor_tick 的签名必须为"(x,pos)"的形式。绘图时,系统自动调用此函数,传入的 x 是刻度值,pos 是第几个刻度,函数的返回值将作为该刻度的显示标签。次刻度线默认不显示,必须执行 set_minor_locator() 和 set_minor_formatter()两条命令后才能显示。

"ax.tick_params(axis=' x' ,which=' major' ,length=10,width=2,colors =' r')"设置刻度线的样式,参数含义如下:

- axis:' x' 设置 x 轴,' y' 设置 y 轴,' both' 设置 x 和 y 轴。
- which:' major' 设置主刻度线,' minor' 设置次刻度线。
- length:刻度线长度。
- width:刻度线宽度。
- colors:刻度线颜色。
- labelsize:刻度标签文字大小。
- labelcolor:刻度标签颜色。

上述的代码设置了 x 轴主刻度线长度为 10,宽度为 2。x 轴次刻度线长度为 5,宽度为 1。

二、刻度标签和刻度线的个性化设置

画布上的任何内容都是一个单独的 Artist 对象,可以获取这些对象做进一步设置。下面依然绘制一条余弦曲线,然后获取 x 轴的刻度标签和刻度线进行设置,这样可实现灵活的个性化设置。

```
plt.figure(facecolor='pink')
x = np.linspace(-5,5,50)
plt.plot(x,np.cos(x),'r-.*')
ax = plt.gca()                              # 返回当前子图
for tlabel in ax.xaxis.get_ticklabels():    # 获取 x 轴刻度标签并设置属性
    tlabel.set_color('b')
    tlabel.set_fontsize(16)
    tlabel.set_rotation(10)                 # 文字旋转角度
for tline in ax.xaxis.get_ticklines():      # 获取 x 轴刻度线并设置属性
    tline.set_markersize(8)
    tline.set_markeredgewidth(2)            # 图 5-7
```

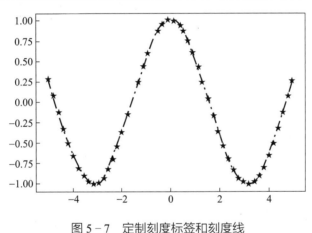

图 5-7　定制刻度标签和刻度线

代码“ax=plt.gca()”获取当前画布的默认子图对象,然后调用实例方法 ax.xaxis.get_ticklabels()获得 x 轴刻度标签,这些标签是 Text 对象,使用 for 循环对这些标签设置属性。同理,借助实例方法 ax.xaxis.get_ticklines()获得 x 轴刻度线的列表,刻度线是 Line2D 对象,也用 for 循环逐一设置。

三、双轴图

图形一般只有一个 y 轴,但当我们在一个绘图区体现两个不同数量级的组合图表时,就需要利用双 y 轴图形实现。双 y 轴图形由两个共享 x 轴的彼此重叠的子图构成,下面是示例代码。

```
fig, ax1 = plt.subplots()
t = np.arange(0.05, 10.0, 0.01)
s1 = np.exp(t)                                    # 指数函数
ax1.plot(t, s1, c="b", ls="-", lw=3)             # 在 ax1 绘制指数函数,蓝色
ax1.set_xlabel("x 轴共享",fontsize=14)           # x 轴标签
ax1.set_ylabel("以 e 为底的指数函数", color="b",fontsize=14)   # y 轴标签
ax1.tick_params(axis="y", labelcolor="b")        # 设置 y 坐标轴的刻度为蓝色

# twinx()创建一个与 ax1 共享 x 轴的子图 ax2,但 y 轴不共享, ax2 的 y 轴在右轴脊
ax2 = ax1.twinx()
s2 = np.cos(t* * 2)                              # 余弦函数
ax2.plot(t, s2, c="k", ls="-.")                 # 在 ax2 绘制余弦函数,黑色
ax2.set_ylabel("余弦函数", color="k",fontsize=14)  # ax2 的 y 轴标签
ax2.tick_params(axis="y", labelcolor="k")       # 设置 y 坐标轴的刻度为黑色, 图 5-8
```

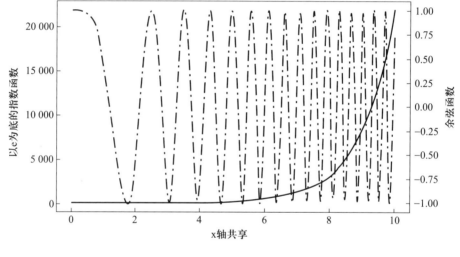

图 5-8　双 y 轴图形(共享 x 轴)

　　指数函数和余弦函数的值域相差非常大,如果两条曲线按常规方法用同一个 y 轴,那么余弦函数的图形将几乎呈现为一条横线。这种情况下应采用双轴图形。先生成子图 ax1,然后利用"ax2＝ax1.twinx()"语句生成与 ax1 共享 x 轴但 y 轴独立的子图 ax2,ax2 的 y 轴在图形的右轴脊上。这样就实现了将两组不同数量级的数据绘制在同一个绘图区域。同理,当我们需要共享 y 轴的时候可以通过调用 axes.twiny()方法实现。

　　下述代码通过共享 x 轴,在同一个绘图区域呈现某网站一年中每月的用户活跃量和点击率。

```
np.random.seed(7)
month  = np.linspace(1, 12, 12)
dau  =  np.random.randint(200, 300, 12)          # 日活数
ctr = np.random.randint(8, 20, 12) / 100          # 点击率


fig, ax1 = plt.subplots(figsize = (10, 5), facecolor=' white' )
# 左轴(日活数)
ax1.bar(month, dau, color=' y' , alpha=0.5)
plt.setp(ax1.yaxis.get_ticklabels(), fontsize=12)          # 设置 y 轴刻度标签的文字大小
ax1.set_xlabel(' 月份' , fontsize=14)
ax1.set_ylabel(' 日活跃用户量(万人)' , fontsize=14)


# 右轴(点击率)
ax2 = ax1.twinx()                                 # 共享 x 轴
ax2.plot(month, ctr, ' -or' )
ax2.set_ylabel(' 点击率' ,fontsize=14)
ax2.set_ylim(0, 0.2)


#将点击率坐标轴以百分比格式显示
def to_percent(x, pos):
    return ' %2.1f %(100*  x) + ' %'
ax2.yaxis.set_major_formatter(to_percent)          # 设置 ax2 的 y 轴主刻度的显示格式
plt.setp(ax2.yaxis.get_ticklabels(),fontsize=12)          # 设置右轴刻度标签大小
plt.title(' 2021 年日活及点击率趋势' ,fontsize=18)          # 图 5-9
```

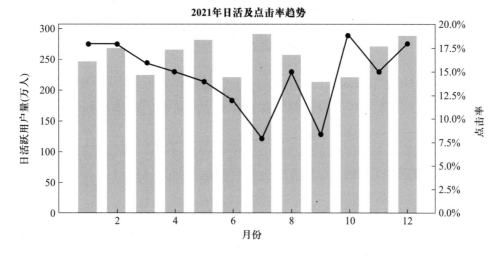

图 5-9　日活数及点击率双 y 轴图形

四、多子图共享坐标轴

在多个子图的绘制中，可能需要共享不同子图的坐标轴，以强化绘图区域的展示效果并精简绘图区域。这可通过在创建多子图的函数 plt.subplots() 中设置参数 sharex 或 sharey 来实现。有时为达到理想的可视化效果，还可以将子图之间的空隙去掉。演示代码如下。

```
fig, axes = plt.subplots(nrows=2, ncols=2, sharex=True, sharey=True)   # 子图间共享 x 轴和 y 轴
for  m  in  range(2):
    for  n  in  range(2):                       # 画 2 行 2 列的随机直方图
        axes[m, n].hist(np.random.randn(500), bins=50, color=' k' , alpha=0.5)
plt.subplots_adjust(wspace=0, hspace=0) # 子图间水平和垂直间距为 0, 图 5-10
```

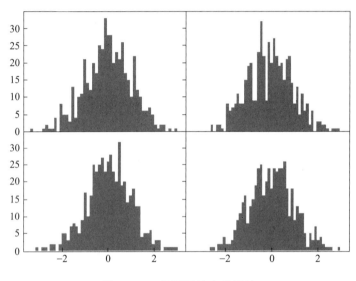

图 5-10　多子图共享坐标轴

语句"plt.subplots(2,2,sharex=True,sharey=True)"创建了 2 行 2 列 4 个子图，设置各子图共享 x 轴和 y 轴，所以图 5-10 只在左侧显示 y 轴，在下方显示 x 轴，而没有每个子图都显示一对 x/y 轴。

语句"fig.subplots_adjust(wspace=0,hspace=0)"将子图间的水平和垂直间距都设为 0，这样图形更紧凑。普通多子图的坐标轴有时会有所重叠，可使用 fig.tight_layout() 命令自动调整子图间距。

第 3 节 图表配色

由于人眼对色彩很敏感,因此图表配色是图形美化的一个重要方面。配色的核心是为数据集找到一个最能传达数据信息的色彩表达方案。对于给定的数据集,最佳配色取决于诸多因素,如行业配色标准或习惯、个人对数据集的理解、变量本身的数据类型或范围。对于许多应用程序,感知上一致的配色是最佳选择。颜色变化应和数据变化保持同步,数值大小借助颜色深浅或色调冷暖来体现。绘图时选择适当的色系可以更好地反映数据变化的趋势、数据的聚集、分析者对数据的理解等信息。

一、颜色参数

最常用的颜色参数是 RGB (红绿蓝) 模式,该模式以三原色叠加来实现混色效果。绘图函数使用 color 参数指定颜色,如 plt.plot(x,y,color=' b'),有些函数允许 color 简写为 c。颜色用英文单词或字母缩写表示均可,如表 5-1 所示。

表 5-1　常用颜色及其单字母缩写

颜色	英文单词	字母缩写	颜色	英文单词	字母缩写
白色	white	w	蓝色	blue	b
黑色	black	k	洋红色	maroon	m
黄色	yellow	y	浅绿色	lightgreen	
绿色	green	g	天蓝色	skyblue	
青色	cyan	c	粉红色	pink	
红色	red	r	紫色	purple	

颜色也可用形如"#RRGGBB"的 16 进制格式表达。每种颜色的取值范围按十进制格式是 0~255。例如,红色应为 R=255,G 和 B 的值都为 0,255 的十六进制为"FF",因此用"#FF0000"表示红色。同理,"#00FF00"表示绿色(R=0,G=255,B=0)。"#FFFF00"对应黄色(R=255,G=255,B=0),红绿混合得到黄色。

```
#       浅蓝色      浅黄色       栗色      象牙色
colors = '#9999ff', '#FFFF66',  '#8e3e1f', '#f2eada'
```

颜色还可以用 RGB 的浮点小数元组表达,如 c=(0.7, 0.2, 0.3)。标准 RGB 值是 0~255 间的十进制整数,用色彩元组时要求为 0~1 间的浮点小数,因此要将整数的 RGB 值除以 255 进行转换。

```
x =np.arange(0, 2* np.pi, 0.01)
y =np.cos(x)
plt.plot(x, y+4, c="blue")                    # blue 或 b 均表示蓝色
plt.plot(x, y+3, c="b")
plt.plot(x, y+2, color="#b2334d")             # 十六进制 RGB 格式,对应十进制(178,51,77)
plt.plot(x, y+1, color=(178/255, 51/255, 77/255))  # 颜色元组格式,与上面颜色相同
plt.plot(x, y, color=(0.7, 0.2, 0.3))         # 与上面颜色相同, 图 5-11
```

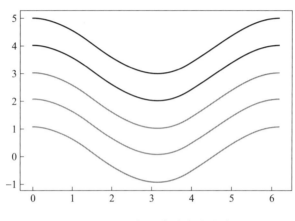

图 5-11　颜色的多种表达方式

RGB 使用三个数值对应三种基色。如果只给定一个 0~1 内的形如"0.3"的字符串,系统会将其视为灰度值。"0"对应黑色,"1"对应白色。

```
x =np.ones(5)
la = ['灰度 0.1', '灰度 0.3', '灰度 0.5', '灰度 0.7', '灰度 0.9']
# 1 个[0,1]内的字符串会视为灰度,必须是字符串格式
patches,labeltxts = plt.pie(x, colors=['0.1','0.3','0.5','0.7','0.9'], labels=la)
plt.setp(labeltxts, fontsize=14)              # 图 5-12
```

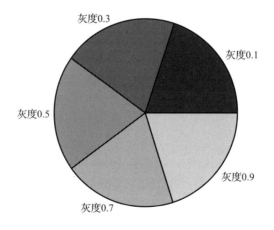

图 5-12　颜色灰度值

二、颜色映射——colormap

设置颜色的另一种方法是使用颜色映射表。颜色映射表将不同的数值转换为不同的颜色,指定的映射表不同,同样的数值对应的颜色不同。

```
np.random.seed(7)
p = np.random.rand(20, 2)                    # 二维数组,坐标
dottype = np.random.randint(0, 3, 20)        # 点的类型,取值 0 1 2
plt.scatter(p[:, 0], p[:, 1], s=60, c=dottype)   # 使用默认的颜色映射表
plt.scatter(p[:, 0]+0.1, p[:, 1]+0.1, s=60, c=dottype, cmap=' spring' )    # 指定' spring' 表,图 5-13
```

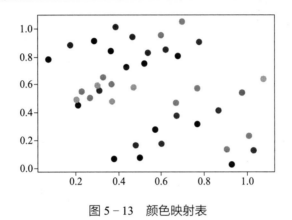

图 5 - 13　颜色映射表

上面的代码先随机生成 20 个点的坐标,随机设定这些点的类型为 0、1 或 2。"plt.scatter(c=dottype)"在绘制散点图时根据参数 c 的指定,将点的类型自动映射为三种不同的颜色,此时使用默认的映射表。后续绘图又使用了"cmap=' spring' "的参数,指定使用 spring 映射表,这样又转换为另外三种颜色。则图 5-13 一共有 6 种颜色的点。上述代码中如果将 cmap=' spring' 写为 cmap=plt.cm.spring 亦可。

函数 plt.colormaps()将返回全部可用的颜色表,目前的 plt 版本约有 160 种表。设定时若直接指定表名,表名要区分大小写。如果表名错误,系统将报错并同时显示正确可用的表名。图 5-13 使用了' spring' 暖色系,读者可尝试替换为' winter' 冷色系的效果。' Greys' 表是灰度映射,小数值对应深黑色,大数值对应浅白色。' Greys_r' 表是反转灰度映射,小数值对应浅白色,大数值对应深黑色。测试时,dottype 应含有不同的值,如果都为同一个值就无法体现颜色差异了。颜色映射以数值为基础,如果数据类型为字符串,应将字符串转换为数值类型。

不是所有的绘图命令都可指定 cmap 参数,事实上,只有 scatter()/imshow()等少量命令可指定该参数。

如果有需要还可以自定义颜色映射表。上例只有 0/1/2 三种类型,假设想用 r/g/b 颜色与之对应,代码示例如下。

```
import matplotlib as mpl
np.random.seed(7)
p＝np.random.rand(20, 2)
dottype＝np.random.randint(0, 3, 20)                # 类型值 0/1/2
mycolormap＝mpl.colors.ListedColormap(['r' , ' g' , ' b' ])    # 创建自定义颜色映射表
plt.scatter(p[:, 0], p[:, 1], s＝60, c＝dottype, cmap＝mycolormap)    # 指定自定义的表,图略
```

通过上面的自定义映射表成功地将三种类型的点用红、绿、蓝三色区分开了。如果不用颜色映射表,自行指定对应每个点的颜色列表也可以,代码如下。

```
np.random.seed(7)
p＝np.random.rand(20, 2)
dottype＝np.random.randint(0, 3, 20)                # 类型值 0/1/2,有 20 个数据
colordict＝{0:' r' , 1:' g' , 2:' b' }                 # 颜色字典
lstcolor＝[colordict[c] for c in dottype]            # 转换得到颜色列表( 长度 20)
plt.scatter(p[:, 0], p[:, 1], s＝60, c＝lstcolor)      # lstcolor 长度应和点数一致,图略
```

三、颜色标尺——colorbar

颜色映射表完成了数值和颜色的转换,还可以在图形旁边添加一个颜色标尺以便清楚地展示颜色和数值的对应关系。

```
np.random.seed(7)
p＝np.random.rand(150, 2)                 # 二维数组,坐标
dottype＝np.random.randint(0, 20, 150)    # 点的类型,取值 0 1 2
plt.scatter(p[:, 0], p[:, 1], s＝60, c＝dottype, cmap＝plt.cm.winter)
plt.colorbar(shrink＝0.8, aspect＝15)      # 显示颜色标尺( 反映数值和颜色的映射),图 5-14
```

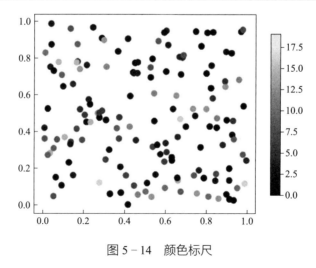

图 5-14　颜色标尺

plt.colorbar()命令将显示颜色标尺。参数 shrink=0.8 设定标尺高度为图形高度的 80%，aspect=15 规定标尺宽度，该值越大则标尺越窄。

四、颜色案例

前面讲解了颜色参数和颜色映射表的使用，下面再列举几个例子，方便读者在多种场景下正确使用 Matplotlib 的配色。

函数 pcolor()可将二维数组映射为颜色图，代码如下。

```
np.random.seed(7)
rd = np.random.rand(10,10)          # 随机二维数组 10 行 10 列
plt.pcolor(rd, cmap=' winter' )     # 将数组映射为颜色图
plt.axis(' equal' )                 # 设置轴相等，使颜色图显示为正方形
plt.colorbar()                      # 显示颜色标尺，图 5-15
```

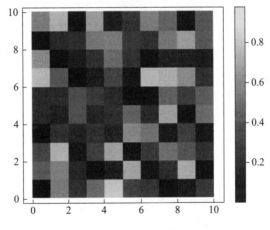

图 5 - 15　映射二维数组

上述代码中 rd 是 10 行 10 列的方阵，值为 0~1 间的随机小数，pcolor()将数值映射为不同颜色。该数组行列数一样，但默认情况下图形并不是正方形，而是矩形。这是因为屏幕横纵方向的单位分辨率不同，导致同样的距离在横纵方向占据的实际长度不同。"plt.axis(' equal')"语句的目的就是将 x 轴和 y 轴的单位长度调整为一致，这样方阵的颜色图就是一个正方形。

除了指定颜色映射表，还可以使用映射函数将数值转为颜色的元组表达。例如，plt.cm. summer(5)返回元组"(0.02, 0.51, 0.4, 1.0)"，元组前 3 个数对应 RGB 三原色，第 4 个数 1.0 是默认的透明度。

```
# 极坐标图,使用 plt.cm.summer()函数映射颜色
np.random.seed(7)
n = 15
```

```
theta =np.linspace(0.0, 2* np.pi, n, endpoint=False)

r = 30* np.random.rand(n)

width =np.pi/4* np.random.rand(n)


ax =plt.subplot(polar=True)                    # 返回极坐标系子图

bars =ax.bar(theta, r, width=width, bottom=0.0)

for r, bar in zip(r, bars):

    # plt.cm.summer()函数将数值映射为颜色元组

    bar.set_facecolor(plt.cm.summer(r/30))          # 设置柱体颜色

    bar.set_alpha(r/30)                        # 透明度, 图 5-16
```

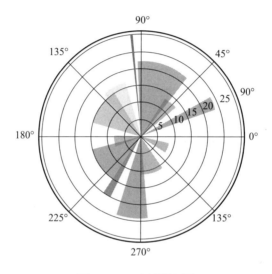

图 5-16　映射颜色图

上面的代码先创建了一个极坐标子图,生成一组弧度和极径值,然后绘制扇形柱状图。bars 对象是 ax.bar()命令返回的全部柱体。函数 zip(r,bars)获得极径和柱体的配对返回值,逐一设置柱体的颜色和透明度。

plt 本身也可以显示图片,例如常见的 jpg 格式的图片读入后是一个三维数组,可以用 plt.imshow()命令显示。

```
plt.figure(figsize=(12,8))

a = plt.imread(' data/tu.jpg ')       # 读取图片 tu.jpg (文件见教材资源包)

print(a.shape)                       # jpg 图片读入后是一个三维数组, 形状为 (440, 670, 3)

plt.subplot(221)

plt.imshow(a)                        # 三维数组按 RGB 色彩显示

plt.subplot(222)

plt.imshow(a[:, :, 0])                # a[:, :, 0] 是二维数组,按默认颜色表映射
```

```
plt.subplot(223)
plt.imshow(a[:, :, 0], cmap=plt.cm.coolwarm)          # 指定 coolwarm 映射表
plt.subplot(224)
plt.imshow(a[:, :, 0], cmap=' Greys' )                # 指定' Greys' 灰度映射表

for ax in plt.gcf().axes:                             # 获取当前画布上所有的 axes
    ax.set_axis_off()                                 # 不显示 ax 的轴, 图 5-17
```

图 5-17   plt 显示图片

上面的代码使用"plt.imread(文件)"读取了一张 jpg 图片,得到一个三维数组 a,其 shape 形状为(440, 670, 3)。图片高 440 像素,宽 670 像素,3 表示图片的色彩模式是 RGB 模式。a[:,:,0]为红色数组,a[:,:,1]绿色数组,a[:,:,2]蓝色数组。

"plt.imshow(数组)"可以将数组映射为颜色图像。如数组为三维数组且最后一维长度为 3 就按 RGB 格式,最后一维长度为 4 就按 RGBA 格式,A 表示 alpha 透明度。对于三维数组,即便设置了 cmap 参数也不起作用。如数组为二维数组,则按颜色表映射。图 5-17 的 4 张子图中,第一张图是 RGB 格式,后面三张图将 a[:,:,0]这个二维数组按不同的颜色表映射显示。

理解了 jpg 图片的数组格式后,我们可以制作一张彩色图片。下面的代码会产生一张 100×100 像素的彩色 jpg 图片,上半部分红色,下半部分黄色。

```
a =np.zeros((100, 100))     # 100 行 100 列的全 0 数组
r =a.copy()                 # 红色部分的二维数组
r[:, :] = 255               # 255 ,红色部分取最大值
g =a.copy()                 # 绿色数组
g[50:] = 255                # 数组下半部分是绿色的最大值,这样下半部分红和绿合成黄色
```

```
b =a.copy()                        # 蓝色数组,保持全 0
arr = np.dstack((r, g, b)).astype(' uint8' )    # dstack 深度叠加得到符合 RGB 格式的三维数组
plt.imshow(arr)                    # 显示数组,图略


#保存图片
from PIL import Image             # 导入 Image
im = Image.fromarray(arr)         # 将数组转为图片对象 im
im.save(' img/red_yellow.jpg' )    # 存为图片文件
```

plt 还有一条颜色填充命令 fill_between(),用于在指定区间填充颜色。例如,模拟数据在一定范围内波动,某些算法会使用此图表示数据的可能边界。

```
x =np.linspace(1,10,30)
y = 2* x +np.random.randn(30)

plt.plot(x,y)                                      # 折线图
                                                   # x 范围内,[0.9y, 1.1y]区间填充颜色, 图 5-18
plt.fill_between(x, y* 0.9, y* 1.1, color=' g' , alpha=0.3)
```

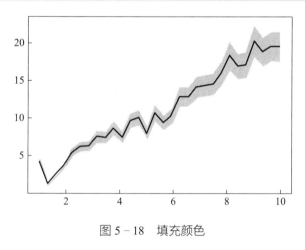

图 5－18　填充颜色

五、绘图风格

plt 在绘图时可选择绘图风格。风格是一组预定义样式的集合,包括窗口背景色、网格线、线条颜色等设置内容。使用"plt.style.use(风格)"命令选择某种风格后,此后的图形就具有该风格的样式。一般较常用的有' seaborn' 、' seaborn-bright' 和' ggplot' 等风格。"plt.style.use(' default')"命令可恢复为默认风格,恢复默认风格后,前面已设的中文字体将失效,因此要再设置一次中文字体。

```
plt.style.available                          # 列出可用的风格名称
Out:
[' Solarize_Light2' , ' _classic_test_patch' , ' bmh' , ' classic' , ' dark_background' , ' fast' , ' fivethirtyeight' ,
' ggplot' , ' grayscale' , ' seaborn' , ' seaborn-bright' , ' seaborn-colorblind' , ' seaborn-dark' , ⋯ ]


plt.style.use(' seaborn' )                    # 选择 seaborn 风格
plt.plot(np.random.randn(10))                 # 该图形的输出具有 seaborn 的样式, 图略


plt.style.use(' default' )                     # 恢复为默认风格
plt.rcParams[' font.family' ] = ' Simhei'      # 恢复默认风格后要重设中文字体
```

第 4 节　文本属性设置

一、文本属性设置方法

图形中的文本非常重要, 起到说明、注释和强调的作用。图形标题、轴标签和刻度标签都是文本对象。对文本通常做字体(family)、字体风格(style)、字体粗细(weight)、字体大小(size)等方面的设置。全局文本属性使用 plt.rcParams()函数设置, 设置后默认对之后的所有绘图命令有效。

```
plt.rcParams[' font.family' ] = ' SimHei'      # 设置使用黑体字体以正常显示中文
plt.rcParams[' font.size' ] = 18              # 全局文本默认大小 18
plt.rcParams[' text.color' ] = ' blue'         # 全局文本蓝色
```

命令 plt.rcParams.keys() 可列出所有可设置的参数, 含 300 余个设置项, 主要是关于 lines、patch、font、text、axes 等内容的配置。某些参数项如设置错误有时会导致后续图形无法输出, 此时可执行 plt.rcdefaults()命令恢复默认参数。

全局设置将影响所有的绘图命令, 一般使用较多的是在绘图命令中单独设置某个属性。我们可以在命令中指定参数, 或获取绘图命令返回的对象再做进一步设置, 以下两种方式效果相同。

```
# 方式一
plt.text(0.5, 0.5, ' 文本' , fontsize=16, c=' b' )
# 方式二
t = plt.text(0.5, 0.5, ' 文本' )              # 获取返回的文本对象 t, 类型为 matplotlib.text.Text
plt.setp(t, fontsize=16, c=' b' )             # 利用 plt.setp 对 t 进行设置
```

Matplotlib 的很多函数都支持自定义文本和字体属性,如 text()、xlabel()、ylabel()和 title() 等。文本和字体常用的属性及含义如表 5-2 所示。

表 5－2　文本和字体常用的属性、含义和取值

属性参数	取值	含义
family	Arial/sans-serif/simhei/simsun	字体名称或字体类型,可以使用列表,按顺序使用第一个匹配的字体
size/fontsize	9/10/12..../30 xx-small/small/large/x-large/xx-large	字号大小
style/fontstyle	normal/italic/oblique	字体风格
weight/fontweight	0~1000 或 light/normal/medium/bold	字体粗细

二、文本属性设置示例

字体类别、字体风格、字体大小等属性都可以在绘图函数中指定,下面代码演示各种属性的设置。

```
plt.rcParams['font.size'] = 18                    # 设置默认字体大小 18
fig = plt.figure(figsize=(10, 8))
ax = fig.add_subplot()
pi = [0.9, 0.8, 0.7, 0.6, 0.5, 0.4, 0.3]          # 每排的 y 坐标

families = ['simhei', 'SimSun', 'FangSong', 'KaiTi', 'Microsoft YaHei']    # 可用的中文字体名
fontname = ['黑体', '宋体', '仿宋', '楷体', '微软雅黑']
ax.text(0, 1, 'family', fontsize=24, ha='center')
for i, fam in enumerate(zip(families, fontname)):
    ax.text(0, pi[i], fam[1], family=fam[0], ha='center')

sizes = [10,  14, 18, 24, 30]                      # 字号大小
ax.text(0.5, 1, 'size', fontsize=24, ha='center')
for i, size in enumerate(sizes):
    ax.text(0.5, pi[i], size, size=size, ha='center')

styles = ['normal', 'italic', 'oblique']          # 字体风格(对英文字体有效)
ax.text(1, 1, 'style', fontsize=24, ha='center')
for i, style in enumerate(styles):
    ax.text(1, pi[i], style, family='sans-serif', style=style, ha='center')
```

```
weights = ['light', 'normal', 'semibold', 'bold', 'black']        # 字体粗细(对英文字体有效)
ax.text(1.5, 1, 'weight', fontsize=24, ha='center')
for i, weight in enumerate(weights):
    ax.text(1.5, pi[i], weight, weight=weight, family='sans-serif', ha='center')

ax.axis([0, 1.6, 0.1, 1.1])                                       # 同时设置 x 和 y 轴范围
plt.axis('off')                                                   # 关闭坐标轴,图 5-19
```

family	size	style	weight
黑体	10	normal	light
宋体	14	*italic*	normal
仿宋	18	*oblique*	**semibold**
楷体	24		**bold**
微软雅黑	30		**black**

图 5-19　文本的各种属性演示

图形中输出中文需将 family 设置为中文字体类型。有一些属性只对英文字体起作用,对中文字体是无效的。图 5-19 最后两列演示 style 和 weight 属性就需要设置为"family='sans-serif'"英文字体才有效。

》》 本章小结

本章介绍 Matplotlib 的高阶设置,这些设置可以更好地美化和修饰图形,从而帮助人们理解图形的含义。 ticker 模块中的 MultipleLocator 和 AutoMinorLocator 用于规划主/次刻度,set_major_locator()和 set_minor_locator()用于设置主/次刻度。 set_minor_formatter()设置次刻度标签格式。 利用 ax.twinx()方法产生共享 *x* 轴的子图,这样可在一张画布上绘制双 *y* 轴图形。 文本的个性化展示可以在图形中起到画龙点睛的作用。 颜色参数的正确使用、色彩的合理搭配和文字属性的灵活运用都能够更加准确地传递图形的信息。

》》 习题

1. 已知某地区全年每月的平均气温为[2.0, 2.2, 3.3, 4.5, 6.3, 10.2, 20.3, 33.4, 23.0, 16.5, 12.0, 6.2], 全年每月的降水量为[2.6, 5.9, 9.0, 26.4, 28.7, 70.7, 175.6, 182.2, 48.7, 18.8, 6.0, 2.3], 全年每月的蒸发量为

[2.0, 4.9, 7.0, 23.2, 25.6, 76.7,135.6, 162.2, 32.6, 20.0, 6.4, 3.3]。 将全年 12 个月份作为 x 轴，平均气温、降水量和蒸发量作为 y 轴数据，在同一绘图区中分别绘制反映平均气温、降水量和蒸发量的关系图。

2. 已知产品 A 在 4 个季度的销售额为[2144, 4617, 7674, 6666]，产品 B 在 4 个季度的销售额为[853, 1214, 2414, 4409]，产品 C 在 4 个季度的销售额为[153, 155, 292, 680]。 试用不同的线型、颜色和标记绘制三种产品在 1~4 季度的销售额。

3. 假设未来 15 天的最高气温和最低气温分别为[32, 33, 34, 34, 33, 31, 30, 29, 30, 29, 26, 23, 21, 25, 31]和[19, 19, 20, 22, 22, 21, 22, 16, 18, 18, 17, 14, 15, 16, 16]。 用折线图绘制 15 天中最高气温和最低气温的走势图。 要求：为折线图添加数据标记和数值标记，并设置文本的字体样式。

4. 读取鸢尾花数据集，使用循环和子图绘制各个特征之间的散点图。

5. 在第 4 题的基础上，绘制各个特征的箱线图，查看是否存在异常值。

6. 试绘制彩色的雪花图案。

即测即评

第 6 章

Matplotlib 库其他绘图函数

学习目标

⊙ 掌握 animation 模块的用法，可熟练使用 animation 制作动画。

⊙ 掌握 cartopy 库绘制世界地图。

⊙ 掌握文本数据可视化的方法。

本章的知识结构如图 6-1 所示。

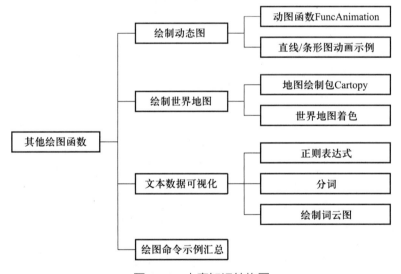

图 6-1　本章知识结构图

　　本章介绍如何使用 Matplotlib 生成 gif 格式的动画图形，如何绘制世界地图以反映和地理信息相关的统计数据，如何用词云图做基本的文本可视化工作。这些案例使数据可视化的形式更加丰富多样，拓展了 Matplotlib 的应用范围。

第 1 节　绘制动态图

　　Matplotlib 不仅可绘制静态图形，还可绘制动态图形(动画)。虽然这个动图功能比较有限,但给用户提供了一种新的数据展示手段,提升了视觉表现力。

一、动图函数 FuncAnimation

动图的绘制需要使用 Matplotlib 中的 animation.FuncAnimation 函数。绘制的大致过程为:先编写 init 初始化及 update 更新两个子函数,然后将这两个子函数作为参数传入 FuncAnimation 函数,此后系统将自动周期性调用 update 函数更新图像。创建动图的语法格式为:

FuncAnimation(fig, func, frames=None, init_func=None, repeat, interval)

主要参数说明如下:

（1）fig:承载动画的画布。

（2）func:动画的更新函数(update),用于产生动画的帧。

（3）frames:一轮动画所需的数据,动画过程中每一帧的数据会传递给更新函数 update(n)的形参"n"。

（4）init_func:初始化函数,每次新一轮动画开始时执行一次。

（5）repeat:动画是否一直循环,默认值 True。

（6）interval:每帧更新时间间隔,默认值 200 毫秒。

下面绘制一条会"动"的余弦曲线。

```
from matplotlib.animation import FuncAnimation        # 引入动图函数
x =np.arange(0, 2* np.pi, 0.01)                # 数据
lines_lst = plt.plot(x, np.cos(x))             # 执行后返回 Line2D 列表
line =lines_lst[0]                             # 取出第 0 根线,这是 update 函数需要改变的对象

definit():                                     # 初始化函数,每次新一轮动画开始时执行一次
    line.set_ydata(np.cos(x))
    return line
def update(n):                                 # 最重要的更新动画函数,会被自动重复调用
    #print(' 帧号:' , n)
    line.set_ydata(np.cos(x + n/10))           # 每次传入的 n 值不同,更新 Y 轴数据,图像自动更新
    return line
#创建动画对象
ani =FuncAnimation(fig=plt.gcf(),              # gcf()获取当前画布,作为动画的载体
                   func=update,                # 设置更新函数
                   frames=100,                 # 如为单个整数,则数据序列为 range(0,100)
                   init_func=init,             # 设置初始化函数
                   interval=20,                # 每帧间隔 20 毫秒
                   repeat=True )               # 默认值 True, 动画一直循环
ani.save(' img/cos_ani.gif' , fps=10)          # 保存为 gif 动画文件,每秒 10 帧, 图 6-2
```

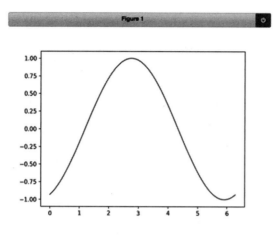

图 6-2　动画展示的余弦曲线

　　调试动图时图形的输出模式不能设为"% matplotlib inline"，inline 模式是内嵌输出，无法呈现动画的效果。用户若使用 Spyder，应在 IPython 窗口中执行"% matplotlib"命令将输出模式设为独立窗口。如果使用 Jupyter Notebook，则在 notebook 中执行"% matplotlib note-book"，这样会在 notebook 中产生一个绘图窗口，能够观察动画效果。图 6-2 就是在 note-book 中的输出窗口。

　　动图绘制的核心是 update(n)函数，用于更新动画的每一帧。每帧更新时，该函数被自动调用，传入数据 n，根据 n 重新计算 y 坐标值，line.set_ydata()就会更新图形。update 函数被自动周期性调用就产生了动画效果。FuncAnimation 中的参数 frames 设定一轮动画的数据序列，本处设置为整数 100，则表示数据序列为 range(0,100)，一轮动画有 100 帧，此时 update(n)更新时传入的 n 相当于当前帧号。frames 也可设定为一个序列，每帧更新时就依次收到序列中的一个数据。初始化 init 函数不是必须的，不设置 init 也可运行。

二、直线图动画

　　机器学习是目前热门的研究领域，在简单的线性二分类问题中我们需要找一条直线将两类数据分开。在寻找最优直线的过程中需不断更新其斜率和截距，以下的代码模拟演示了更新斜率直线图的过程。

```
from matplotlib.animation import FuncAnimation
fig, ax =plt.subplots()        # 新建画布
def update(k):                 # 更新函数,此处 k 是直线斜率
    ax.clear()                 # 清空子图
    ax.set_xlim(0, 10)
    ax.set_ylim(0, 20)
    ax.scatter([2, 2], [10, 15], s=60, marker='D', c='r')        # 绘制两类散点
```

```
        ax.scatter([4, 8], [7, 7.2], s=60, marker='x', c='b')
        x =np.array([0,10])
        y = k* x + 1                              # 斜率变动,重算 y
        ax.plot(x,y)                              # 重新绘制直线
        ax.text(2,2,f' y = {k:.2f}* x+1', fontsize=20)    # 标注公式
ani =FuncAnimation(fig, update, frames=np.linspace(0, 2.4, 20), interval=300, repeat=False) # 图 6-3
```

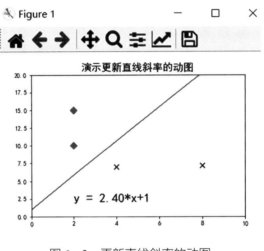

图 6-3　更新直线斜率的动图

　　图 6-3 的动图演示了斜率从 0 逐步改变到 2.4 这个过程中直线的变化。frames 参数定义斜率为 np.linspace(0, 2.4, 20)生成的等差序列,因此一轮动画共有 20 帧。为简单起见,程序只更新了斜率,未更新截距。帧更新时传入 update 函数的参数 k 是斜率值,更新时 ax.clear 先清空子图,重新绘制两个类别的散点,根据当前斜率计算 y,再绘制直线并标注直线公式。参数 repeat 设为 False,表示当一轮 20 帧动画播放完毕后就停止播放。

　　图 6-3 的另一种实现代码如下,两种方法效果是相同的。

```
from matplotlib.animation import FuncAnimation
fig, ax =plt.subplots()                          # 定义画布
ax.set_xlim(0, 10)
ax.set_ylim(0, 20)
ax.scatter([2, 2], [10, 15], s=60, marker='D', c='r')    # 绘制散点
ax.scatter([4, 8], [7, 7.2], s=60, marker='x', c='b')


x =np.array([0,10])
k = 0
y = k* x +1
line, = ax.plot(x,y)        # 返回直线列表(注意 line 后有一个逗号,用于拆分列表,得到直线)
```

```
txtobj = ax.text(2,2,f' y = {k:.2f}* x+1', fontsize=20)        # txtobj 对应公式文本
def update(k):              # 更新函数,k 是斜率
    y = k* x + 1                                                # 斜率变动,重算 y
line.set_ydata(y)                                              # 更新直线
txtobj.set_text(f' y = {k:.2f}* x+1')                          # 更新公式文本
ani =FuncAnimation(fig, update, frames=np.linspace(0, 2.4, 20), interval=300, repeat=False) # 图 6-3
```

三、条形图动画

假定某公司在 4 个城市都有销售,现在要动态对比各个城市每个月的销售金额。这个对比可用条形图动画实现代码,如下。

```
np.random.seed(7)
city = ['武汉', '广东', '深圳', '北京']
month = [str(x)+'月' for x in range(1,13)]                      # 1 月至 12 月
data =np.random.randint(100, 200, size=(12,4))                 # 销售数据
fig, ax =plt.subplots(figsize=(8, 5))
def update(k):                                                 # 更新函数
    ax.clear()                                                 # 清空子图
    ax.barh(city, data[k], height=0.5, color=['r', 'g', 'b','y'], alpha=0.5)  # 重绘条形图
    ax.set_title(month[k], fontsize=20)
ani =FuncAnimation(fig, update, interval=1500, frames=len(month))  # 动画对象,图 6-4
```

此例 frames 参数设为 month 列表的长度,这样 update 函数将接收一个序号 k,根据 k 取出销售和月份列表中的数据。本例 interval 设为较长的 1500 毫秒。

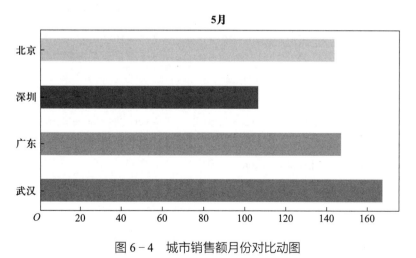

图 6-4　城市销售额月份对比动图

第 2 节　绘制世界地图

某些统计数据是和地理位置密切相关的,如全球各地区的气温、降雨量,各国的人口、GDP 总值等。我们希望将数据标注在地图上或者根据数据对地图着色,这样更符合习惯的认知模式。Cartopy 库是 Python 平台下的一款地图工具包,在气象学领域应用广泛,本节介绍该工具包的使用。

一、地图绘制包 Cartopy

Cartopy 是一个地图绘制包,提供了多种地图投影和地理信息处理方法。该包提供易于使用的访问接口,可与 Matplotlib 库配合创建满足出版质量的地图。Anaconda 平台可在命令行上执行下面的命令安装 Cartopy。

conda install -c conda-forge cartopy

地图投影是利用某种数学法则把地球表面的经、纬线转换为平面坐标的理论和方法。地球是一个赤道略宽两极略扁的不规则球体,其表面是一个不可展平的曲面,运用任何数学方法进行转换都会产生一定的误差和变形。制图时根据绘图需要选择合适的投影模式是首要的工作。Cartopy 包有 30 余种投影模式。

Cartopy 绘制地图的方式很简单,先按某种投影模式创建子图(即地图),然后使用 stock_img 方法将背景图片添加到地图中,再根据经纬度添加标注数据。下面代码展示了两种地图投影模式。

```
import cartopy.crs as ccrs                          # 导入 cartopy 中的 ccrs (含多种地图投影模式)
ax1 = plt.subplot(121,projection=ccrs.Mollweide())  # ccrs.Mollweide 圆形地图
ax1.stock_img()                                      # 设置默认的地图背景
ax1.set_title(' Mollweide 圆形地图', fontsize=16)


ax2 = plt.subplot(122,projection=ccrs.PlateCarree()) # ccrs.PlateCarree 矩形平面地图
ax2.stock_img()
ax2.set_title(' PlateCarree 矩形地图', fontsize=16)   # 图略
```

下面代码根据给定的经纬度在两个城市间连线。

```
import cartopy.crs as ccrs
ax = plt.axes(projection=ccrs.PlateCarree())         # 创建具有地理投影的子图
```

```
ax.stock_img()
city = ['纽约', '上海']
lon = [−74.0, 121.48]                           # 经度(东经正值,西经负值)
lat = [40.7, 31.22]                             # 纬度(北纬正值,南纬负值)
ax.plot(lon, lat, lw=2,marker='o',mfc='r')      # ax 采用地理投影,经纬度会自动定位到地图上
for k in range(len(city)):
    ax.text(lon[k], lat[k]−5, city[k], ha='center', va='top', c='b', fontsize=20) # ha 水平居中,图略
```

代码"ax=plt.axes(projection=ccrs.PlateCarree())"按平面矩形投影模式创建子图 ax,后续绘图时 x 坐标对应经度,y 坐标对应纬度,经纬度会被自动投影到地图上正确的位置。此外还可以给地图添加地貌线和经纬网格线,如下代码所示。

```
import cartopy.feature as cfeature
import cartopy.crs as ccrs
fig = plt.figure(figsize=(8, 6), dpi=100)
ax = fig.add_subplot(projection=ccrs.PlateCarree())
ax.stock_img()
#设置网格线的范围并要求标注
gl = ax.gridlines(ylocs=np.arange(−90, 90+30, 30), xlocs=np.arange(−180, 180+60, 60),
                  draw_labels=True, linestyle='--')
gl.top_labels=False                             # 网格线的上标签不显示
gl.right_labels=False                           # 网格线的右标签不显示
ax.add_feature(cfeature.COASTLINE)              # 海岸轮廓线
ax.add_feature(cfeature.RIVERS)                 # 河流轮廓线
ax.add_feature(cfeature.LAKES)                  # 湖泊轮廓线,图略
```

以上代码先创建地理投影子图 ax。该子图是 Cartopy 再包装后的对象,相比普通子图增加了一些新方法,因此可以执行 ax.grdilines 命令添加网格线的经纬度标注,执行 ax.add_feature 命令向图形添加地貌轮廓线。初次执行时程序会自动下载轮廓线的数据压缩文件。

二、世界地图着色

假定我们调查获取了全世界每个国家的某种统计数据,现在需要根据数据值给地图着色。要完成给地图上国家着色的工作需要利用 Cartopy 的一些 API 接口。首先借助 cartopy.io.shapereader 内的 natural_earth 和 Reader 接口完成各个国家地理信息的获取。natural_earth 用于获取世界地理信息的文件路径,Reader 读取文件得到国家的经纬度和轮廓线等地理信息。然后用 add_geometries 在地图上描绘国家边界线并根据统计数据填充颜色,最后再添加一个颜色标尺显示颜色和值的对应关系。代码实现如下:

```
import matplotlib asmpl
import cartopy.crs as ccrs
from cartopy.io import shapereader                    # 引入相关地理文件接口


np.random.seed(7)
# 1.设置国家地理文件的路径信息
filename =shapereader.natural_earth(resolution=' 110m' ,category=' cultural' , name=' admin_0_countries' )
#创建地理文件阅读器对象
reader =shapereader.Reader(filename)


# 2.用随机数模拟每个国家的数据（数据个数和 reader 中包含的国家和地区数一样）
data =np.random.randint(50, 1000, len(list(reader.records( ))))
#数据中的最大值,用于颜色转换
max_value = data.max()


#3.创建世界地图
fig =plt.figure(figsize=(8, 6), dpi=100)
ax =fig.add_subplot(projection=ccrs.PlateCarree())


#4.遍历国家,country 中含有国家的地理数据
for i, country in enumerate(reader.records()):
    rgba = mpl.cm.rainbow(data[i]/max_value)   # 将数据利用 rainbow()工具转为 rgba 元组颜色
    #子图上添加国家, 参数 (国家地理信息,投影类型,填充颜色,边界线颜色)
    ax.add_geometries([country.geometry], ccrs.PlateCarree(),   facecolor=rgba, edgecolor=' k' )


#5.在子图右侧添加新绘图区(颜色标尺)
cax = fig.add_axes([0.92, 0.25, 0.02, 0.5])
#创建颜色的归一化转换器
norm =mpl.colors.Normalize(vmin=50, vmax=max_value)
#创建颜色标尺并添加到 cax 子图
mpl.colorbar.ColorbarBase(cax, cmap=mpl.cm.rainbow, norm=norm)         # 图略
```

以上代码将随机生成的各国统计数据映射为不同颜色,冷色调对应小数值,暖色调对应大数值,从颜色上可以大致判断每个国家数据的高低。完成地图着色可分为 5 步。

第 1 步,借助如下代码“(filename=shapereader.natural_earth(resolution=' 110m' ,category=' cultural' , name=' admin_0_countries')”设置国家地理文件路径。其中,resolution 为分辨率,另外两个参数定义获取的地理信息类型。然后创建地理文件阅读器 reader,利用 reader 读取文件中的地理数据。笔者调试时含 177 个国家和地区数据。

第 2 步,生成一些随机数据,作为每个国家的模拟统计数据。数据个数要与文件内的国家和地区数一致。

第 3 步,创建地理投影子图,仍使用平面矩形投影模式。

第 4 步,遍历 reader 中的国家,将统计数据用 rainbow()工具转换为一个 rgba 颜色元组。元组含 4 个 0~1 间的小数,前 3 个数是 RGB 值,第 4 个数是 alpha 透明度。借助 ax.add_geometries 方法向子图添加各国的边界线并着色。国家的边界线在[country.geometry]内,参数 facecolor 定义几何形状内部的填充色,参数 edgecolor 定义边界线颜色。

第 5 步,在子图右侧添加颜色标尺。此处不能使用以前的 plt.colorbar()方法添加,因为 add_geometries 绘图命令并没有使用 cmap 参数,系统无从参照去绘制颜色条。此处的颜色标尺需人工设定,先用归一化转化器 Normalize 将统计数据归一化到 0~1 之间,再使用 ColorbarBase 创建一个颜色条并添加到 cax 子图中。

第 3 节　文本数据可视化

文字是信息传播的载体,在这个信息量快速增长的时代,各类文本内容也呈现爆炸式增长。当一大篇文字摆在眼前的时候,人们很难一眼看出这篇文字的主题。相比于长篇大论,一张图往往能快速直观地传达信息。因此,文本数据可视化这一技术应运而生。

文本数据可视化的目的在于利用可视化技术刻画文本或者文档,帮助人们快速、准确地从文本中提取并展示信息。文本可视化包括文本内容可视化、文本关系可视化和文本多特征信息可视化三个方面。其中,文本的内容可以通过关键词、短语、句子和主题进行展示。本节介绍文本数据处理中的正则表达式、分词和词云。

一、正则表达式

文本处理需要从文本中提取信息,正则表达式是最好的提取工具。正则表达式使用特定的规则去匹配或检索字符串。例如,“ \d+”匹配一连串数字,“[a-z]+”匹配一连串小写字母。在支持正则表达式的编程语言中,正则表达式的语法规则是一样的,区别只在于支持的语法数量有略微差异。Python 中的 re 模块封装了正则表达式功能。掌握正则表达式的关键是理解各种元字符的含义。我们在 IPython 窗口中先做下面的测试。

```
In:gdp = '2020 年我国的 GDP 总量是 100 万亿元'
In:import  re                    # 引入正则模块 re
In:re.findall(' \d+', gdp)       # 从文本中提取所有的数字, \d+ 代表所有数字
Out: ['2020', '100']             # 返回提取得到的信息列表
In:re.findall(' \D+', gdp)       # 从文本中提取所有的非数字, \D+ 代表非数字
Out: ['年我国的 GDP 总量是',  '万亿元']
```

上述代码先引入正则模块 re,然后用 re.findall(' \d+', gdp)提取 gdp 字符串变量中所有的数字。这里"\d"是一种元字符,匹配所有的数字 0~9,后面的+号表示个数不限,这样就将字符串中的数字都提取出来了。"\D"表示非数字。元字符用于匹配某类字符,表达某种规则,常用的元字符如下。

(1) .:句点符匹配除了换行符\n 以外的任意单个字符。

(2) \w:匹配字符(英文或中文)和数字, 即[a~z,A~Z,中文,0~9]。

(3) \W:匹配任何非单词字符,与\w 相反。

(4) \d:匹配单个数字[0~9]。

(5) \D:匹配非数字的单个字符, 与\d 相反。

(6) \s:匹配单个空白字符,如空格、换行符\n、回车符\r、制表符\t 等。

(7) \S:匹配任何非空白字符,与\s 相反。

(8) ^:匹配字符串的开始。

(9) $:匹配字符串末尾。

(10) \:取消转义,将元字符视为普通字符。

(11) *:前词可重复 0 次到无限次。

(12) ?:前词可重复 0 次或 1 次。

(13) +:前词可重复 1 次到无限次。

(14) ():()内包含要提取的内容表达。

正则表达式的功能异常强大,写法非常灵活。有时表达形式很复杂,要多次尝试才能找到正确的规则。re 模块中常用的正则函数如下:

- re.findall(pattern, string, flags)　　# 查找返回所有匹配的字符串
- re.match(pattern, string, flags)　　# 必须从头部开始匹配,返回匹配对象或 None 值
- re.search(pattern, string, flags)　　# 可从任意位置开始匹配,返回匹配对象或 None 值
- re.split(pattern, string, flags)　　# 分割字符串
- re.sub(pattern, repl, string, count=0, flags=0)　　# 替换子字符串

参数中"pattern"代表正则表达式,"string"表示要匹配的字符串,"flags"是标志位,控制匹配方式,如是否区分大小写、多行匹配等。

下面是一些正则表达式的示例。

```
In: s=' Python is a programming language'
In:re.findall(' p', s)                  # 查找字母 p
Out: [' p']                             # 默认区分大小写,所以只找到一个小写 p
In:re.findall(' p', s, flags=re.I )     # re.I 表示忽略大小写
Out: [' P', ' p']                       # 大写、小写 p 均找到


In:re.findall(' \w+',s)                 # 提取所有单词
Out: [' Python', ' is', ' a', ' programming', ' language']
```

```
In:re.findall(' \w{6,8}',s)              # 提取 6~8 个字符长度的单词, {6,8}长度限定
Out: [' Python' , ' programm' , ' language' ]
In:re.findall(' \w{7,}',s)               # 提取长度>=7 的单词, 注意{7,}逗号后没有空格
Out:[' programming' , ' language' ]


In: s = ' 网址 http://www.126.com,联系邮箱 abc@126.com。'
In:re.findall(' http://[a-z0-9\.]+\.[a-z0-9]+', s, flags=re.I)      # 提取网址
Out: [' http://www.126.com' ]
```

正则表达式"http://[a-z0-9\.]+\.[a-z0-9]+"表示匹配"http://英文数字.英文数字"这样的字符串。"[a-z0-9\.]+"中的"[a-z0-9]"代表所有的英文字母和数字,"\."代表句点 (句点本是元字符,前面加斜杠\停止转义,只代表句点本身),"+"号代表任意多个。为便于理解,这个表达式写得比较简单,并不完善,无法匹配所有的网址。

```
In:re.findall(' a(\d+)b', ' xa23bcc45xx' )      # a(\d+)b 表示只提取 a、b 中间的数字
Out: [' 23' ]                                   # 只提取 23,数字 45 没有取出
```

上例的"( )"很有用,前后的 *a* 和 *b* 是匹配规则,当匹配时,就取出( )中匹配的内容。

re.search 函数用于查找字符串中可匹配的子串,找到第一个匹配项即返回,如果没有匹配项就返回 None。re.match 函数必须从字符串首位置开始匹配。search()和 match()都仅匹配一次,findall()则匹配所有符合规则的子串。

```
In: s = ' Python is a programming language'
In: r =re.search(' is', s)
In: r                          # r 的类型是 re.Match
Out: <re.Match object; span=(7, 9), match=' is' >
In:r.start(), r.end(), r.group()      # 匹配的起始、结束位置、匹配的字符串
Out: (7, 9, ' is' )
In:re.match(' is', s)                 # 将返回空 None,因为 ' is' 不在 s 的首部
In:re.match(' Python' , s)            # 匹配成功
Out: <re.Match object; span=(0, 6), match=' Python' >
```

re.split()提供了灵活的分割形式,帮助我们分离字符串。

```
In: s=' Python; is, a, \\ language'         # 内含多种形式的分隔符 ;,\\
In:s.split()                                # 字符串自身的 split()无法完全正确分割
Out: [' Python;',  ' is,',  ' a',  ',' ,' \\',  ' language' ]
In:re.split(r' \W+', s)                     # 利用正则表达式分割, \W 非单词字符
Out: [' Python' , ' is' , ' a' , ' language' ]    # 将单词完美切分出来
```

上面的例子说明字符串自身的 split()分解结果不够理想,单词末尾还有标点符号,利用 re.split()可以得到更优的单词分解列表。

函数 re.sub(pattern, repl, string, count, flags)用于替换字符串,表示将 string 中符合规则的子串用 repl 替代,count 指定替换次数,其他参数和前面相同。

```
phone = "2004-959-559                    # 这是一个国外电话号码"
num1 = re.sub(r' #.* $ ', "", phone)      # 替换为空,即删除从#开始的所有字符
print("电话号码是: ", num1)
num2 = re.sub(r' \D ', "", phone)         # 将所有非数字的字符替换为空串
print("电话号码是: ", num2)
num3 = re.sub('9', "8", phone, count=1)   # 将 9 替换为 8,且只替换一次
print("电话号码是: ", num3)

Out:
电话号码是:   2004-959-559
电话号码是:   2004959559
电话号码是:   2004-859-559              # 这是一个国外电话号码
```

二、分词

一篇文档包含多个句子,一个句子包含多个词汇。分词是将句子分解为单个词汇,以便计算机做后续处理。英文句子中词与词是用空格分隔的,英文分词只需借助字符串分解函数 split()即可。考虑到标点符号的存在,如要得到一个相对干净的词语列表,可使用 re.split()函数做分解,或先用 re.sub()函数将所有标点符号替换为空格,再使用 split()做分词。

```
txt = ' Python; I love python.'
txt =txt.lower()              # 全部转为小写
txt =re.sub(' \W+', ' ', txt)  # 将非单词字符(\W)都用空格替换,相当于去除标点符号
print(txt)
lst = txt.split()             # 默认以空格为分隔符分解字符串
print(lst)

Out:
pythoni love python
[' python', ' i', ' love', ' python']
```

相比之下中文分词就复杂一些,中文的词汇间没有空格,如何正确地拆分词汇是中文分词的关键所在。目前多是利用大规模语料库并基于概率统计学习的方法来进行中文分词。Python 中常使用第三方库 jieba 做中文分词,在命令行上执行如下命令安装 jieba 库。

pip install　jieba

简单的中文分词示例如下。

```
import jieba
s = '欢迎报考广东金融学院的相关专业! '
print(' 原句子:', s)
lst = jieba.lcut(s)
print(lst)                                    # 更新词库之前的分词结果
print('* * * * * * * * * * * * 更新词库* * * * * * * * * * * * * ')
jieba.add_word(' 广东金融学院')               # 临时添加新词"广东金融学院"
print(jieba.lcut(s))                          # 更新词库之后的分词结果

Out:
原句子: 欢迎报考广东金融学院的相关专业!
[' 欢迎', ' 报考', ' 广东', ' 金融', ' 学院', ' 的', ' 相关', ' 专业', ' ! ']
* * * * * * * * * * * * 更新词库* * * * * * * * * * * *
[' 欢迎', ' 报考', ' 广东金融学院', ' 的', ' 相关', ' 专业', ' ! ']
```

从输出结果可见:

(1) jieba.lcut()命令返回一个由若干词汇构成的列表。

(2) 标点符号被视为单个词汇,与中文词汇分开,如上面的叹号。

(3) 分词时是基于 jieba 的词库,生僻词或专有名词可能无法正确识别,专有名词可能会被错误拆分。此时可借助 jieba.add_word()函数往词库中临时添加新词汇,这种添加仅临时有效,重启环境后就失效了。可以使用 jieba.del_word()删除临时添加的词汇。

如果用户有很多专有名词,可通过添加自定义词典的方式解决。用记事本创建一个文本文件 mydict.txt,每一行输入一个自定义词,如图 6-5 所示,将文件保存在应用程序所在的目录中,保存时编码一定要选为 UTF-8 格式。

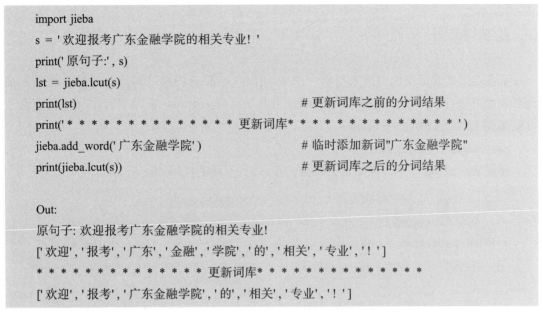

图 6-5　自定义 jieba 词典文件(UTF-8 编码)

```
jieba.load_userdict("data/mydict.txt")        # 加载自定义词典
s = ' 淘金坑小区有一个工信出版集团的办事处'
print(jieba.lcut(s))                          # 有了自定义词典,专有名词可正确分词
Out:
[' 淘金坑', ' 小区', ' 有', ' 一个', ' 工信出版集团', ' 的', ' 办事处']
```

三、绘制词云图

词云这个概念最早由美国人里奇·戈登(Rich Gordon)提出。词云是一种常见的关键词可视化方法,用字体的大小或颜色的深浅来凸显高频关键词。在命令行执行下面的命令可安装词云制作工具包 wordcloud。

pip　install　wordcloud

使用 wordcloud 库生成英文词云图分三步,详见下面的代码及注释。

```
from wordcloud import WordCloud                 # 导入词云库
s = ' With the improving of semiconductor technology, a single chip integrates more and\
more processing cores. Highly parallel applications are distributed to tens of processing units.\
The inter-processor communication delay becomes more and more import ant for parallel applications.'


# 1. 构造一个 WordCould 对象 (背景颜色,宽,高)
wc = WordCloud(background_color=' white', width=1000, height=800)
#2. 传入字符串 s, s 应为英文句子格式(词汇间以空格分隔),调用 generate()方法生成词云图
wc.generate(s)
# 3. 调用 to_file()方法将词云图保存为图片文件(png, jpg 等)
wc.to_file(' img/wc.png' )


# 显示词云图
plt.imshow(wc)                  # 图 6-6
plt.axis(' off' )
```

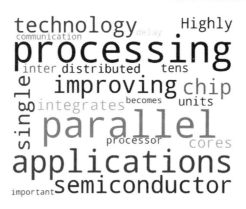

图 6-6　英文词云图

wordcloud 是一款英文工具,其默认传入的文本应是类似英文的句子,词汇间用空格分隔。它会自动统计词汇的频次,并根据频次制作词云图。

如要制作中文词云图就需要增加一个步骤,将中文文章转换为类似英文空格分隔的字

符串,例如将"我正在学习电脑"转为"我 正在 学习 电脑",中间用空格分隔。下面制作一例新闻报道的中文词云图。

```
import jieba                              # 中文分词模块
from wordcloud   import WordCloud         # 词云模块


#读取停用词文件,以便剔除常见的无意义停用词(如"这里、我们、所以"等)
with open("data/stopwords.txt") as f:    # 该文件在资源包中
    stopword = f.readlines()             # 文件一行一个词,全部读入后得到一个列表
stopword=[x.strip() for x in stopword]   # strip()去掉每个词末尾的 \n 换行符


with open("data/xinwen.txt") as f:       # 读入 xinwen.txt(文件见教材资源包)
    txt =f.read()
wd1 =jieba.lcut(txt)                      # 分词,得到列表
wd2 = [x for x in wd1 if len(x)>1]        # 剔除单个字或标点符号
wd3 = [x for x in wd2 if x not in stopword]  # 剔除停用词


s = ' '.join(wd3)   # 注意' '中间含一个空格,将词以空格为分隔符连接为字符串,类似英文句子
wc = WordCloud(background_color='white', font_path='simfang.ttf')  # 中文词云一定要用中文字体
wc.generate(s)                           # 生成词云图
wc.to_file('img/xinwen.png')             # 保存为文件,图 6-7
```

图 6-7　中文词云图

从图 6-7 可以看出这篇新闻报道的主题是北京冬奥会场馆建设。代码中已展示了中文词汇分解并以空格重新连接的过程,其中还涉及文本处理中的停用词概念。停用词是一些常见高频词汇,本身无实际意义,例如"这里、那里、我们"等。一般会从分解后的词汇表中剔除停用词,这样剩下的词汇能凸显文章的主题。用户可对比列表 wd1、wd2 和 wd3 的长度,可以看到词汇数在一步步减少。最后,要注意在生成中文词云图时一定要用 font_path 参数指定使用某种中文字体。

第4节 绘图命令示例汇总

前面我们已学习了大量的 plt 和 axes 绘图命令,这些命令分散在各个章节,为便于读者查阅,特将常用命令分类示例如下。

1. 引入惯例

```
import numpy as np
import pandas as pd
import matplotlib as mpl
import matplotlib.pyplot as plt                     # 导入绘图库
plt.rcParams['font.family']='SimHei'               # 设置使用黑体字体以正常显示中文
plt.rcParams['axes.unicode_minus']=False           # 正常显示负号
plt.rcParams['font.size'] = 14                      # 设置全局字号
plt.rcParams['xtick.labelsize'] = 15               # 设置 x 轴刻度标签的字号
```

2. 标题和轴标签设置

```
plt.title('图标题',fontsize=20)                      # 设置图形标题
plt.suptitle('正弦-余弦(多子图)', fontsize=20)        # 超级标题(针对多子图)
plt.xlabel('x 轴', fontsize=16)                      # 设置 x 轴标签
plt.ylabel('y 轴', fontsize=16)                      # 设置 y 轴标签
ax = plt.gca()
ax.set_title('标题',fontsize=18)                     # 子图标题
ax.set_xlabel('X 轴')                               # 子图 X 轴标签
ax.set_ylabel('Y 轴')                               # 子图 Y 轴标签
```

3. 绘制图形

```
x =np.array([1,2,3,4,5])
y = [2,4,5,6,7]
y2 = [4,3,5,3,6]
labels = list('ABCDE')
plt.plot(x, y, label='折线')                         # 折线图
plt.scatter(x, y, label='scatter figure')          # 散点图
df = pd.DataFrame({'height':x, 'weight':y})
plt.scatter(x='height', y='weight', data=df)       # data 指定数据框,其他参数可传递列名

plt.bar(x, height=y, width=0.4)                    # 柱状图
```

```python
plt.bar(x+0.4, height=y2, width=0.4)                              # 簇状柱状图
plt.bar(x, height=y2, bottom=y, width=0.4)                        # 堆积柱状图
plt.barh(y, width=x, height=0.4, alpha=0.5, hatch='/')            # 水平条形图

plt.boxplot(x)                                                    # 箱线图
plt.pie(x, labels=labels, autopct='%.1f%%', textprops={'fontsize': 12})    # 饼图
plt.hist(x, bins=20, density=0,  alpha=0.75)                      # 直方图

plt.step(x, y, where='pre')                                       # 阶梯图
plt.stackplot(x, y, y2, colors=['r', 'g'])                        # 面积图
plt.errorbar(x, y, fmt="ro:", yerr=0.3, xerr=0.1)                 # 误差棒图
plt.polar(theta, radius, c='g', marker='*')                       # 极线图

plt.axis([1,2,0,1])                                               # 同时设置 x/y 轴刻度范围
plt.axhline(y=0.5, c='r', ls='--', lw=2, alpha=0.3)              # 水平参考线, y=0.5 处
plt.axvline(x=1.3, c='g', ls='-')                                 # 竖直参考线, x=1.3 处
plt.axhspan(ymin=0.5, ymax=0.8, facecolor='r', alpha=0.1)        # 水平条区域
plt.axvspan(xmin=1.3, xmax=1.6, facecolor='g', alpha=0.1)        # 竖直条区域
c= mpl.patches.Circle(xy=(1.5,0.5), radius=0.3, color='y')        # 圆心在(1.5,0.5), 半径 0.3 的黄色圆
plt.gca().add_patch(c)                                            # 将圆添加到当前子图上
```

4. 设置网格线和轴

```python
plt.grid()                                                        # 显示 x/y 轴网格线
plt.grid(axis='x', linestyle="-.", c='r', alpha=0.5)             # 只显示 x 轴竖直网格线
plt.axis('off')                                                   # 不显示(off)/ 显示(on)坐标轴
plt.axis('equal')                                                 # 设置 x/y 轴单位分辨率一样
plt.axis('tight')                                                 # 数轴紧凑格式

plt.xlim(0, 5)                                                    # 设置 x 轴范围
plt.ylim(0, 8)                                                    # 设置 y 轴范围
plt.axis([-1, 1, -1, 1])                                          # 同时设置 x 和 y 轴范围

ax = plt.gca()
ax.set_xlim(-2* np.pi, 2* np.pi)                                  # 设置 ax 的 x 轴显示范围
ax.set_ylim(-1.0, 1.0)                                            # y 轴范围
ax.spines["right"].set_color("none")                             # 右轴颜色为 none, 即不显示
ax.spines["top"].set_color("none")                               # 顶轴不显示
ax.spines['bottom'].set_position(('data',0))                     # 底部的 x 轴移到数据位置 0
```

```
ax.spines[' left' ].set_position((' data' ,0))        # 左边 y 轴移到位置 0,移动后原点(0,0)在图的中央
ax.set_axis_off()                                    # 不显示 ax 的轴

ax.set(xlim=[10,50], xlabel=' Total' , ylabel=' Y' ,  title=' Revenue' )    # 同时设置 ax 多个属性
```

5. 画布和子图

```
fig = plt.figure(figsize=(8,6),dpi=100)            # 创建新画布
fig, axes = plt.subplots(nrows=2, ncols=2, figsize=(8,6))           # 返回新画布和子图数组
fig, axes = plt.subplots(nrows=2, ncols=2, sharex=True, sharey=True)  # 子图间共享 x 轴和 y 轴
fig = plt.gcf()                                    # 返回当前画布(非创建)
ax = plt.gca()                                     # 返回当前子图(非创建)
ax = plt.subplot(121)                              # 新建 1 行 2 列的第 1 个子图
ax = fig.add_subplot(121)                          # 新建 1 行 2 列的第 1 个子图
ax = fig.add_subplot(1,2,2)                        # 新建 1 行 2 列的第 2 个子图
ax = fig.add_axes((left, bottom, width, height), facecolor="y")      # 在画布的指定位置创建子图

ax2 = ax.twinx()    # 创建一个与 ax 共享 X 轴的子图 ax2,但 Y 轴不共享, ax2 的 Y 轴在右轴脊

plt.subplots_adjust(left=0.1, right=0.9, wspace=0.2, hspace=0.1)      # 调整子图间距
fig.tight_layout()                                 # 自动调整子图间距
```

6. 设置轴的刻度

```
plt.xticks(ticks=[0,1,2], labels=[' A' ,' B' ,' C' ], fontsize=14)   # x 轴 0/1/2 位置的刻度标签改为 A/B/C
plt.yticks([ ])                                    # y 轴刻度标签全部清空
plt.tick_params(axis=' x' ,labelsize=24,labelcolor=' red' )  # 修改 x 轴刻度标签
plt.gca().set_xticks(range(0,20,5))                # x 轴只显示刻度值 0/5/10/15
labels =plt.gca().get_xticklabels()               # 返回 x 轴刻度标签
plt.setp(labels, rotation=30, ha=' center' ,c=' b' )         # 设置上一步返回的标签

from matplotlib.ticker import MultipleLocator, AutoMinorLocator       # 刻度设置的相关类
ax.xaxis.set_major_locator(MultipleLocator(2))     # x 轴主刻度在 2 的倍数处,0/2/4...
ax.yaxis.set_major_locator(MultipleLocator(1))     # y 轴主刻度在 1 的倍数处,0/1/2...

# set_minor_locator 设置 x 轴和 y 轴次刻度线的位置
#参数 AutoMinorLocator(4)表示将每一份主刻度等分为 4 份
ax.xaxis.set_minor_locator(AutoMinorLocator(4))
ax.yaxis.set_minor_locator(AutoMinorLocator(2))

def minor_tick(x, pos):      # 自定义刻度格式函数
```

```
        return '%.1f' % x          # 刻度保留 1 位小数
ax.xaxis.set_minor_formatter(minor_tick)          # 必须执行此句才能显示次刻度线
ax.yaxis.set_minor_formatter(minor_tick)

ax.tick_params('x',which='major', length=10,width=2,labelsize=12,colors='r')          # x 轴主刻度线格式
ax.tick_params('x',which='minor', length=5,width=1, labelsize=10,labelcolor='k')      # x 轴次刻度线格式
ax.get_yaxis().get_major_formatter().set_scientific(False)          # y 轴禁用科学记数法
```

7. 等高线

```
def f(x, y):
        return (1 − x / 2 + x**5 + y**3) *np.exp(−x**2 − y**2)          # 返回高度值
a =np.arange(−3.0, 3.0, 0.2)
b =np.arange(−2.5, 2.5, 0.1)
X, Y =np.meshgrid(a, b)                          # 将 a 和 b 映射为网格,X 和 Y 是二维网格矩阵
c =plt.contour(X, Y, f(X, Y), 10, colors='k')          # 等高线
plt.clabel(c, inline=True, fontsize=10)          # 在等高线旁标注数值
plt.contourf(X, Y, f(X, Y), 3, cmap=plt.cm.spring, alpha=0.3)          # 填充颜色
```

8. 3D 图形

```
ax =plt.subplot(projection='3d')                          # 创建 3D 子图
ax.scatter(xs, ys, zs=zs1, zdir="z", c="b", marker="D", s=40, alpha=0.5)          # 3D 散点图
ax.plot_surface(X, Y, Z, rstride=1, cstride=1, cmap='rainbow')          # 3D 曲面
```

9. 杂项

```
plt.style.available                          # 列出可选用的绘图风格
plt.style.use('风格')                          # 设置某种绘图风格
plt.style.use('default')                          # 恢复默认绘图风格

plt.rcdefaults()                          # 恢复 rcParams 默认参数
plt.show()                          # 显示图形

plt.savefig('a.jpg')                          # 保存为图片文件
plt.savefig('sales.png', transparent=True, dpi=80, bbox_inches="tight")          # 保存图片时背景透明

arr=plt.imread('tu.jpg')                          # 读取图片 tu.jpg,得到三维数组
plt.imshow(arr)                          # 显示图片数组
plt.pcolor(arr[:,:,0], cmap='winter')          # 将二维数组映射为颜色图
plt.colorbar(shrink=0.8, aspect=15)          # 显示颜色标尺(反映数值和颜色的映射)
plt.setp(objlst, fontsize=10,color='b')          # 设置 obj 列表中所有对象的属性
```

```
plt.text(2,2,'文本注释',fontsize=14,color='b')# 文本注释
plt.annotate('对称分布', xy=(2,0.07), xytext=(2.5,0.1), fontsize=16, c='k',
arrowprops={'arrowstyle':'->','connectionstyle':'arc3'})
plt.fill_between(x, y1,y2, color='g',alpha=0.3)          # 在 x 范围内,y1 到 y2 区间填充颜色
```

》本章小结

相对静态图表而言，Matplotlib 模块中的 animation 类可以实现基本的动画效果，使数据的展示变得更直观，更有表现力。 Matplotlib 库和 Cartopy 地图包搭配使用，可以绘制地理信息图表，完成地图标注和着色。 文本数据可视化帮助用户快速、准确地从文本中提取信息并展示出来，wordcloud 模块是常用的词云制作工具。

》习题

1. 请简述 FuncAnimation 绘制动画的一般步骤。

2. 请简述 Cartopy 包的基本用法。

3. 绘制一个具有动画效果的图形，具体要求如下:

（1）绘制一条正弦曲线。

（2）绘制一个红色圆点，该圆点最初位于正弦曲线的左端。

（3）制作一个圆点沿曲线运动的动画，并时刻显示圆点的坐标位置。

效果如图 6-8 所示。

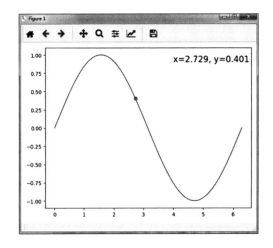

图 6-8　示意图

4. 请根据教材资源包中的文件 "Walden.txt" 绘制英文词云图。

5. 在第 4 题的基础上，去除停用词，再次绘制词云图。

即测即评

第 7 章

Seaborn 统计数据可视化

⊚ 学习目标

- ⊙ 了解 Seaborn 主要用于统计类绘图，是 Matplotlib 的补充。
- ⊙ 理解 figure -level 图级命令和 axes -level 轴级命令。
- ⊙ 掌握常用的分类图、统计图、单/双变量密度图等图形。
- ⊙ 理解调色板，掌握颜色设置方法。

本章的知识结构如图 7-1 所示。

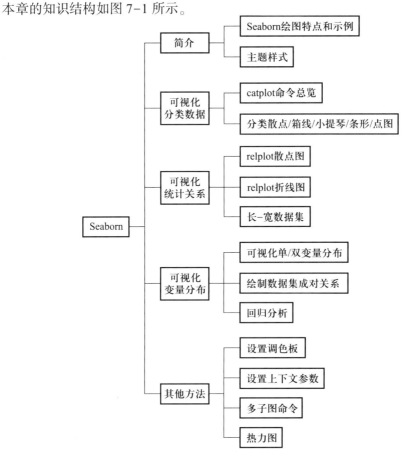

图 7-1 本章知识结构图

本章介绍 Python 平台下另一最常用的绘图库 Seaborn,在其官网上注明了 Seaborn 的目标是实现统计数据可视化(statistical data visualization)。该库提供了更精美的绘图效果和方便快捷的数据可视化方法,本章代码在版本 0.11.1 上调试通过。因为聚焦于统计数据绘图,这一章的部分概念需要具备一定的统计学知识。

在 Anaconda 平台中已安装了 Seaborn, 其他平台如尚未安装,可执行 pip install seaborn 命令安装或执行 pip install -U seaborn 命令以升级到最新版。本章代码段默认已在代码头部包含了下述语句。

```
import numpy as np
import pandas as pd
import matplotlib.pyplot as plt
import seaborn as sns                        # 引入 seaborn, 按惯例命名为 sns
plt.rcParams[' font.sans-serif ' ] = ' SimHei'    # 设置中文
plt.rcParams[' axes.unicode_minus' ] = False    # 设置负号显示正常
```

第 1 节　Seaborn 简介

一、Seaborn 绘图特点

前文介绍了 Matplotlib 绘图库,其绘图效果模仿 MATLAB 软件,图片显示风格比较古典,相对而言不太美观。图片的很多细节,如图例、网格、标题、标记符号等都需要自行编写代码呈现。Seaborn 在 Matplotlib 基础之上,用很少的代码就可以实现精美的绘图效果,其改进主要体现在以下方面:

(1) Seaborn 对原 Matplotlib 的很多方法和参数进行了包装,调用更加方便,并对图形进行了符合现代绘图风格的美化修饰。

(2) Seaborn 绘图时可设置语义元素,将不同类别的数据自动用多子图、不同颜色、不同符号进行区分,不需要额外编写代码控制。

(3) Seaborn 可以对数据自动汇总计算并利用结果作图。例如,对统计数据自动分类、求均值、计数,这样极大地减少了用户的编码量。

Seaborn 和 Pandas 的 DataFrame 数据对象紧密集成,只需指定列名即可绘图。Seaborn 的函数接口高度统一,可以由数个较高层的函数仅通过变动 kind 图形类型参数来调用低一级的绘图函数,诸如散点图、条形图、箱线图等都可以用同一个绘图命令设置不同的 kind 参数完成。

Seaborn 提供了 5 种预定义绘图风格主题和各类美观的调色板,在颜色控制方面相比 Matplotlib 有了极大改进。

以上优点读者在后续学习中会逐步体会到。要注意的是,Seaborn 不是用于替代 Matplotlib,应被视为一种补充和改进,两者相互配合,很多细微的绘图参数还需要 Matplotlib 来控制。

二、绘图示例

下面以 titanic (泰坦尼克)数据集为例初步展示 Seaborn 的绘图效果。为便于演示,Seaborn 包含了若干示例数据,这些示例数据集在使用时可实时下载。如因网络原因无法下载,可在默认的个人目录中建立 seaborn-data 子目录,将本书资源包中的 seaborn-data.rar (从 github 网站下载)文件中的所有.csv 文件解压至该目录,例如,用户使用 Windows 登录名为 abc,则应将文件解压到 C:\Users\abc\seaborn-data 目录中,可从该目录加载本地数据。本章主要使用其中的 titanic、tips、iris 和 anscombe 等数据集演示。Seaborn 引入后按惯例命名为 sns,后续代码中都用 sns 代表 Seaborn 库。

```
import matplotlib.pyplot as plt
import seaborn   as sns            # 引入 seaborn, 按惯例命名为 sns
sns.set_style(' ticks' )          # 设置绘图主题为 ticks (白色背景,无网格线,有刻度线)
tit = sns.load_dataset(' titanic' , data_home = ' ./seaborndata' )   # 加载 titanic 数据集,
                                                  返回 DataFrame 数据框

tit.head(2)                       # 显示前 2 行数据
Out:
    survived     pclass     sex    age    ...   deck    embark_town    alive    alone
0        0          3      male   22.0    ...   NaN     Southampton     no      False
1        1          1     female  38.0    ...    C       Cherbourg     yes      False
```

titanic 数据集的大小为 891 行 15 列,比较重要的有 survived 生还列,取值 0 表示未生还,取值 1 表示生还;pclass 客舱等级列,有 1、2、3 三个等级;sex 性别列,只含 male 和 female 两种值;age 年龄列;fare 票价列。因为 survived 列以 0 或 1 表示是否生还,所以将该列累加再除以数据总条数即可得到平均生还率。如果想比较每类客舱旅客的平均生还率可使用下面的作图命令,效果如图 7-2 所示,可见 1 类客舱旅客的平均生还率最高。

sns.catplot(x=' pclass' , y=' survived' , kind=' bar' , data=tit)   # 图 7-2

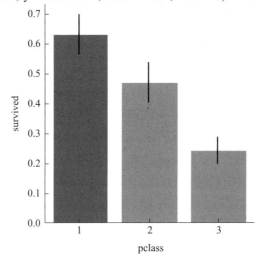

图 7-2　客舱平均生还率

　　catplot()是 Seaborn 的高级分类作图函数。在图 7-2 中,当指定了 x=' pclass' 时,x 轴自动按 pclass 值将数据分为 1、2、3 三类,y=' survived' 指定了 y 轴数值列,自动累加每类客舱旅客的 survived 值并求均值,得到该类客舱旅客的平均生还率。kind=' bar' 表示条形图,这样 catplot()内部会调用低一级的绘图函数 barplot()完成条形图绘制。data=tit 表示从 tit 数据框对象取得绘图数据。条形图顶部的细长黑线是误差条(error-bar),默认表示平均生还率在 95% 置信区间内的取值范围(详情请参阅统计类书籍对误差条的解释)。本次只使用了一条指令就完成了按客舱分类、均值计算和绘图的功能,由此可见 Seaborn 的高效。

　　上面的命令在统计时没有区分性别,如果想再分别得到每类客舱中按性别统计的生还率,可使用下面的命令。在命令中增加了 hue=' sex' 参数,hue 在 Seaborn 中被称为语义,可视为类别区分,不同语义的数据自动用不同的颜色表示,这样就将每类客舱中的男性和女性分开求生还率均值。ci=None 表示不绘制误差条。在图 7-3 中,可见每类客舱中女性生还率远高于男性。

```
sns.catplot(x=' pclass', y=' survived', kind=' bar', hue=' sex', ci=None, data=tit) # 图 7-3,注意 hue
plt.grid(axis=' y' )       # 绘制 y 轴水平网格线,由此可见 seaborn 和 matplotlib 可配合工作
```

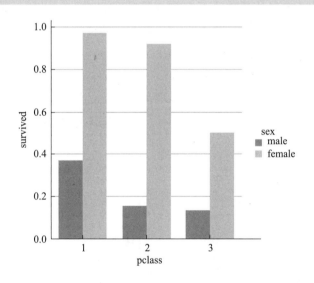

图 7-3　分性别统计客舱平均生还率(hue=' sex')

通过改变 kind 参数可以绘制不同类型的图形。执行如下命令:

```
sns.catplot(x=' pclass', y=' age', kind=' box', col=' sex', data=tit) # 图 7-4, kind=' box' 箱线图,col 参数
plt.savefig(' img/tit_box.png' )                      # 仍使用 plt 命令保存图片
```

　　上面命令中 kind=' box' 和 y=' age' 表示绘制关于 age 列的箱线图,可以观察每类客舱中旅客年龄的分布情况。从图 7-4 中可见 1 类客舱的旅客年龄段最大,3 类客舱旅客年龄段最小。本例还通过 col=' sex' 参数将男性、女性分为两列(子图)绘制。Seaborn 可根据数据类别自动生成子图,不需要另行编码安排多子图布局。

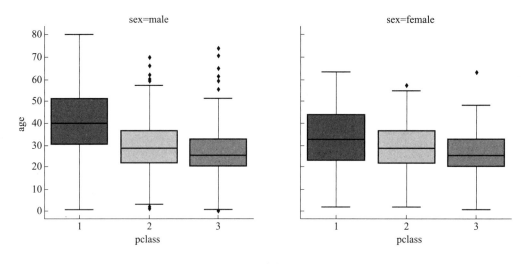

图 7 - 4　seaborn 分类箱线图(col=' sex')

如果 kind=' strip' (此为默认值)则可绘制年龄散点图,见图 7-5。绘制时每类客舱有很多旅客,Seaborn 将旅客的年龄值分散显示,各散点尽量不相互覆盖,以利于观察点的分布。与之相对,如果用 plt 命令来画年龄散点图,可以看到很多点是聚集在一起的,无法分辨,见图 7-6。

```
sns.catplot(x=' pclass' , y=' age' , data=tit) # 图 7-5, 不设 kind 则默认为 kind=' strip' 型散点图
#创建新画布。如无此句,在 jupyter 同一单元格中,catplot()和 plt.scatter()将覆盖在同一张图上
plt.figure()
plt.scatter(x=tit.pclass, y=tit.age)          # 图 7-6, plt 绘制的年龄散点图的散点相互覆盖
```

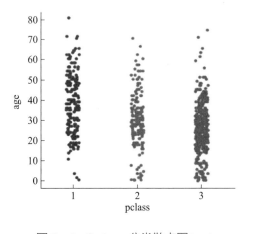

图 7 - 5　Seaborn 分类散点图(age)

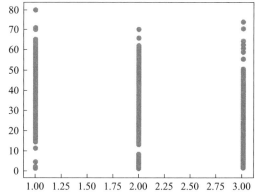

图 7 - 6　plt.scatter 散点图(age)

三、主题样式

Seaborn 有五个预设的主题样式:darkgrid、whitegrid、dark、white 和 ticks。默认主题是

darkgrid,显示效果为灰色背景带网格线。whitegrid 是白色背景带网格线。dark 和 white 主题则无网格线。ticks 主题是白色背景无网格线,但会显示刻度标记线。这些主题样式可通过 sns.set(style=' 样式名')或 sns.set_style(' 样式名')命令切换,下面用 sns.relplot()绘图命令来对比主题样式。

```
plt.rcParams[' axes.unicode_minus' ] = False        # 确保负号显示正常
sns.set_style(' darkgrid' )                          # darkgrid 主题,选用该主题也可简写为 sns.set()
x =np.linspace(−2* np.pi, 2* np.pi, 100)
df = pd.DataFrame({' x' : x, ' y' : np.sin(x)})      # 构造绘制正弦图需要的数据框
plt.rcParams[' font.sans−serif' ] = ' SimHei'        # 设置中文,注意此句应在 sns.set_style 语句之后
sns.relplot(x=' x' , y=' y' , data=df, kind=' line' , label=' darkgrid 样式' ) # kind=' line' 折线图,label 图例
plt.legend(loc="upper right", fontsize=16)           # 显示图例, 图 7-7


sns.set_style(' ticks' )                             # 选择 ticks 主题
plt.rcParams[' font.sans−serif' ] = ' SimHei'        # 每次切换主题后应再次执行该句,确保中文正常
sns.relplot(x=' x' , y=' y' , data=df, kind=' scatter' , label=' ticks 样式' )        # 图 7-8
plt.legend(loc="upper right", fontsize=16)
```

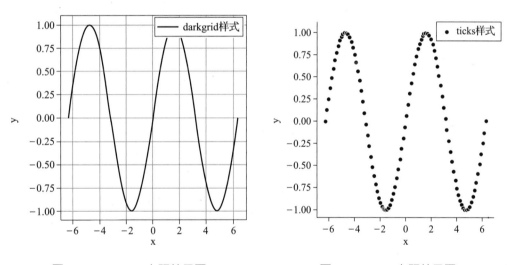

图 7-7   darkgrid 主题效果图   图 7-8   ticks 主题效果图

图 7-7 中的 darkgrid 主题没有坐标轴刻度线,但有灰色底色和白色网格线,图 7-8 中的 ticks 主题有坐标轴刻度线。由于 darkgrid 是默认主题,设置时允许简写为 sns.set()。

使用 sns.set()或 sns.set_style()命令都可切换主题,主题会覆盖 Matplotlib 的一些默认绘图参数,设置后 sns 和 plt 的绘图命令都会受到主题的影响。

```
sns.set(style=' ticks' )        # 切换为 ticks 主题
sns.set_style(' ticks' )        # 效果同上
```

执行命令 sns.axes_style()可以显示出主题中可设置的参数。

```
sns.axes_style()        # 显示主题参数
```

显示内容如下:

```
{' axes.facecolor' : ' white' ,
' axes.edgecolor' : ' black' ,
' axes.grid' : False,
… …
' font.sans－serif' : [' DejaVu Sans' ,
}
```

显示参数中包含了 font.sans-serif 字体参数,每次主题设置后,该参数会默认改为英文字体,导致中文显示不正常。因此每次设置主题后,应再执行一次 plt.rcParams[' font.sans-serif] = ' SimHei' 语句。

另一种更好地解决 Seaborn 中文显示问题的方法就是在切换主题的同时设置中文字体,代码如下所示。

```
sns.set_style(' ticks' , { ' font.sans－serif' : ' Simhei' })   # 切换主题并设置中文字体参数

sns.set_style(' ticks' , {' axes.grid' : True})            # ticks 主题默认不显示网格,改为显示网格线
sns.set_style(' darkgrid' , {' axes.facecolor' : ' 0.2' })    # 0.2 的颜色值非常暗,产生黑色背景效果
sns.relplot(x=' x' , y=' y' , data=df, kind=' scatter' )    # 图形为黑色背景,图略
```

绘图命令执行后会根据命令特性自动设置坐标轴标签、图例和轴线显示。还可以使用 sns.despine()命令直接控制图形的四边轴线是否显示。该命令应在绘图命令之后执行,默认将屏蔽顶部和右侧轴线,只显示底部和左侧轴线,效果参见图 7-8。

```
sns.set_style(' white' )
sns.relplot(x=' x' , y=' y' , data=df, kind=' scatter' )    # 图略
sns.despine(left=True, bottom=True)              # 所有轴线都不显示。True:屏蔽, False:显示

sns.set_style(' ticks' )
sns.relplot(x=' x' , y=' y' , data=df, kind=' line' )     # 图略
sns.despine(top=False, bottom=False, left=False, right=False)    #显示所有轴线
```

第 2 节　可视化分类数据

日常得到的统计数据包含很多类别(category)数据,如性别、职称、质量等级和商品类别等。在可视化时,通常需要按类别分类绘制对比图形,Seaborn 绘制分类数据主要使用 catplot()命令。

一、catplot 命令总览

Seaborn 中的分类数据绘图主要使用 catplot()和其子命令完成,通过指定 *x* 或 *y* 参数为一个列名实现自动分类。常用参数如表 7-1 所示。

表 7-1　sns.catplot()命令常用参数表

参数名	描　　述	参数名	描　　述
x/y	x 或 y 轴数据列名	row/col	分行/分列子图(字符串列名)
hue	语义列(字符串)	col_wrap	每行最大子图数(整数)
data	数据源(DataFrame 对象)	ci	None: 不绘制误差条
order	字符串列表,规定 X 轴的分类数据顺序	kind	图形类型(字符串)
height	子图高度(英寸)	aspect	子图的宽度/高度之比(浮点数)
orient	方向(' v' :垂直, ' h' :水平)	palette	调色板
legend	True 显示图例, False 不显示	legend_out	默认 True: 图例显示在外侧
hue_order	字符串列表, 规定语义类别的顺序	col_order	字符串列表, 规定按列生成子图的顺序

高级命令 catplot()通过 kind 参数调用低一级的绘图子命令完成实际绘图,并可指定 col 或 row 参数生成多子图。命令支持 hue 语义参数,语义是类别划分,不同的语义自动赋予不同的颜色。

下面两条 sns 命令完成的绘图效果大致相同,仅在图形大小和图例显示位置上有所不同。实际上就是 catplot()高级命令通过 kind=' bar' 的参数调用了低一级的 barplot()命令完成条形图绘制。

```
sns.set_style(' ticks', { ' font.sans-serif' : ' Simhei' })
tit = sns.load_dataset(' titanic' )
sns.catplot(x=' pclass', y=' survived', hue=' sex', kind=' bar', ci=None, data=tit)  # 参见图 7-3
plt.figure()                                                    # 新画布
sns.barplot(x=' pclass', y=' survived', hue=' sex', ci=None, data=tit)     # 效果类似图 7-3
```

执行如下命令将产生两个箱线图子图,其中 col=' sex' 指定按性别分列制作子图。

```
g =sns.catplot(x=' pclass', y=' age', kind=' box', col=' sex', data=tit)     # 参见图 7-4
print(type(g))              # 输出信息 <class ' seaborn.axisgrid.FacetGrid' >
print(type(g.fig))          # 输出信息 <class ' matplotlib.figure.Figure' >
```

　　上面的指令实际上是 catplot()通过 kind＝'box' 和 col＝'sex' 参数调用了两次低一级的
boxplot()命令完成的。catplot()绘图后返回对象 g,其类型是 Seaborn 中的 FacetGrid,此类对
象可包含若干图形单元格,是由多个子图构成的一种组合图形对象。catplot()这类高级绘图
函数被称为 figure-level 图级函数,支持 row 和 col 多子图参数。通过 g.fig 属性得到的就是
Matplotlib 中的 Figure 对象,如有需要,可引用该对象并利用 plt 命令进一步修饰图形。

　　如果直接调用 sns.boxplot(), 代码如下。

```
# 下面指令绘图的效果类似图 7-4
fig, axes＝plt.subplots(1, 2, figsize＝(12,6))                               # 生成 2 个子图
sns.boxplot(x＝'pclass', y＝'age', data＝tit.query("sex＝＝'male' "), ax＝axes[0])      # 男性在 axes[0]上
ax＝sns.boxplot(x＝'pclass', y＝'age', data＝tit.query("sex＝＝'female' "), ax＝axes[1])   # 女性在 axes[1]上
print(type(ax))                          # 输出信息    <class 'matplotlib.axes._subplots.AxesSubplot'>
ax.set_title('女性年龄分布')              # 设置子图的 title
```

　　如上所示的代码,进一步表明 Seaborn 和 Matplotlib 可以相互配合。boxplot()命令可以
在 plt 的子图 axes 上绘图,绘图后返回的对象类型就是 Matplotlib 中的 AxesSubplot 类,因此
可以使用 plt 命令(例如 ax.set_title)对该对象进行进一步设置。boxplot()这样的函数被称为
axes-level 轴级函数,轴级函数不支持 row 和 col 参数。该类函数可以通过 ax 参数指定绘制
在已有的某个 axes 上,如果没有提供 ax 参数,会默认绘制在当前活动子图上。

　　Seaborn 的主要绘图命令由数条 figure-level 图级函数和十几条 axes-level 轴级函数组
成,轴级函数绘制的单个子图被包含在图级函数的 FacetGrid 内,组合成多行多列图形。下
面给出分类数据常用绘图命令总览,各命令的具体使用在后面介绍。

　　分类绘图命令:sns.catplot(x＝'列名', y＝'列名', hue＝'语义列', col＝'列名', kind＝'图
形类型', data＝df)

- kind＝'strip':默认参数,strip 型散点图,调用 sns.stripplot()完成。
- kind＝'swarm': swarm 型散点图,调用 sns.swarmplot()完成。
- kind＝'box': 箱线图,调用 sns.boxplot()完成。
- kind＝'boxen': 增强型箱线图,调用 sns.boxenplot()完成。
- kind＝'violin':小提琴图,调用 sns.violinplot()完成。
- kind＝'point': 点图,调用 sns.pointplot()完成。
- kind＝'bar':条形图,调用 sns.barplot()完成。
- kind＝'count':条形计数图,调用 sns.countplot()完成。

　　要注意的是 catplot()高级命令含有 data 参数,且参数是 DataFrame 类型。x 和 y 参数是
列名字符串,支持 kind(图形类型)、col(分列子图)、row(分行子图)、height(子图高度)和 aspect
(子图宽度高度之比)等参数。

　　轴级绘图命令(如 stripplot()、boxplot()等)中的 *x* 和 *y* 参数可以是 DataFrame 数据框的字
符串列名,也可以是列表或 numpy 数组;data 参数不是必须的;支持 hue 参数,但不支持
kind、col、row、height 和 aspect 等和子图有关的参数。请比较下面的三条命令。

```
sns.boxplot(x = tit.pclass, y = tit.age)                    # 正确,x/y 参数可以是 Series
sns.boxplot(x = ' pclass', y = ' age', data = tit)          # 正确,x/y 参数为字符串列名或数组均可
sns.boxplot(x = ' pclass', y = ' age', col = ' sex', kind = ' box', data = tit) # 错误,不支持 col 和 kind 参数
```

二、分类散点图

初步观察数据时经常使用的是分类散点图,其主要呈现某个类别中数据的聚集情况。下面以 sns 中最常用的 tips 小费数据集为例演示分类散点图。

```
import seaborn as sns
tips = sns.load_dataset(' tips' )        # 加载 tips 数据集
tips.sample(5)                          # 随机抽取 5 条数据显示
Out:
        total_bill    tip      sex       smoker    day     time      size
106     20.49         4.06     Male      Yes       Sat     Dinner    2
125     29.80         4.20     Female    No        Thur    Lunch     6
161     12.66         2.50     Male      No        Sun     Dinner    2
80      19.44         3.00     Male      Yes       Thur    Lunch     2
40      16.04         2.24     Male      No        Sat     Dinner    3
```

数据集 tips 共 7 个列,含 3 个数值列和 4 个类别列,各列依次为 total_bill(账单金额)、tip(小费)、sex(性别)、smoker(是否吸烟)、day(星期几,只含星期四、五、六、日)、time(用餐时段 Dinner 或 Lunch)、size(用餐人数)。执行如下命令:

```
sns.catplot(x = "day", y = "total_bill", data = tips)        # 图 7-9,默认类型 kind = ' strip'
```

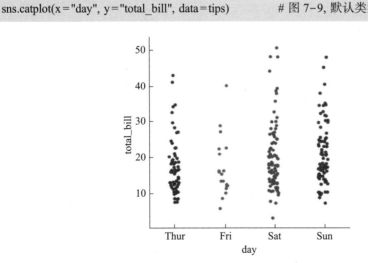

图 7-9　day/total_bill 散点图(strip 型)

上面指令将产生默认的 strip 型散点图,如图 7-9 所示。数据在 x 轴上按星期几分为 4 类,每类都有多笔账单金额,这些数据自动用了少量随机"抖动"以分散点的位置。如下轴级命令可产生同样的效果。

```
sns.stripplot(x="day", y="total_bill", data=tips)          # 图略,效果同图 7-9
```

增设 jitter=浮点数(如 jitter=0.3)参数可以控制抖动程度。设置 jitter=False 则禁用抖动,这样很多散点将相互覆盖。

```
sns.catplot(x="day", y="total_bill", data=tips, jitter=0.3)      # 图略, jitter 调整抖动程度
sns.catplot(x="day", y="total_bill", data=tips, jitter=False)    # 图略, 禁用抖动,散点将相互覆盖
```

注意,分类散点图用于展示某类上的数据点分布,x 轴应是一个分类变量,1 个 x 值对应多个 y 值。如果要展示类似 1 个 x 值对应 1 个 y 值的函数关系应使用后面介绍的 relplot()命令。

除了默认的 strip 型散点,还有一种效果更好的 swarm 型散点。该型散点图将相同的 y 值横向分散,可以更好地观察数据分布,适用相对较小的数据集,如果数据太多就无法有效分散。执行如下命令得到图 7-10。图中可见星期六、星期日的账单数明显比星期五多,小费金额也要高一些。星期六有几笔账单小费金额最高。

```
sns.catplot(x="day", y="total_bill", kind=' swarm' , data=tips)   # 图 7-10, swarm 型散点图
```

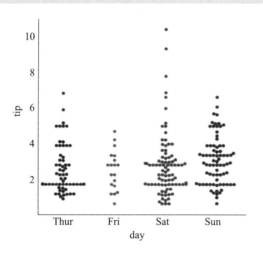

图 7‒10   day/total_bill 散点图(swarm 型)

catplot()命令支持 col 参数,如下命令中的 col=' smoker' 参数将把数据分为吸烟和不吸烟两列子图绘制,更便于分类观察数据。如果将参数换成 row=' smoker' 则得到分行的子图。

```
sns.catplot(x="day", y="tip", kind="swarm", col="smoker", data=tips)   # 图 7-11, 分列子图
```

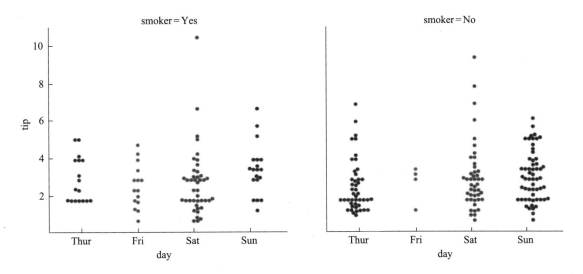

图 7-11　day/tip 散点图(col=' smoker' 分列子图)

上面命令绘图时,"smoker=Yes"子图排在前面。如果想将"smoker=No"子图排在前面,可加入 col_order 参数指定分列时的子图顺序,命令如下。

```
#图略, "smoker=No"子图排在前面
sns.catplot(x="day", y="tip", kind=' swarm', col=' smoker', col_order=["No", "Yes"], data=tips)
```

执行如下命令:

```
sns.catplot(x="smoker", y="tip", data=tips)                    # 图 7-12, 默认"Yes"排前
sns.catplot(x="smoker", y="tip", order=["No", "Yes"], data=tips)   # 图 7-13, order 指定 x 轴数据顺序
```

上面命令中 order=["No","Yes"]指定在 x 轴上"No"非吸烟类数据排在前面。

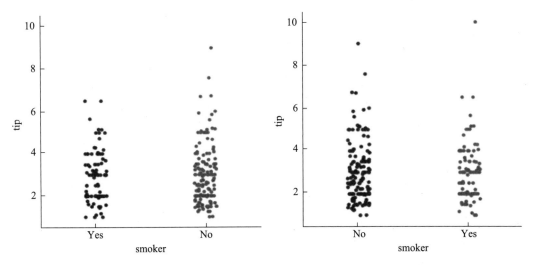

图 7-12　smoker/tip 散点图(Yes 排前)　　　图 7-13　smoker/tip 散点图(No 排前)

有时可以将命令中的 *x*、*y* 参数互换,将类别列指定为 *y* 轴以绘制出横向散点图,尤其适用于类别名称较长或类别数较多的情况,如图 7-14 所示。通过 g.ax 得到的对象是 Axes-Subplot 类型,因此可使用该对象的各种设置命令。

```
g =sns.catplot(x="total_bill", y="day", kind="swarm", data=tips)  # 图 7-14
print(type(g.ax))                # 输出信息 <class ' matplotlib.axes._subplots.AxesSubplot' >
ax = g.ax                                        # 取得当前 axes
ax.set_xlabel("账单金额", fontsize=16)            # x 轴标签
ax.set_ylabel("星期", fontsize=16)               # y 轴标签
ax.set_title(' 横向散点图示例', fontsize=16)        # 设置 title
ax.set_yticklabels([' 星期四', ' 星期五', ' 星期六', ' 星期日'])  # 设置 y 轴刻度标签
```

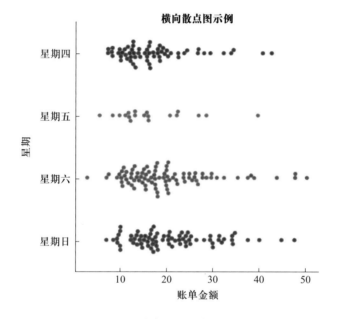

图 7-14　账单金额/星期散点图(横向)

上面代码中只绘制了一个子图,可直接用 g.ax 得到该子图。如果绘制多个子图,则需用"g.axes[行][列]"的形式得到某个子图。下例先按 col=' smoker' 将数据分为两列(吸烟和非吸烟),再按 row=' time' 将每列数据分为两行(午餐和晚餐),绘图时得到 2 行 2 列的 4 个子图。命令中的 height 参数指定子图的高度(英寸),aspect 参数指定子图的宽度和高度之比。

```
g =sns.catplot(x="day", y="tip", col=' smoker', row=' time', data=tips, height=3, aspect=1.2) # 图 7-15
g.fig.suptitle(' 就餐时段-是否吸烟 划分子图', fontsize=16, y=1.05) # 设大标题,y 值调整位置
g.axes[0][0].set_title(' 午餐-吸烟')        # 设置 0 行 0 列子图的 title
g.axes[0][1].set_title(' 午餐-非吸烟')
g.axes[1][0].set_title(' 晚餐-吸烟')
g.axes[1][1].set_title(' 晚餐-非吸烟')
```

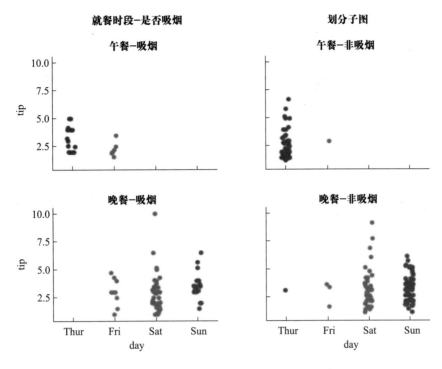

图 7－15　多行多列的子图(g.axes[行][列]引用)

catplot()这类 figure-level 图级函数不能直接设定图形大小,只能设定子图的高度 height 和宽高比 aspect,绘图时将根据子图数量自动调整图形大小。绘制后,各子图之间的间距还可用如下命令调整。

plt.subplots_adjust(wspace=0.5, hspace=0.3)	# 调整子图间水平和垂直间距, 图略

如果要精确控制图形大小,应将 plt 和 axes-level 轴级函数配合,如以下代码所示。

fig, ax =plt.subplots(figsize=(6, 4))	# 设定图形大小, 图略
sns.stripplot(x="day", y="tip", data=tips, ax=ax)	# ax=ax,指定 stripplot() 在此 ax 上绘图

以上代码中的 ax=ax 参数指定 stripplot()在已设定大小的图轴上绘图。ax 参数只能用在轴级函数中,对图级函数无效。

另一种设置图形默认大小的方式是使用 sns.set()命令。设置后,plt 函数和单独的轴级函数的图形尺寸以此设置为默认值,如下所示。

sns.set(rc={"figure.figsize":(6, 4)})	# 设置图形默认大小, 影响 axes-level 级函数和 plt 函数

三、分类箱线图和小提琴图

catplot()支持两种箱线图,参数 kind=' box' 时绘制普通箱线图,调用 boxplot()命令完成。参数 kind=' boxen' 时绘制增强箱线图,调用 boxenplot()命令完成。

sns.catplot(x="day", y="tip", kind='box', data=tips, height=4, aspect=1.2, palette='Set1')　# 图 7-16, 箱线图

sns.catplot(x="day", y="tip", kind='boxen', data=tips, height=4, aspect=1.2)　　　# 图 7-17, 增强箱线图

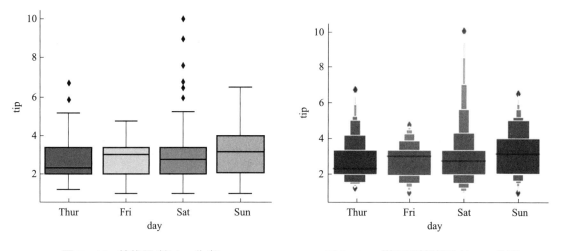

图 7 - 16　箱线图(按 day 分类)　　　图 7 - 17　增强型箱线图(按 day 分类)

在上面代码中 x=' day' 将数据在 x 轴上按星期几分为 4 类, y=' tip' 指定小费数据。普通箱线图标注了 25%、50%、75% 三个分位点,增强型箱线图在两端扩展,标注了 1/8、1/16、1/32 等更多的分位点,更适合大数据集。

第一条指令中 palette=' Set1' 表示选择"Set1"调色板,第二条未选择调色板,使用的是默认调色板,所以两个图形的箱体颜色不同。调色板设置见本章第 5 节。

如果将 x 参数去掉,则所有数据不分类,只绘制一个箱体。

在命令中增加 hue=' smoker' 参数可以将吸烟者和非吸烟者分开,观察各自类别中的小费分布情况,如图 7-18 所示。

sns.catplot(x="day", y="tip", kind='box', hue=' smoker', data=tips, height=4, aspect=1.2)　# 图 7-18

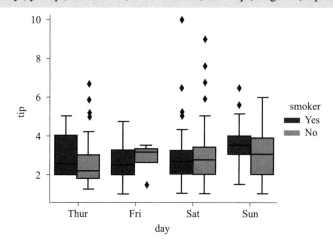

图 7 - 18　按 day-smoker 分类的箱线图(hue=' smoker')

设置 kind =' violin' 参数,可以将箱线图和核密度图结合起来,构成小提琴图,如图 7-19 所示。小提琴图内部细的黑色柱体是原来的箱体,中间的白点是中位数点,外侧的曲线是核密度曲线,两侧曲线是对称的。整个图形比较宽的区域表示此区域数据较密集,比较窄的区域表示此区域数据较稀疏。

```
sns.catplot(x="day", y="tip", kind=' violin', hue=' smoker', data=tips, height=4, aspect=1.2)　# 图 7-19
```

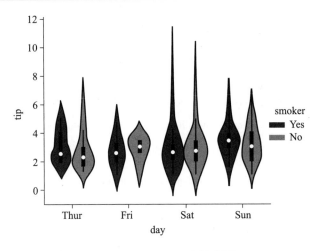

图 7‒19　day‒tip 小提琴图

上例的语义参数 hue=' smoker' 只有吸烟和非吸烟两种情况,此时可增设 split=True 参数,将每个小提琴分为两半,左侧显示吸烟者核密度曲线,右侧显示非吸烟者核密度曲线,以更好地对比两者的密度分布,如图 7-20 所示。

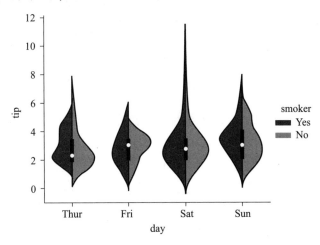

图 7‒20　day‒tip 小提琴图(split=True)

```
#图 7-20
sns.catplot(x="day", y="tip", kind=' violin', hue=' smoker', data=tips, height=4, aspect=1.2, split=True)
```

四、分类条形图

catplot()命令中参数 kind='bar' 时绘制条形图,调用 barplot()命令完成。

```
sns.set_style(' ticks' )
tit = sns.load_dataset("titanic", data_home=' ./seaborndata' )
g =sns.catplot(x="sex", y="survived", hue="pclass", kind="bar", data=tit,height=4, aspect=1.2, ci=None)
ax = g.ax                    # 返回当前子图
for p in ax.patches:         # 遍历图中所有条形,  ha:水平居中, va:垂直底部对齐, '%.2f' 2 位小数
    ax.text(p.get_x() + p.get_width()/2,  p.get_height(),  '%.2f' % p.get_height(),
            fontsize=12, color=' blue' , ha=' center' , va=' bottom' )      # 在条形上标注数字
ax.set_title(' sex-pclass survied rate' , fontsize=16)              # 图 7-21
```

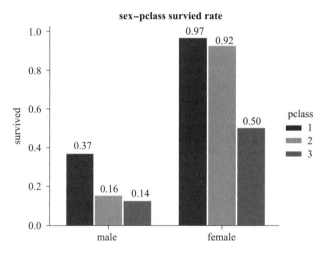

图 7 - 21　sex － pclass 生还率(标注数字)

图 7-21 计算并显示了每类客舱中男性和女性的平均生还率。在本章第 1 节中已介绍了 titanic 数据集,其中 survived 列以 0 或 1 代表是否生还。catplot()在绘制条形图时自动累加 survived 列并计算均值,得到平均生还率。后续代码使用 plt 命令在条形顶部标注数字。先遍历 ax.patches 得到每个条形对象 p,通过 p.get_x()和 p.get_height()得到每个条形的 x 轴位置和 y 轴高度(y 数值),再使用 ax.text()将数值标注在条形的顶部,p.get_x() + p.get_width()/2 是调整标注位置。相关计算和统计工作全部由 Seaborn 自动完成,由此可见 Seaborn 特别适合统计类数据绘图。同时,应将 Seaborn 和 Matplotlib 配合以实现更精准的图形控制。

将上面代码中的参数改为 kind=' count' ,并删除 y 参数,可绘制计数条形图。

```
tit =sns.load_dataset("titanic", data_home=' ./seaborndata' )
g  =sns.catplot(x="sex", hue="class", kind="count", data=tit, height=4, aspect=1.2, ci=None)
ax = g.ax
for p inax.patches:      # 遍历图中所有条形，  ax.text(x 坐标,y 坐标, y 值, 字号, 颜色, …)
    ax.text(p.get_x() + p.get_width()/2, p.get_height(),  p.get_height(),
              fontsize=12, color=' blue' , ha=' center' , va=' bottom' )
ax.set_title(' sex-pclass count' , fontsize=16)              # 图 7-22
```

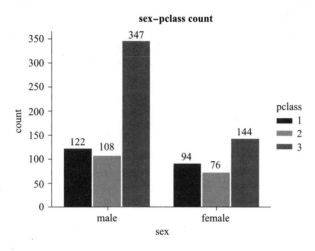

图 7-22　sex-pclass 计数条形图(标注数字)

如果增加 col=' survived' 参数,则可分开统计每类客舱中男性、女性生还和未生还的人数,代码如下所示。

```
tit =sns.load_dataset("titanic")
g =sns.catplot(x="sex", hue="pclass", kind="count", col=' survived' , data=tit, ci=None)
for  index, ax  in  enumerate(g.axes.ravel()):         # ravel()将 1x2 的二维数组转换为一维数组
    if  index==1:
        c =' blue'                           # "生还"用蓝色标注
        title = ' Survived'
    else:
        c =' red'                            # "未生还"用红色标注
        title = ' Not survived'
    for p in ax.patches:
        ax.text(p.get_x() + p.get_width()/2, p.get_height(), p.get_height(),
                fontsize=14, color=c, ha=' center' , va=' bottom' )
    ax.set_title(title, fontsize=16)              # 图 7-23
```

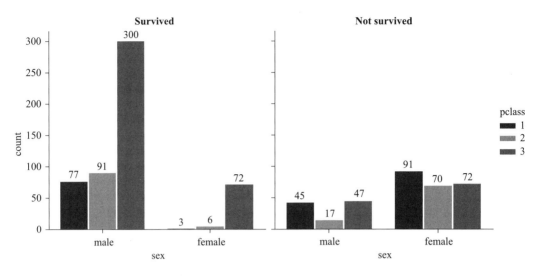

图 7 - 23　各类客舱生还、未生还人数图(col=' survived')

五、分类点图

catplot()命令中参数 kind=' point' 时绘制点图,调用 pointplot()命令完成。

```
tit = sns.load_dataset(' titanic' , data_home=' ./seaborndata' )
g =sns.catplot(x="sex", y="survived", hue="pclass", kind="point", data=tit, height=4, aspect=1.5)
ax = g.ax
for    index in [0, 2]:             # 只标注第 0 根和第 2 根线。为避免数据覆盖,未标注第 1 根线
        c =ax.collections[index]    # ax.collections 属性包含所有的线,按 index 序号取某根线
        for p in c.get_offsets():   # 每根线含首/尾两点,遍历时 p 代表一个点的(x,y)坐标
            ax.annotate("%.2f" % p[1],   (p[0]-0.15, p[1]) )    # p[0]: x 坐标, p[1]: y 坐标,图 7-24
```

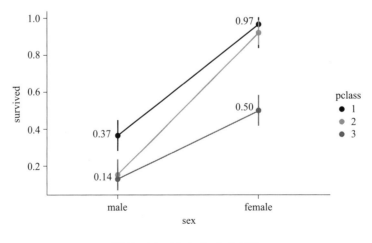

图 7 - 24　kind="point"点图

图 7-24 的点图可反映数据在不同类别中的均值变化情况。图 7-24 按 x = "sex"分为两个大类,每类又按 hue = "class"分为 3 个小类,y = "survived"参数将计算各类别的平均生还率。最上方的线(第 0 根)表示 1 类客舱中平均生还率由男性对应值 0.37 跃升到女性对应值 0.97,中间的线表示 2 类客舱中平均生还率由男性对应值 0.14 左右跃升到女性对应值 0.9 左右。这张图体现了按 sex 和 class 分类后,每类数据的均值变化情况。中间这根线的斜率最大,表明 2 类客舱中男性和女性的平均生还率差异最大。

点图中的点是数值变量的中心趋势估计,在点的上下端延伸出一段误差线,表明了估计值在某个置信区间内的取值范围。相比条形图,点图聚焦分类变量的中心趋势变化。人眼对于线条斜率的变化很敏感,识别数据差异比单纯对比条形的高度更容易。

上面代码在标注数据时不能使用 ax.patches 属性,因为这些线不是 Matplotlib 中的 patch 对象,必须使用 ax.collections 属性才能获取所有线条。每根线有首尾两点,通过 c.get_offsets() 得到某点的坐标 p,p[0]对应 x 坐标,p[1]对应 y 坐标,然后使用 ax.annotate 方法将 y 值标注在对应位置,"p[0]−0.15"将标注位置左移,避免覆盖数据点。读者在调试时,可以输出变量类型和值,以理解代码中各对象的属性和数据结构。

第 3 节　可视化统计关系

本节讨论如何可视化数据集中的两个或多个变量之间的相互关系。数据是纷繁复杂的,我们希望借助图形给出的提示快速理清数据之间的关联关系(relevant)。本节介绍另一个常用的高级函数 relplot(),这也是一个 figure-level 图级函数,通过设定如下 kind 参数完成绘图。

(1) kind = "scatter": 默认类型散点图,调用 sns.scatterplot()完成。

(2) kind = "line":折线图,调用 sns.lineplot()完成。

一、relplot 散点图

下面仍以 tips 数据集为例,演示如何可视化各属性之间的联系。各字段含义见本章第 2 节。

```
import seaborn as sns
sns.set_style(' ticks' , { ' font.sans-serif' : ' Simhei' })
tips = sns.load_dataset("tips")
sns.relplot(x = "total_bill", y = "tip", data = tips, kind = "scatter", height = 4, aspect = 1.2)    # 图 7-25
tips.sample(2)
Out:
```

total_bill	tip	sex	smoker	day	time	size
22	15.77	2.23	Female	No	Sat	Dinner 2
226	8.09	2.00	Female	Yes	Fri	Lunch 2

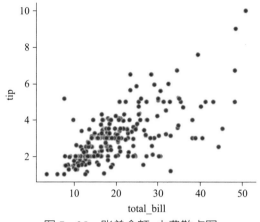

图 7-25　账单金额-小费散点图

从图 7-25 中可见,小费金额最密集的区域在(2,4)之间,图形右上角的大额小费笔数很少。随着账单金额的增加,小费的总体趋势也是增加的,两者是一种正相关关系。执行命令 tips.total_bill.corr(tips.tip)可计算出相关系数是 0.676,具有较强的相关性。

此散点图不同于本章第 2 节的分类散点图,这个散点图体现的是 x 和 y 之间一对一的关系。x=' total_bill' 有很多不同取值,此处的 x 不是类别数据。本章第 2 节 catplot()命令中的 x 和 y 是一对多关系,x 是类别。实际使用时,这两种散点图应选择适用的场景。下面的两条命令虽然能够执行,但没有表达出图形应有的含义。

```
sns.relplot(x="day", y="tip", data=tips)          # x 只有 4 种取值,散点之间会相互覆盖,图略
sns.catplot(x="total_bill", y="tip", data=tips)   # total_bill 的值太多,无法体现分类效果,图略
```

relplot()是一条功能强大的绘图命令,可对散点进行语义颜色、标记符号和大小的映射,体现出数据之间复杂的关联。执行下面的语句,结果如图 7-26 所示。

```
sns.relplot(x="total_bill", y="tip", hue="smoker", style="sex", size="size",
            sizes=(60, 120), col="time", data=tips)     # 图 7-26
```

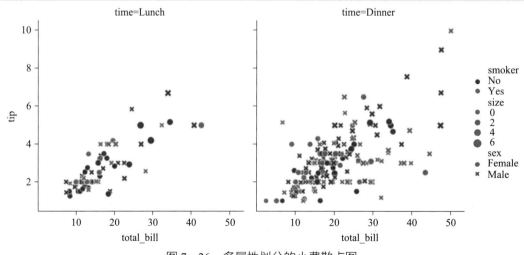

图 7-26　多属性划分的小费散点图

上面代码中通过 col="time"将数据分为午餐和晚餐 2 个子图,hue="smoker"将是否吸烟用两种颜色区分,style="sex"将男性和女性的点用不同形状区分,size="size"按就餐人数映射为不同大小的点。再加上 x 和 y 属性,图 7-26 中的每个点可以从 6 个属性进行区分。绘图时只需指定列名即可,不需要像 Matplotlib 那样通过编码实现。与之对比,本章第 2 节介绍的 catplot()命令不支持 style 和 size 参数。

从图 7-26 中可以明显看出晚餐的账单数更多,代表男性的叉点多于代表女性的圆点。图形右上角的几笔较大额的小费都是男性顾客支付的,较大额小费中多数是不吸烟的顾客支付的。执行命令 tips.groupby(['time','smoker','sex','size']).tip.count() 可以统计出按 4 个属性进行分类,每类所包含点的数目。

relplot()中的散点大小不是直接由 size="size"(size 列为就餐人数)决定的,而是根据 size 的值进行某种转换,映射为不同的大小。命令中默认映射的散点较小,因此设定了 sizes=(60, 120)的参数将所有点调大。如果需要将所有点设置为一样大小,可将映射范围的起始值和结束值设为一样,例如 sizes=(100, 100)。

relplot()是 figure-level 图级函数,支持 col 和 row 等子图参数。

```
sns.relplot(x="total_bill", y="tip", col="day", col_wrap=2, data=tips, height=3)    # 图 7-27
sns.relplot(x="total_bill", y="tip", col="time", row="smoker", data=tips, height=3)    # 图 7-28
```

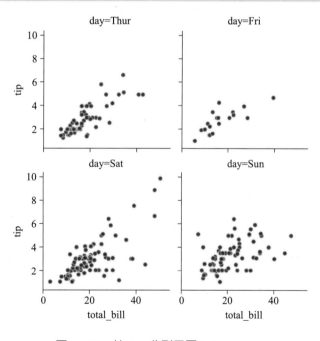

图 7-27　按 day 分列子图(col_wrap=2)

在图 7-27 中设置了 col="day"参数,星期四至星期日共 4 类,col_wrap=2 参数指定每行 2 个子图,所以绘制出 2 行 2 列的子图。在图 7-28 中设置了 col="time"和 row="smoker",分别都是 2 种,因此也产生了 2 行 2 列的子图。

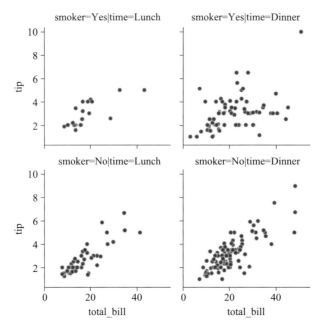

图 7 - 28　按 time - smoker 分行分列子图

二、relplot 折线图

　　sns.relplot()命令中参数 kind =' line' 时绘制折线图,调用 sns.lineplot()命令完成。折线图适合反映数据在某段时间或某个序列中的连续变化。在本章第 1 节中已演示了使用 sns.rel-plot()绘制简单折线图,参见图 7-7。

```
import numpy as np
import pandas as pd
x = np.linspace(-2* np.pi, 2* np.pi, 100)
df = pd.DataFrame({' x' :x, ' y' :np.sin(x)})
sns.relplot(x=' x' , y=' y' , data=df, kind=' line' )        # 参见图 7-7, kind=' line' 折线图
sns.lineplot(x=' x' , y=' y' , data=df)                      # 效果同上,使用轴级函数 sns.lineplot()
```

　　上面代码中 x 和 y 是一对一关系,这种简单折线图还无法体现 Seaborn 折线图的特色。日常的很多统计和实验数据中 x 和 y 是一对多的关系。例如,连续若干天的实验数据,而每天的实验数据又包含多个观测值;某种商品一个月的销售数据,每天的销售数据来自 20 个销售点。下面模拟一个实验数据集,包含 A、B 两种产品,每个产品含 40 天数据,每天数据由 20 个随机值构成。

```
import numpy as np
import pandas as pd
```

```
np.random.seed(7)                                    # 设固定随机种子,保证每次执行时随机数相同
x = np.repeat(np.arange(40), 20)                     # 产生 0 0 0.. 1 1 1 … 39 39 39 序列
a = np.random.uniform(9.1, 9.7, size=x.size)         # A 产品模拟数据
b = np.random.uniform(8.5, 9.2, size=x.size)         # B 产品模拟数据
pid = ['A']* x.size   + ['B']* x.size                # 产品类型 A A A …     B B B
df = pd.DataFrame({'x':np.concatenate((x, x)), 'y':np.concatenate((a, b)), 'pid':pid})
sns.relplot(x='x', y='y', hue='pid', data=df, kind='line', height=4, aspect=2)        # 图 7-29
df.head(3)
Out:
        x     y         pid
0       0     9.145785  A
1       0     9.567951  A
2       0     9.363046  A
```

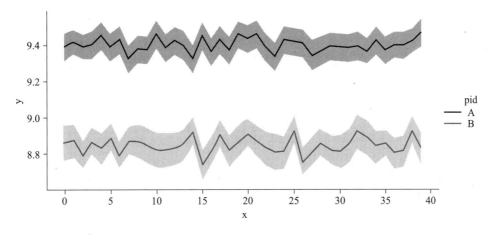

图 7-29 relplot()折线图(数据自动聚合求均值)

上面代码中通过 hue='pid' 语义将数据分为 AB 两组绘制。每种产品每天的数据有 20 个,sns 自动计算每天的数据均值,因此上面的折线实际上由数据的均值点构成。折线两侧的阴影表示的是均值在 95% 置信区间的取值范围,sns 采用 bootstrapping 算法计算此区间。当数据量很大时,计算时间会较长,可通过设置 ci=None 参数禁用此计算,这样就只绘制均值折线,没有阴影部分。另一选择是设置 ci='sd',表示两侧阴影用标准差绘制,这样耗费的计算时间较少。绘制时还可添加 style='pid' 参数设置线型区分,如图 7-30 所示。

```
sns.relplot(x='x', y='y', hue='pid', data=df, kind='line', height=4, aspect=2, ci=None, style='pid')        # 图 7-30
```

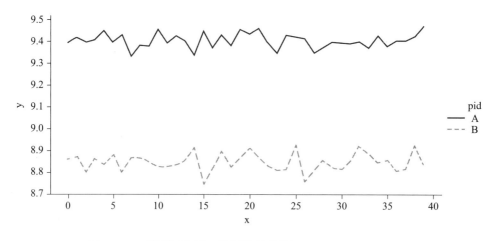

图 7 - 30　线型区分且不绘制均值范围(style=' pid' , ci=None)

如果设置 estimator=None 参数,将取消自动均值计算,数据按原始数据点绘制,如图 7-31 所示。

```
#图 7-31
sns.relplot(x=' x' , y=' y' , hue=' pid' , data=df, kind=' line' , height=4, aspect=2, style=' pid' , esti-
mator=None)
```

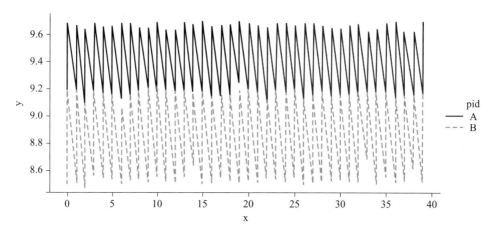

图 7 - 31　数据未自动聚合计算(estimator=None)

三、长-宽数据集

需要重点说明的是,Seaborn 数据集一般应为长(long)数据集,有的书中也称为整洁(tidy)数据集,不应采用宽(wide)数据集。例如,上面的实验数据,A 和 B 的模拟数据应该纵向连接,而不应该横向连接。数据列应组织为 [' x' , ' y' , ' pid'] 的形式,而不应该组织为 [' x' , ' A' , ' B']的形式。当组织为长数据集时,才便于指定 hue、style、size、col 和 row 等分类参数。

已有的宽数据集可使用 Pandas 的 melt 命令转换为长数据集。示例代码如下：

```
np.random.seed(7)                    # 设随机种子
x = np.repeat(np.arange(40), 20)     # 产生 0 0 0...1 1 1 … 39 39 39 序列
a = np.random.uniform(9.1, 9.7, size=x.size)    # A 数据
b = np.random.uniform(8.5, 9.2, size=x.size)    # B 数据
dfw = pd.DataFrame({'x':x, 'A':a,'B':b})        # dfw 是宽数据集
df2 = pd.melt(dfw, id_vars=['x'], value_vars=['A','B'], var_name='pid', value_name='y')
                                     # 转长数据集
```

pd.melt 命令中，id_vars 参数对应数据集中不需要转换的列，value_vars 参数对应需要转换的列，var_name 是转换后类型列的新列名，value_name 是转换后数值列的新列名。宽数据集转长数据集时，将要转换的列依次取出，以"不转换的列的值+转换列的列名+转换列的值"的形式构成新的一行，在纵向不断重复插入新行。转换后新数据集行数=原数据集行数×要转换的列数。例如上面代码中，原数据集 dfw 有 800 行，要转换['A', 'B']两列，则新数据集 df2 共有 1600 行。

查看转换前后的两个数据框对象如下。

```
dfw.head(3)       # 转换前的宽数据集
Out:
    x       A          B
0   0    9.145785    8.663737
1   0    9.567951    8.545667
2   0    9.363046    8.690487
df2.head(2)       # 转换后的长数据集, 头两行
Out:
    x    pid        y
0   0    A      9.145785
1   0    A      9.567951
df2.tail(2)       # 末尾两行
Out:
       x     pid     y
1598  39    B      9.176456
1599  39    B      8.820822
```

第 4 节 可视化变量分布

一、distplot 单变量分布

单变量分布聚焦于考察一个变量的分布(distribution)情况，前面章节介绍的 plt.hist()命令

绘制单变量分布直方图。在 Seaborn 中,使用 distplot()命令可视化单变量分布,命令参数如表 7-2 所示。

表 7－2　sns.distplot()命令参数表

参数名	描　　述	参数名	描　　述
a	单变量数据序列	fit_kws	密度曲线字典参数
bins	直方图分组数(整数)	color	颜色
hist	默认值 True,显示直方图	vertical	默认值 False, 变量值在 x 轴上
kde	默认值 True,显示密度曲线	norm_hist	为 True 时表示直方图显示频率而不是频数
rug	默认值 False, 不显示地毯图	axlabel	x 轴标签(如为 False 则不显示)
hist_kws	直方图字典参数	label	图例字符串
rug_kws	地毯图字典参数	ax	指定绘制在某个 axes 上

下面考察 tips 数据集中 tip 列的分布情况。distplot()命令默认显示 hist 直方图和 kde 核密度曲线,如设置 rug＝True 参数,还将在图形底部轴线上显示出地毯图,如图 7-32 所示。图形显示小费数据主要集中在(2,4)区间段,(8,10)区间的高额小费很少。

```
tips = sns.load_dataset(' tips' )
sns.distplot(a=tips.tip, rug=True)    # 图 7-32,默认会显示 hist 和 kde,  rug=True 增加地毯图显示
```

底部轴线上的地毯图小黑线标注了数据出现的位置,线条的密度体现了该区域数据的密集程度。

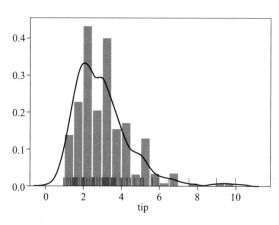

图 7－32　sns.distplot(显示 hist/kde/rug)

图形中的直方图和密度曲线可分别通过 hist 和 kde 参数控制是否显示。如果设置 kde＝False 则不显示密度曲线,此时 y 轴变为频数,而不是频率,如图 7-33 所示。

```
sns.distplot(a=tips.tip, kde=False)                    # 图 7-33,关闭 kde 则默认变为频数直方图
sns.distplot(a=tips.tip, kde=False, norm_hist=True)    # 关闭 kde 但设置直方图显示频率,图略
```

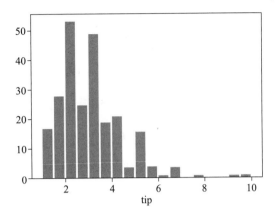

图 7－33　频数直方图(kde＝False)

distplot()是一个 axes-level 轴级函数,用于绘制单变量分布,因此没有 x、y 和 data 参数。数据部分只有一个 a 参数,传入一个数组。直方图可通过 bins 参数设定分组的数目,如图 7-34 所示。

```
sns.distplot(a=tips.tip, bins=10)                      # 图 7-34,设定 10 个分组
```

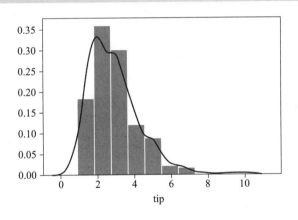

图 7－34　distplot 图(bins＝10)

图 7-34 中的三种图形区域(rug/kde/hist)可通过各自的字典参数进一步修饰,如图 7-35 所示。

```
sns.distplot(tips.tip, rug=True, rug_kws={"color": "k","label":"rug"},    # 图 7-35
             kde_kws={"color": "b", "lw": 3, "label": "KDE"},
             hist_kws={"histtype": "step", "linewidth": 3,                # step 阶梯形
                       "alpha": 1,"color": "g","label":"Hist"});         # alpha 1 颜色最深

plt.legend()
```

195

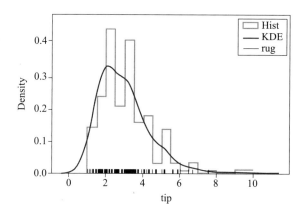

图 7-35　distplot 图(字典参数修饰)

　　绘制单变量概率密度曲线还可以使用 kdeplot()函数,该函数只绘制密度曲线,不绘制直方图,但包含很多密度曲线的调整参数。

sns.kdeplot(tips.tip, shade=True)	# shade=True 密度曲线下面填充阴影,图 7-36
sns.kdeplot(tips.tip, cumulative=True)	# cumulative=True 累积密度曲线,图 7-37

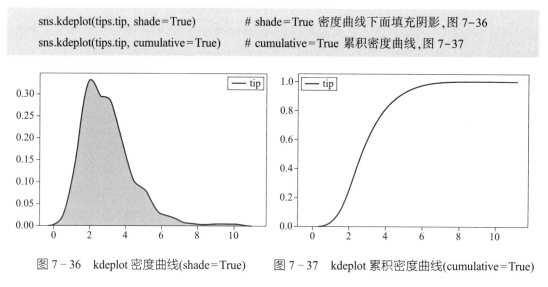

图 7-36　kdeplot 密度曲线(shade=True)　　　　图 7-37　kdeplot 累积密度曲线(cumulative=True)

二、kdeplot 双变量分布

　　双变量分布考察两个变量间的概率密度分布关系,如广告费和销售额的关系、身高和体重的关系。可视化双变量分布可使用 kdeplot()命令(kernel density estimation,核密度估计),该命令常用参数如表 7-3 所示。

表 7-3　sns.kdeplot()命令常用参数表

参数名	描　　述	参数名	描　　述
x	第 1 个变量序列	label	图例
y	默认 None,第 2 个变量序列	color	密度曲线颜色

续表

参数名	描 述	参数名	描 述
shade	False, 不显示填充阴影	legend	默认值 True, 显示图例
vertical	False, 单变量时数值对应在 x 轴上	cumulative	默认值 False, 不累积密度曲线(适用单变量)
kernel	密度曲线核(默认高斯核 gau)	cbar	False, 双变量时设为 True 显示颜色映射条
bw	密度曲线带宽	cbar_kws	cbar 字典参数
n_levels	等高线图的轮廓数(适用双变量)	ax	绘制在某个 axes 上

kdeplot()命令如果只提供一个数值序列则绘制单变量分布,提供两个数值序列则绘制双变量分布。上面的参数表要注意区分是针对单变量还是双变量。

双变量概率密度曲线绘制的结果是一个等高线图,等高线的中心区域是两个变量联合概率密度分布最密集的区域,越往外侧则密度越低。图 7-38 反映出在单笔账单金额大致在 (8,20)、单笔小费在(1.5, 4)这一区域数据分布最密集。注意,新的 0.12 版中该命令的形参名是 x 和 y,旧版本中的形参名是 data 和 data2,此处不兼容。

```
tips = sns.load_dataset(' tips' )
sns.kdeplot(data = tips, x = ' total_bill', y = ' tip' )          # 图 7-38
```

等高线还可用 n_levels 参数设置轮廓数,如下命令所示。

```
sns.kdeplot(data = tips, x = ' total_bill', y = ' tip', n_levels = 5)       # 图略,设置等高线显示 5 圈
```

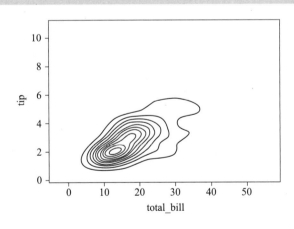

图 7-38 双变量分布等高线图

绘制双变量图时,如果设置 shade = True 添加阴影,此时就变成了类似热力图的形式,通过颜色深浅反映密度值。设置 cbar = True 则在图形右侧添加颜色条,反映颜色和数值的映射关系。如图 7-39 所示,图中颜色越深代表概率密度值越大。

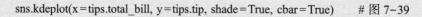

```
sns.kdeplot(x = tips.total_bill, y = tips.tip, shade = True, cbar = True)          # 图 7-39
```

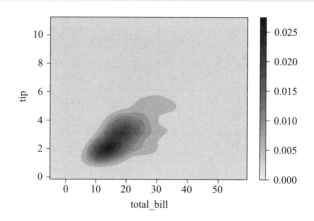

图 7 - 39　双变量分布热力图(shade = True)

密度曲线有不同的计算方法,单变量曲线可设置 kernel = ' gau' 或' cos' 或' biw' 等参数值,双变量分布只能使用默认的 kernel = ' gau' 高斯核函数。

在绘制单变量密度曲线时,带宽 bw 参数会影响曲线外观,可设置为 bw = ' scott' 或' silverman' 或浮点小数等形式,如图 7-40 所示。

```
# 下面三条命令放在同一个 notebook 单元格中,则绘制在同一个 axes 上,图 7-40
# 轴级函数默认就在当前 axes 上绘制,不产生新的 axes
sns.kdeplot(tips.tip, bw = ' scott', label = ' bw = scott' )
sns.kdeplot(tips.tip, bw = 0.2, label = ' bw = 0.2', color = ' r' )
sns.kdeplot(tips.tip, bw = 1, label = ' bw = 1', color = ' g' )
```

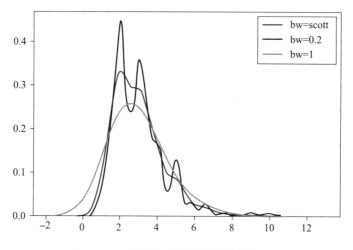

图 7 - 40　不同的核密度曲线带宽图(bw)

三、jointplot 双变量分布

双变量分布可视化的另一常用命令是 jointplot()，命令参数如表 7-4 所示。

表 7－4　sns.jointplot()命令常用参数表

参数名	描　　述	参数名	描　　述
x/y	两个变量序列(字符串或数组形式)	kwargs	绘图字典参数
data	可选参数，应为 DataFrame	color	颜色
kind	图形类型(scatter/kde/hex/reg/resid)	dropna	如为 True 则移除 x 和 y 中的缺失值
height	图形高度(此图为正方形)	space	中心和侧边轴的间隔(浮点数)
ratio	中心轴高度与侧边轴高度之比(小数)		

jointplot()默认绘制两个变量的散点图和各自的直方图，并将三个图形结合在一起，如图 7-41 所示。图形中间是散点图，上侧是 x 变量直方图，右侧是 y 变量直方图。该命令不是图级函数，也不是轴级函数，绘图后返回的对象类型是 seaborn.axisgrid.JointGrid。

```
tips = sns.load_dataset(' tips' )
g =sns.jointplot(x=' total_bill', y=' tip', data=tips)        # 图 7-41
print(type(g))                                                  # 输出 <class ' seaborn.axisgrid.JointGrid' >
```

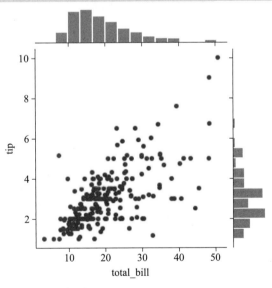

图 7－41　jointplot(kind=' scatter')

jointplot()命令支持 5 种 kind 值，默认值"scatter"表示中间的图形绘制散点图。kind=' kde' 绘制等高线密度曲线，kind=' hex' 绘制六边形密度图，kind=' reg' 绘制回归线图，kind=' resid' 绘制残差图。

sns.jointplot(x=' total_bill', y=' tip', kind=' kde', data=tips) # 图 7-42, kind=' kde' 绘制等高线密度曲线

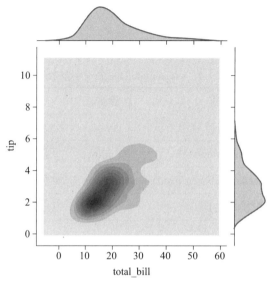

图 7 - 42　jointplot(kind=' kde')

如果图中的散点很密集,此时可选择 kind=' hex' 六边形图。这种图是直方图的一种变体,在图中划分六边形,计算落入其中的散点数目,点数越多颜色越深。如图 7-43 所示。

sns.jointplot(x=' total_bill',y=' tip',kind=' hex',data=tips)　　　　# 图 7-43,　hex 图

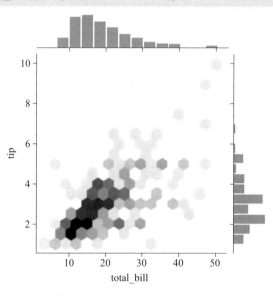

图 7 - 43　jointplot(kind=' hex')

因为账单金额 total_bill 和小费 tip 很明显有正相关关系,通过 kind=' reg' 参数可绘制一条线性回归直线,如图 7-44 所示。这条回归直线因为未考虑数据集中 time、smoker 和 size 等因素的影响,误差会比较大。

sns.jointplot(x=' total_bill' ,y=' tip' , kind=' reg' , data=tips)　　　　# 图 7-44, kind=' reg' 回归线图

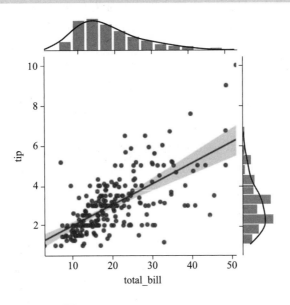

图 7 - 44　jointplot(kind=' reg')

设置 kind=' resid' 可绘制出在此回归线下的残差,即回归值和真实值之间的差值,如图 7-45 所示。残差图中的 y 轴不再是小费,而是误差值。图 7-45 中间是代表误差值为 0 的细线,在图中左侧可见小额账单和小费对应的误差值较小,距离 0 线较近;在图的右侧区域大额账单和小费对应的误差值较大,偏离 0 线较多,说明这条回归直线在账单金额较小时预测较好,在大额账单情况下表现较差。

sns.jointplot(x=' total_bill' ,y=' tip' , kind=' resid' , data=tips)　　　# 图 7-45, kind=' resid' 残差图

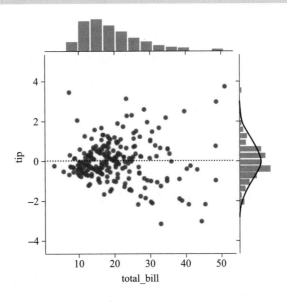

图 7 - 45　jointplot(kind=' resid')

为更好地理解残差图,可特意构造 x 和 y 的严格函数关系式 $y=2x+1$,以此数据拟合的回归直线将和原函数完全一致,从而所有点的残差都为 0,如图 7-46 所示。

```
x = np.arange(5)
y = 2* x+1
sns.jointplot(x, y, kind=' resid' )        # 图 7-46,5 个点的残差都为 0,都落在 0 误差线上
plt.ylim([-1,1])
```

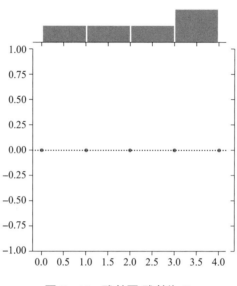

图 7-46　残差图(残差为 0)

四、pairplot 绘制数据集成对关系

前面小节绘制了一对数据之间的可视化图形,如果有多对数据要交叉比较,可使用 pairplot()命令。下面以机器学习中最常引用的鸢尾花 iris 数据集为例,绘制图 7-47。数据集有 150 条记录,共 3 种鸢尾花。每条数据包含花萼(sepal)长度、宽度,花瓣(petal)长度、宽度这 4 个特征值,再加上花的类型共 5 个数据项。现在将花的 4 个特征值两两成对比较,看能否在图形中体现出花的区分度。

```
iris = sns.load_dataset(' iris' )            # 加载 iris 数据集
iris.species.unique()                        # 有三类花,如下
Out:array([' setosa' , ' versicolor' , ' virginica' ], dtype=object)
iris.head(2)
Out:      sepal_length    sepal_width    petal_length    petal_width    species
0             5.1             3.5            1.4             0.2          setosa
1             4.9             3.0            1.4             0.2          setosa
```

绘制所有列的交叉散点图矩阵只需执行下面一条指令。

```
sns.pairplot(iris, hue=' species' , markers=["^", "v", "o"])      # 图 7-47,散点图矩阵
```

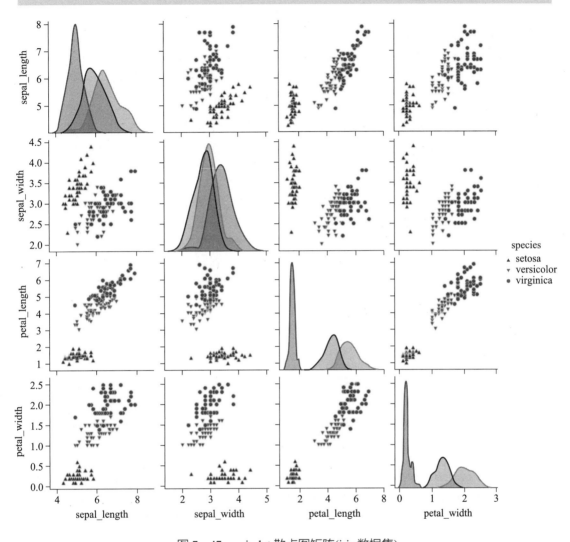

图 7‑47　pairplot 散点图矩阵(iris 数据集)

iris 数据集共 4 个特征值列,两两比较,产生图 7-47 所示的 16 个子图。对角线上是某个特征值和自己比较,同时又加入了 hue=' species' 语义,因此对角线上就绘制每个特征值三类花的密度曲线。非对角线上的子图就绘制某特征值和另外三个特征值两两配对的散点图。markers=["^", "v", "o"]参数为三类花指定不同的散点形状。

在图 7-47 中,深色点(上三角形)代表的 setosa 类花和另外两种花可以完全区分开,表明是线性可分的。另两种花中大部分的点可以区分,但有少量点混杂在一起。前两行(sepal 花萼长/宽)没有后两行(petal 花瓣长/宽)区分度好。第 3 行第 4 列子图和第 4 行第 3 列子图区分度最好,这两个子图其实是一样的,只是交换了 x、y 轴的数据。这表明如果要精简数据,只允许选择 2 个属性,则选择花瓣的长度和宽度这两个属性能达到的区分度最好,同时借助

图形也最容易解释清楚选择的依据。

命令中如果删除 hue 参数,对角线上就默认绘制直方图。

```
sns.pairplot(iris)                        # 图略,对角线上默认绘制直方图
sns.pairplot(iris, diag_kind='kde')       # 图略,对角线上绘制密度曲线
sns.pairplot(iris, kind='reg')            # 图略,散点图中增加回归直线
# 下面通过 vars 参数指定只绘制 3 个列的交叉散点图,得到 3x3 子图,图略
sns.pairplot(iris, kind='reg', vars=['sepal_width','petal_length','petal_width'])
```

此处还可使用 Pandas 的 corr()命令得到相关系数矩阵,更好地考察各列之间的相关性。

```
iris.select_dtypes('float').corr()  # 相关系数矩阵
Out:
```

	sepal_length	sepal_width	petal_length	petal_width
sepal_length	1.000000	−0.117570	0.871754	0.817941
sepal_width	−0.117570	1.000000	−0.428440	−0.366126
petal_length	0.871754	−0.428440	1.000000	0.962865
petal_width	0.817941	−0.366126	0.962865	1.000000

五、回归分析

回归分析(regression analysis)是数据分析中的一种重要方法,它试图给出自变量和因变量之间的函数关系。Seaborn 专门提供了 regplot()和 lmplot()两个命令来解决回归分析的可视化问题。其中,前者是轴级函数,后者是图级函数。下面用 regplot()函数绘制 total_bill 和 tip 之间的回归直线。

```
tips =sns.load_dataset("tips")
sns.regplot(x="total_bill", y="tip", data=tips)     # 图 7-48
```

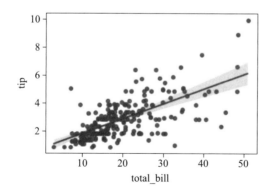

图 7-48　regplot 回归直线

图 7-48 绘制了一条回归直线,直线周围的阴影表示此回归方程下 *y* 的 95% 置信区间范围,即均值有 95% 概率落在该区间内。若想得到回归直线的函数表达式,但绘图函数返回的对象没有提供读取回归直线的接口。因为回归计算方法是标准的,所以可调用 np.polyfit() 函数计算回归直线的斜率和截距,再标注到图中。代码如下所示。

```
import numpy as np
slope, inter = np.polyfit(tips[' total_bill' ], tips[' tip' ], 1)   # 用 numpy 做线性回归,返回斜率和截距
label = "y = {:.2f} x + {:.2f}".format(slope, inter)            # 图例字符串
ax =sns.regplot(x="total_bill", y="tip", data=tips, label=label)  # label 设定图例


x = np.arange(8, 45)                        # 选取一段 x 范围
y = slope *  x + inter                       # 按 numpy 回归结果计算对应 y 值
sns.lineplot(x, y, ax=ax, color='r', lw='5' )   # 在同一个 ax 上绘制 numpy 拟合的回归线
ax.legend(fontsize=16)                       # 显示图例, 图 7-49
```

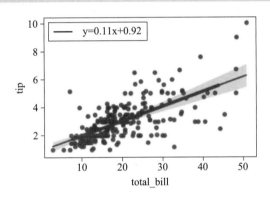

图 7 – 49　回归直线(显示回归方程)

上面代码的后半部分在 *x* 轴[8, 45)范围内,按拟合的斜率和截距计算对应的 *y* 值,将这组 *x* 和 *y* 用 lineplot() 绘制在同一个 ax 上,可发现粗线和细线重合,从而验证了 numpy 的回归计算和 Seaborn 的回归计算是一致的,小费 *y* 和账单金额 *x* 之间的回归直线为 $y= 0.11x + 0.92$。

下面再以统计学中的 anscombe 四重奏数据集为例继续讨论回归分析。

```
anscombe = sns.load_dataset(' anscombe' )     # 加载 anscombe 四重奏数据集
anscombe.sample(3)                          # 抽样显示 3 条
Out:

dataset     x        y
15   II      11.0     9.26
40   IV     19.0     12.50
23   III     8.0      6.77
```

该数据集含 4 组数据,每组 11 条,每组中的 *x* 和 *y* 值不尽相同,但通过精心构造,这 4 组

数据 *x* 和 *y* 的均值和标准差均相同。代码如下。

```
# 分组,agg 计算均值和标准差,applymap 保留 2 位小数
anscombe.groupby(' dataset' ).agg([(' 均值' ,np.mean),(' 标准差' ,np.var)]).applymap(lambda x:' %.2f ' % x)
Out:x          y
均值   标准差   均值   标准差
dataset
I      9.00   3.32   8.50   2.03        # 4 组数据的 x 和 y 的均值和标准差均相同
II     9.00   3.32   8.50   2.03
III    9.00   3.32   8.50   2.03
IV     9.00   3.32   8.50   2.03
```

数据集 4 组数据的组编号为Ⅰ、Ⅱ、Ⅲ和Ⅳ。regplot()是轴级函数,不能设置 col 参数,无法自动分类。要同时分组画出四类数据集,可选择 lmplot()这个图级函数,如图 7-50 所示。该数据集说明在研究数据时不可尽信统计值,这 4 组数据虽然均值和标准差一样,但实际上差别巨大,这个例子也说明了数据可视化的重要性。

```
sns.lmplot(x='x' , y='y' , data=anscombe, col=' dataset' , col_wrap=2, height=3, aspect=1.2)   # 图 7-50
```

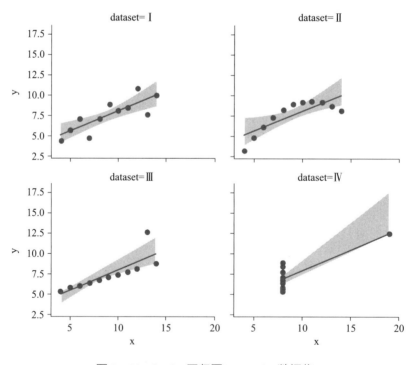

图 7 - 50　lmplot 回归图(anscombe 数据集)

从图 7-50 中可见,4 组数据明显不同。第Ⅰ组数据的点比较均匀地分布在回归直线两侧,回归效果较好。第Ⅱ组数据的点明显对应二次曲线,但使用了线性一次回归,回归效果很差。第Ⅲ组最上方有一个离群点,由于这个点的影响,导致回归直线向上偏移。第Ⅳ组数

据有 10 个点的 x 值是一样的,只有一个点的 x 值不同,因为 x 值大都相同,该组数据实际上并不适合拟合回归直线。

因为第 II 组数据从散点图上看是二次曲线,所以增加 order=2 的参数,指定按二次曲线回归。代码如下,效果如图 7-51 所示,采用二次曲线回归效果很好。

```
# query 筛选第 II 组数据,order=2 指定拟合二次曲线回归, label 图例
ax = sns.regplot(x=' x', y=' y', data=anscombe.query(' dataset=="II"'), order=2, label=' dataII order=2')
ax.legend(fontsize=16)        # 显示图例,图 7-51
```

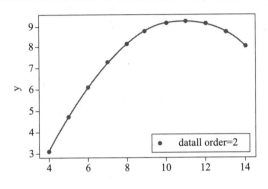

图 7-51　拟合二次回归曲线(order=2)

第 III 组数据有一个异常点,导致回归直线向上偏移,可设置 robust=True 和 ci=None 参数,表示采用健壮回归,回归时剔除异常值的影响。代码如下,效果如图 7-52 所示,可见排除最上方的异常点后新的回归直线完美拟合其余 10 个点。

```
# query 筛选第 III 组数据, robust=True 且 ci=None 健壮回归
ax = sns.regplot(x=' x', y=' y', data=anscombe.query(' dataset=="III"'), robust=True, ci=None, label=' dataIII robust=True ci=None')
ax.legend(fontsize=14)        # 图 7-52
```

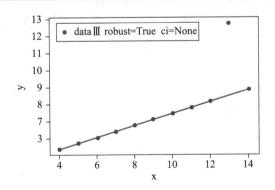

图 7-52　robust 方式拟合回归直线

第 5 节　其 他 方 法

一、设置调色板

颜色在图形展示中占据重要的地位,富有表现力且合理的配色方案会提升图形的美感,凸显数据背后隐藏的深刻含义,反之则会掩盖数据的真相。Seaborn 提供了一系列的颜色管理工具帮助使用者选择最优的配色方案。

```
sns.color_palette(palette=None, n_colors=None, desat=None)
```

函数 color_palette()用于生成调色板。参数 palette 是配色方案名或其他颜色表达形式。n_colors 指定调色板中的颜色数目,默认值 6。Desat 与色彩饱和度有关,取值范围 0~1,默认值 1 对应的颜色最深。不提供参数时,该函数返回当前调色板。

函数 palplot 显示调色板,参数 pal 是要显示的调色板对象,size 是色块大小,代码如下。

```
sns.palplot(pal, size=1)
```

函数 set_palette()将 palette 设置为当前调色板,设置后所有的绘图命令都会受到此调色板的影响,代码如下。

```
sns.set_palette(palette, n_colors=None, desat=None)
```

下面来观察默认调色板。

```
sns.set()                              # 此时默认主题为 darkgrid,默认调色板为 deep
cur_palette = sns.color_palette()      # color_palette()不带参数时,返回当前调色板 deep
print(cur_palette)                     # 调色板其实是由 RGB 元组构成的列表
sns.palplot(cur_palette)               # deep 调色板有 10 种颜色,以前低版本是 6 种, 图 7-53
```

图 7-53　deep 调色板(10 种颜色)

上面代码执行 sns.set()后,主题样式是 darkgrid,默认调色板自动设为 deep,通过 color_palette()取得当前的调色板。调色板其实对应一个列表,列表内每个元素是表示 RGB 颜色的三个浮点数构成的元组。利用 palplot()命令显示调色板各色块,便于比对查看。

```
dfa = pd.DataFrame({' x' :range(1, 11), ' y' :range(4, 14)})     # 共 10 个数
sns.barplot(x=' x', y=' y', data=dfa )                           # 图 7-54，默认使用当前调色板
```

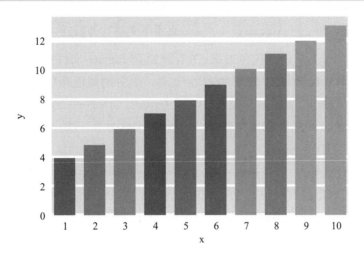

图 7 - 54　条形图(默认从当前调色板选色)

图 7-54 构造了 10 个条形,各条形依次选用当前调色板中的颜色显示。如果使用 plt 命令绘制多根线条,不特别指定线条颜色,会发现线条颜色也是从默认调色板中选择的,所以 plt 和 Seaborn 的颜色选择都会受当前调色板的控制。

由于本书是黑白印刷,上述条形只有灰度区别,无法看出颜色差别。后续调色板显示的图大多略去,请读者在 jupyter notebook 中运行本章配套的示例代码自行查看。

```
dfb = pd.DataFrame({' x' :range(1, 19), ' y' :range(11, 29)})      # 共 18 个数
sns.barplot(x=' x', y=' y', data=dfb )                            # 图略,未指定调色板,自动选用渐变调色板
```

上面的命令构造了 18 个条形,已超过默认的 10 个颜色值且命令中未指定调色板,此时 Seaborn 会弃用当前调色板,自动选用一种渐变调色板以区分众多的条形。

```
sns.barplot(x=' x', y=' y', data=dfb, palette=' deep')  # 图略,指定了调色板就循环使用其中的颜色
```

上面的命令指定使用 palette=' deep' 调色板,18 个条形就循环使用 10 个颜色值表示。如有需要,可以扩充调色板中的颜色数,以区分更多的类别。

调色板可以先用 color_palette()函数构造出来,然后在绘图命令中引用,也可用 set_palette()命令设置为全局调色板,代码如下。

```
pal = sns.color_palette("Blues", 6)                       # 构造内含 6 个渐变色(由浅到深)的 Blues 调色板
sns.barplot(x=' x', y=' y', data=dfb, palette=pal)        # 指定使用 pal 调色板,图略
sns.barplot(x=' x', y=' y', data=dfb, palette= sns.color_palette("Blues", 6))  # 效果同上
sns.barplot(x=' x', y=' y', data=dfb, palette="Blues")    # 指定 Blues,自动转为调色板但颜色数更多

sns.set_palette(pal)                                       # 设置 pal 为全局调色板
```

```
sns.set_palette("bright")                    # 设置预定义的 bright 为全局调色板
plt.plot([1, 2], [3, 4], [2, 2], [3, 5])     # plt 命令将受调色板影响, 图略
plt.figure()                                 # 新画布
sns.barplot(x='x', y='y', data=dfa)          # dfa 不超过 10 个类别, 默认使用全局调色板, 图略
```

Seaborn 预定义了 140 余种配色方案(在本章配套 Jupyter 文件中已列出), 同时还支持 RGB 颜色表达和 HTML 网页中的颜色表达形式。常用的调色板配色方案有：Set1、Set2、Set3、cool、spring、summer、autumn、winter、Blues、Greens、Oranges、cubehelix、Paired、gnuplot2、hls、husl、deep 和 bright 等。在官方文档中, 将调色板大致分为三类：分类型(qualitative)、顺序型(sequential)和发散型(diverging)。

（一）分类型调色板

当需可视化的数据没有明显的主次或重点非重点区分时, 适合使用分类型调色板。例如, tips 数据集中的吸烟和非吸烟者、午餐和晚餐, 鸢尾花数据集中的三类花。分类色板只需用对比鲜明的颜色将数据区分开即可。

1. 6 个默认的分类调色板

Seaborn 中包含 6 个默认分类调色板, 如下代码将这些调色板一一呈现出来。

```
palstyle = ['deep', 'muted', 'pastel', 'bright', 'dark', 'colorblind']      # 6 个默认分类调色板
for pal in palstyle:
    print(pal)
    sns.palplot(sns.color_palette(pal))                              # 图略, deep 调色板参见图 7-53
```

上述 6 个调色板每个包含 10 种颜色。每次执行 sns.set_style()切换主题后, 默认的调色板会重设为 deep。deep 色板颜色较深, pastel 色板饱和度较低, bright 颜色最亮, colorblind 对色弱人士相对友好。

分类调色板是在循环颜色空间中绘制间距相等的颜色, 主色调变化但亮度和饱和度保持不变。Set1、Set2 和 Set3 是另外三个常用的分类调色板, 分别含有 9、8、12 种颜色。

通过 sns.color_palette('调色板名')命令选择调色板时, 如输入不存在的调色板, 就会显示错误信息, 信息中就包含了可用的 140 余种调色板名称。注意：调色板名称区分大小写, 个别是复数形式。

可以从已有调色板中选择颜色数构成一个小色板, 代码如下所示。

```
pal1 = sns.color_palette("deep", 5)        # 从 deep 色板中选前 5 个颜色
sns.palplot(pal1)                          # 图略


# deep 色板只有 10 种颜色, 所以 pal2 的 15 个颜色中后面的颜色是重复的
pal2 = sns.color_palette("deep", 15)       # 选 15 个颜色
sns.palplot(pal2)
```

如需更多颜色数可使用下面的 hls 调色板。

2. hls 和 husl 分类调色板

另一种常用的分类色板是 hls,这是一种简单的 RGB 颜色变体。

```
pal =sns.color_palette("hls", 15, desat=.9)        # .9 代表 0.9
sns.palplot(pal)
```

上面的命令创建并显示了内含 15 种不同颜色值的 hls 色板。desat 是饱和度参数,取值 0~1,默认值 1 对应颜色最深。颜色设置中"0.9"常简写为".9"。

hls 的意思就是色度、亮度和饱和度。hls 色板允许调整亮度(lightness)和饱和度(saturation), 取值范围都是 0~1,调整时使用 hls_palette()命令,代码如下。

```
sns.palplot(sns.hls_palette(8, l=0.3, s=0.5))   #l 数值越大越亮,注意是字母 l,不是数字。s 饱和度
```

Seaborn 还提供了一个 husl 色板,使颜色、亮度和饱和度的间隔更加均匀,代码如下 所示。

```
sns.palplot(sns.color_palette("husl", 8))        # 对比 husl 和 hls 色板,图略
sns.palplot(sns.color_palette(' hls', 8))
```

用户还可以使用 HTML 中的颜色值来自定义分类调色板,代码如下所示。

```
colors = ["#9b59b6", "#3498db", "#95a5a6", "#e74c3c", "#34495e", "#2ecc71"]
sns.palplot(sns.color_palette(colors))   # 使用 HTML 颜色,自定义分类调色板
```

3. Paired 配对调色板

分类色板中还有一种 Paired 配对色板,用来强调成对的数据。例如,现有 6 个城市,每 2 个城市来自同一个省,展示数据时希望能体现这一因素。

```
sns.set_style(' ticks', rc={ ' font.sans-serif' : ' Simhei' })
city = pd.DataFrame({' 城市':[' 株洲', ' 长沙', ' 洛阳', ' 郑州', ' 珠海', ' 广州' ], ' 数值' :range(10, 16)})
pal =sns.color_palette("Paired", 6)              # 用 Paired 色板生成含 3 对 6 个颜色值的色板
sns.barplot(x=' 城市', y=' 数值', data=city, palette=pal)      # 图略,指定 pal 调色板
```

在上段代码中,来自同一省份的 2 个城市会用同一色系的深浅两种颜色绘制,体现了城市之间的内在联系。

(二) 顺序型调色板

当要展示的数据有主次或重点非重点区分时,适合使用顺序型调色板。该类调色板一般色调变化幅度较小,但亮度和饱和度变化幅度大,可生成同一色系或相近色系由明到暗或由暗到明的颜色,适合对应数据由不重要到重要的变化,可将人们的注意力自然吸引到数据中相对重要的部分。例如,等高线密度曲线图的中心使用深色,边缘使用浅色以体现密度变化;绘制疫情数据时,严重的地区用深色表示,不严重的地区用浅色表示。

1. 几种已有的顺序型调色板

如下代码展示了几种顺序调色板。

```
palstyle = ['cool', 'spring', 'summer', 'autumn', 'winter']    # 几种顺序调色板
for pal in palstyle:
    print(pal)
    sns.palplot(sns.color_palette(pal))                        # 默认每个板内含 6 种颜色,图略
```

顺序调色板常使用同一色系的颜色,自动配以不同的亮度和饱和度,如 Blues、Reds、Greens、Oranges、BuGn 等。

```
sns.palplot(sns.color_palette("Blues"))     # 单词复数形式。蓝色,默认 6 种,由浅到深,图略
sns.palplot(sns.color_palette("Reds", 8))   # 红色,生成 8 种颜色
sns.palplot(sns.color_palette("BuGn"))      # 蓝色和绿色混合的颜色
```

上述调色板颜色都是由浅到深,如果在名称后增加"_r"反转,就得到由深到浅的颜色,对应数据由重要到不重要的变化。注意,有少量调色板没有对应的"_r"调色板。

```
sns.palplot(sns.color_palette("Blues_r"))   # 蓝色,_r 是反转顺序,由深到浅,图略
sns.palplot(sns.color_palette("BuGn_r"))
```

在绘制 tips 数据集时如果对就餐人数感兴趣,人数多的散点用深色,人数少的散点用浅色,此时就可使用顺序调色板,代码如下所示。

```
tips = sns.load_dataset('tips')     # hue='size' 指定人数为语义参数
                                    # Blues 顺序调色板,图 7-55
sns.scatterplot(x='total_bill', y='tip', hue='size', palette="Blues", data=tips)
```

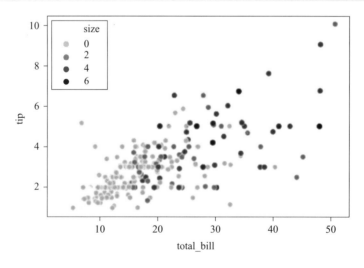

图 7-55　顺序调色板展示人数(hue='size')

在图 7-55 中可以很容易识别出就餐人数较多的那些深色散点。上面的代码其实也可不指定 palette = "Blues"参数，由于 hue = ' size' 是数值列，Seaborn 会自动使用某种顺序调色板，将数值映射为深浅不一的颜色。如果 hue 对应的是类别列，Seaborn 则会使用分类调色板。

2. cubehelix 顺序型调色板

经常使用的顺序调色板还有 cubehelix，这个调色板产生的图形在转为灰度保存时（如为了印刷的目的）效果较好，对色弱人士相对也更适合。

```
sns.palplot(sns.color_palette("cubehelix", 8))          # 生成含 8 个颜色的调色板, 图略
sns.palplot(sns.cubehelix_palette(n_colors=8, start=.5, rot=.4, hue=.8))
```

上面指令中的 cubehelix_palette() 函数可将颜色值按线性增长计算控制调色板。start 是起始色调，取值[0, 3]。rot 是围绕调色板范围内的色相控制盘旋转，有效值[−1,1]。hue 是颜色饱和度，取值[0, 1]。

Seaborn 提供了一个小工具辅助用户生成 cubehelix 色板。在 jupyter notebook 环境下运行下面一行代码，会出现一个小控件允许调整 cubehelix 的各种参数，实时显示效果，所做的参数改变都存在 cubpal 调色板对象中。

```
cubpal = sns.choose_cubehelix_palette()          # 利用小工具实时调整生成 cubehelix 调色板
```

3. 自定义顺序型调色板

Seaborn 还提供了 light_palette() 和 dark_palette() 函数实现自定义的顺序调色板。它们都是以某个颜色为主，实现由明到暗或由暗到明的渐变。

```
sns.palplot(sns.light_palette("green"))              # 由明到暗, 图略。参数为英文颜色单词
sns.palplot(sns.light_palette("navy", reverse=True))  # True 反转, 由暗到明
sns.palplot(sns.dark_palette("red",10))               # dark_palette 是由暗到明
```

注意，上面命令中的参数应是某种颜色，不是前面提及的 140 余种已有的配色方案名。

```
pal1 =sns.light_palette("blue")          # 蓝色自定义顺序调色板, 此处不区分大小写
pal2 =sns.light_palette("#0000FF")       # 同上, 用 HTML 格式表示的蓝色亦可
sns.palplot(pal1)
sns.palplot(pal2)

pal =sns.light_palette("Blues")          # 错误, 参数不能是预定义的配色方案名
```

light_palette() 和 dark_palette() 函数还支持一个特别的参数 as_cmap。有的绘图函数使用的不是调色板，而是 cmap 颜色映射。例如下面的代码，先通过 as_cmap = True 参数创建一个 Colormap 类型的对象，再在等高线图中指定 cmap = gmap，这样实现了自定义的 cmap，可见中心数据密集区域是亮的颜色，边缘数据稀疏区域是很淡的颜色。

```
tips = sns.load_dataset(' tips' )
gmap = sns.light_palette("#FF00FF", as_cmap＝True)   # as_cmap＝True 表示创建 Colormap 对象
sns.kdeplot(tips.total_bill, tips.tip, cmap＝gmap)       # 等高线图要使用 cmap 类型,不能用 palette
print(type(gmap))        # 输出信息 matplotlib.colors.LinearSegmentedColormap, 图略
```

一般调色板 palette 只规定了数种颜色,cmap 内部的数据结构比较复杂,可以对应很多的颜色,其目的是将某个数值区间映射为不同的颜色。

以上代码也可直接使用预定义的顺序型调色板,会被自动转为 cmap 类使用。此处的cmap 参数不能直接使用某个颜色名或 HTML 颜色值。

```
sns.kdeplot(tips.total_bill, tips.tip, cmap＝"Blues")        # 正确,使用已有的 Blues 调色板
sns.kdeplot(tips.total_bill, tips.tip, cmap＝"#FF00FF")      # 错误,不能用 html 颜色值
sns.kdeplot(tips.total_bill, tips.tip, cmap＝"blue")         # 错误,blue 不是已有的调色板名
```

(三) 发散型调色板

当数据集的低值和高值都很重要,且数据集有明确定义的中心点时,可选择使用发散型调色板。此类调色板的中间颜色最淡(深),向两端颜色逐渐加深(变浅),两端的颜色具有相似的亮度和饱和度。例如,使用此类调色板可以很好地展示温度相对于基准温度的上升或下降。

1. 预定义发散型调色板

BrBG、RdBu、coolwarm 是常用的发散型调色板。

```
sns.palplot(sns.color_palette("BrBG", 7))        # 发散型调色板,颜色数一般为奇数,图 7-56
sns.palplot(sns.color_palette("RdBu", 7))        # 图略
sns.palplot(sns.color_palette("RdBu_r", 7))
sns.palplot(sns.color_palette("coolwarm", 7))
```

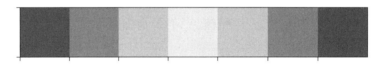

图 7－56　发散型调色板(BrBG)

```
area ＝pd.DataFrame({' area' :list(' ABCDE' ), ' value' :np.arange(10, 15)})
sns.barplot(x＝' area' , y＝' value' , data＝area, palette＝ "RdBu_r")        # 图略,使用发散型色板
```

上面的代码模拟展示 5 个区域的某种指标对比,以中间区域 C 为基准,中间的条形颜色最淡,逐步向两端扩散加深。

2. 自定义发散型调色板

使用 diverging_palette()命令可创建自定义的发散型调色板。

```
sns.palplot(sns.diverging_palette(h_neg=220, h_pos=20, n=7))        # 自定义发散型调色板
sns.palplot(sns.diverging_palette(h_neg=10, h_pos=30, n=9, center='dark'))  # center 中心是暗色
```

命令中的 h_neg 和 h_pos 参数是起始和终止颜色值,范围[0,359]。n 是颜色数,center='dark' 可指定中心的颜色是暗色。

Seaborn 同样提供了一个小工具帮助用户生成自定义发散型调色板。在 jupyter notebook 中运行下面一行代码,会出现一个小控件允许调整各种参数,所做的改变都存在 divpal 调色板对象中。

```
divpal = sns.choose_diverging_palette()        # 利用小工具自定义发散型调色板
```

二、set_context 设置上下文参数

Seaborn 除了前文介绍的主题设置,还有一个 set_context()函数用于设置绘图的上下文参数,可设置的参数值只有 4 个:notebook、paper、talk 和 poster,代码示例如下。

```
sns.set_context()              # 省略参数时默认上下文是 notebook
sns.set_context("talk")        # 设为 talk,文字和线条默认是 notebook 的 1.3 倍
sns.set_context("poster")      # 设为 poster,文字和线条默认是 notebook 的 1.6 倍
```

这些参数可以影响轴上的刻度标签、轴标签、线条等图形元素的大小,但不会影响整体主题样式。默认参数是"notebook",当设置为"paper"、"talk"和"poster"参数时,其文本大小和线条粗细默认是 notebook 状态下的 0.8 倍、1.3 倍和 1.6 倍。每次执行 sns.set_style()切换主题时,上下文参数会自动恢复为默认值 notebook。在设置参数时还可一并设置其他选项,代码如下所示。

```
sns.set_context("notebook", font_scale=1.1, rc={"lines.linewidth":2.5})  # 字体 1.1 倍,线宽 2.5
```

下面的代码演示了在不同参数下,同样代码所绘制图形的差异。

```
sns.set()                          # 默认 notebook
sns.lineplot([1,2], [3,4], label='y=x')    # 图略
plt.figure()
sns.set_context('poster')          # 图略, 设为 poster, 字体最大, 线条最粗
sns.lineplot([1,2], [3,4], label='y=x')
plt.figure()
sns.set_context('paper')           # 图略, 设为 paper, 字体最小, 线条最细
sns.lineplot([1,2], [3,4], label='y=x')
```

在前文中已出现了多条设置命令,如 set_style()、set_palette()和 set_context(),这些命令都可以统一到 sns.set()命令中,代码如下所示。

```
sns.set_style("ticks")             # 选择主题
sns.set_palette('Set2')            # 选择调色板
sns.set_context("notebook")        # 选择文本参数
```

```
sns.set(style="ticks", context="notebook", palette="Set2")    # 效果同上面三条指令
```

三、FacetGrid 多子图命令

前面介绍了 sns 的绘图命令分为 figure-level 图级和 axes-level 轴级。例如，sns.catplot()
和 sns.relplot()都是图级函数，绘图时设置 col 和 row 参数可以生成多行多列子图。函数执行
后的返回对象是 FacetGrid 类型，该类型专为多子图结构而设计。Seaborn 提供了 FacetGrid()
函数用于生成该类型对象，以方便灵活地生成多子图。

例如，如果我们想绘制 tips 数据中的 total_bill 和 tip 的双变量密度分布，并且希望能按 smoker
和 time 划分子类。kdeplot()是一个轴级函数，不支持 row 和 col 参数。catplot()和 relplot()都不能调用
kdeplot()，其 kind 参数没有支持密度函数的选项，此时就可借助 FacetGrid()命令来完成，代码如下。

```
tips = sns.load_dataset("tips")
g = sns.FacetGrid(data=tips, col="time", row="smoker", height=3)    # 生成一个 FacetGrid 对象 g
g.map(sns.kdeplot, ' total_bill ', ' tip ')    # g.map 调用 kdeplot, 在子图内绘制密度曲线, 图 7-57
```

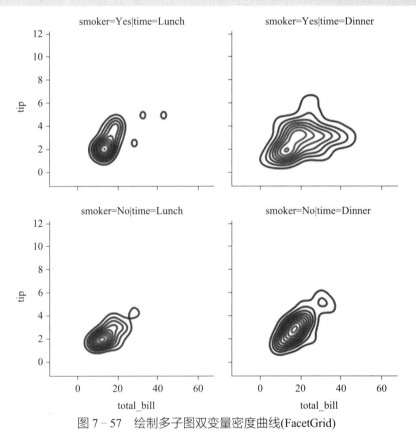

图 7–57　绘制多子图双变量密度曲线(FacetGrid)

代码 g=sns.FacetGrid(data=tips, col="time", row="smoker")生成了 FacetGrid 对象 g，注
意在生成时就应指定 data、col 和 row 参数。对象 g 按 col 和 row 参数的值自动完成了 2 行 2

列的子图布局,但此时子图还是空白的。下一步通过 g.map(sns.kdeplot,' total_bill',' tip')指定在每个子图中调用 kdeplot 函数,同时设定' total_bill' 和' tip' 为两个参数列,这样就完成了多子图双变量密度曲线图。

与此类似,还可以调用熟悉的 plt 函数,调用时还支持传递原 plt 中的部分参数,代码如下所示。

```
g =sns.FacetGrid(data=tips, col="time", row="smoker", height=3, aspect=1.2)
g.map(plt.hist, "total_bill", bins=10, color="r")                    # plt.hist 直方图,图略

g =sns.FacetGrid(data=tips, col="time", row="smoker", height=3)      # 应重新生成新的 g
g.map(plt.scatter, "total_bill", "tip", edgecolor="w", alpha=0.8, color='g')  # 散点图,图略
```

注意 g.map(绘图函数)中的函数必须是 axes-level 轴级函数或 plt 绘图函数,不能是 axes-figure 级函数。

在前文中,读者可能已经发现一直没有介绍 Seaborn 如何绘制饼图。Seaborn 的作者认为饼图应用场合有限,并不是一种有效的图形。例如,数据[11, 12, 13, 14]如果绘制为饼图,人眼对扇形并不敏感,很难区分各扇形比例大小,因此 Seaborn 不支持饼图绘制,也无法通过 g.map(plt.pie)的方式绘制饼图。

四、heatmap( )热力图

热力图用于将一个矩阵的各数据值映射为不同的颜色,以色块的形式呈现出来,便于快速区分矩阵中数据的相对大小。例如,下面的代码将鸢尾花数据集中 4 个数值列的相关系数矩阵以热力图形式展示出来。

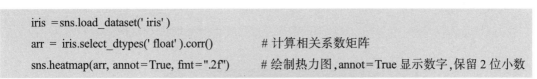

```
iris =sns.load_dataset(' iris' )
arr = iris.select_dtypes(' float' ).corr()       # 计算相关系数矩阵
sns.heatmap(arr, annot=True, fmt=".2f")          # 绘制热力图,annot=True 显示数字,保留 2 位小数
```

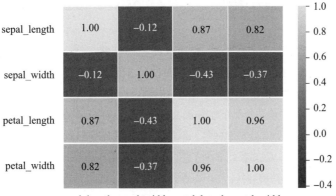

图 7-58　鸢尾花相关系数矩阵热力图

图 7-58 将数值用不同深浅颜色的色块表示出来。其中右侧的颜色条是浅色对应较大值,深色对应较小值,对角线上相关系数为 1,颜色最浅,然后 petal_length 和 petal_width 列的相关系数 0.96 较高,颜色也较浅,有一些相关系数为负,颜色最深。

我们还可使用"Blues"顺序型调色板,这种调色板的暗色对应大数值,浅色对应小数值,同时增加色块之间的白色分隔线,显示效果更美观,如图 7-59 所示。

```
sns.heatmap(arr, annot=True, fmt=".2f", linewidths=.5, cmap="Blues") # 图 7-59, 设定线宽和 cmap
```

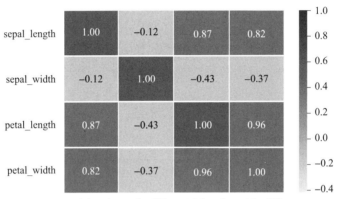

图 7‒59　鸢尾花相关系数矩阵热力图(指定线宽和 cmap)

下面的代码是用自定义的发散型 cmap 来映射热力图。

```
plt.figure(figsize = (6, 4))
x = np.arange(25).reshape(5, 5)                    # 二维数组
gmap = sns.diverging_palette(20,200,as_cmap=True)  # 创建发散型 cmap
sns.heatmap(x, cmap=gmap, annot=True)              # 绘制热力图,图略
```

≫ 本章小结

本章介绍了 Seaborn 统计数据可视化。 Seaborn 是 Matplotlib 的补充与改进,与 DataFrame 数据框紧密集成,只需指定列名和数据集就可自动完成数据分类、计数和均值统计及绘图的功能。

主要绘图命令分为 figure-level 图级命令和 axes-level 轴级命令。 图级命令的 x 和 y 参数值必须是字符串列名,data 参数必须是 DataFrame 类型。 图级命令支持 col 和 row 参数,可以生成多行多列子图,绘制后返回 FacetGrid 对象。 轴级命令的 x 和 y 参数值可以是字符串列名,也可以是列表或数组,data 参数不是必需的。 轴级命令绘图后返回 AxesSubplot 对象,可获取这些对象再配合 plt 命令对图形进一步修饰。

分类绘图命令 catplot()通过设置 kind 参数绘制不同的图形。 kind=' strip' 是 strip 型散点图,对应 stripplot()。 kind='swarm' 是 swarm 型散点图,对应 swarmplot()。 kind='box' 是箱线图，对应 boxplot()。 kind='boxen' 是增强型箱线图，对应 boxenplot()。 kind='violin' 是小提琴图，对应 violinplot()。 kind='point' 是点图，对应 pointplot()。 kind='bar' 是条形图，对应 barplot()。

relplot()命令中，kind='scatter' 是散点图，对应 scatterplot()。 kind='line' 是折线图，对应 lineplot()。

distplot()和 kdeplot()绘制单、双变量分布图，jointplot()绘制联合分布图，pairplot()绘制数据集交叉散点图。 regplot()和 lmplot()绘制回归分析图。

Seaborn 还支持主题和上下文参数设置，内含 5 种默认主题。

Seaborn 内含 140 余种调色板配色方案。 调色板分为分类型、顺序型和发散型。

FacetGird()可生成多子图对象，利用 g.map(绘图函数)的形式将绘图函数映射到子图内。 heatmap()可绘制热力图。

》习题

1. Seaborn 绘图库相比 Matplotlib 有哪些特点？

2. Seaborn 绘图命令主要分哪两类？ 其中图级函数可支持哪些针对多子图的特别参数？

3. 简述 catplot()命令所支持的 kind 参数。

4. sns 中绘制单/双变量分布的函数有哪些？

5. 加载数据集 sns.load_dataset('flights')，该表包含年份、月份、乘客数，练习 Seaborn 的各种绘图命令。

6. 读取配套文件 gapminderDataFiveYear.csv，文件包含国家、年份、人口数、洲际、人均预期寿命和人均 GDP，练习 Seaborn 的各种绘图命令。

7. 加载数据集 sns.load_dataset('diamonds')，该表包含 carat(克拉:钻石重量)、cut(切割等级)、color(颜色)、clarity(纯度)、depth(深度)、table(宽度)、price(价格)、xyz (三个维度值) 字段，练习 Seaborn 的各种绘图命令。

8. 读取配套文件 penguins.csv，该表包含企鹅类别、岛屿、喙长、喙深、鳍长、体重和性别字段，练习 Seaborn 的各种绘图命令。

9. 简述调色板的类型。

10. 在同一幅图上绘制 $y=\sin(x)$、$y=\cos(x)$、$y=2x$, $y=x**2$ 的函数曲线，逐一用 5 种主题样式显示，再逐一用系统自带的 6 个默认分类调色板显示。

即测即评

第8章

Pyecharts 交互可视化库

学习目标

- ⊙ 理解 Pyecharts 的原理。
- ⊙ 了解在 Pyecharts 官网查询各种命令配置参数。
- ⊙ 掌握常用的柱状图、饼图、散点图等图形的绘制方法。
- ⊙ 掌握一些新颖图形的绘制方法。
- ⊙ 掌握地图的绘制方法。

本章的主要知识结构如图 8-1 所示。

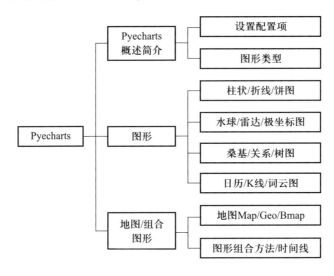

图 8-1 本章知识结构图

我们访问网站时会看到大量绚丽的网页,展示了各种精美绝伦的图形效果,随着用户鼠标点击和移动这些图形还会交互变化。本书前文介绍的方法生成的都是静态图片,Matplotlib 支持一定的交互功能,但编码复杂且效果有限。网页中的图形特效一般是由 JavaScript(简称 JS)脚本完成的,浏览器提供展示平台,脚本完成控制和特效功能。目前可视化库的发展趋势是将数据融入网页中呈现,图形不再由可视化库直接生成,而是由浏览器渲染生成。

Echarts 是百度开源的 JavaScript 可视化库,在其官网的实例栏目中展示了很多精美的图形。直接使用 Echarts 对用户要求较高,用户需要掌握网页制作和 JS 技术。Python 适合数据处理,Echarts 适合交互可视化,两者结合就产生了 Pyecharts 库。使用该库时,不要求用户必须掌握网页和 JS 技术。当然,如果用户有一定的前端网页知识会更容易理解各种设置选项。Anaconda 平台未包含 Pyecharts,须执行如下命令安装。

```
pip  install  pyecharts
```

第 1 节　Pyecharts 简介

一、Pyecharts 概述

（一）绘图原理

Pyecharts 的绘图原理及命令完全不同于 Matplotlib,数据从 Python 传递到网页中,必须在 Jupyter Notebook 这类支持浏览器的开发环境中才能查看图形。本章代码推荐在 Jupyter Notebook 中运行。下面来看一个简单的柱状图示例。

```
from pyecharts.charts import Bar      # 引入 Bar
x = ["衬衫", "羊毛衫", "西裤"]
y1 = [65, 50, 66];   y2 = [75, 80, 56]

bar = Bar()                           # 创建柱状图对象 bar
bar.add_xaxis(x)                      # 添加 x 轴数据
bar.add_yaxis("商家 A", y1)            # 第一组 y 值,"商家 A"序列名(图例),即便为空也不可省略
bar.add_yaxis("商家 B", y2)            # 第二组 y 值
bar.render_notebook()                 # 指定在 notebook 中渲染显示,图 8-2
```

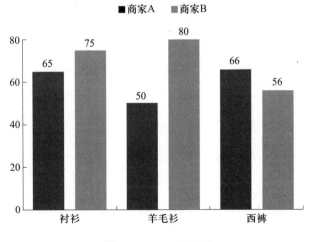

图 8-2　Bar 示例图

　　在上面的代码中,先创建了一个柱状图对象 Bar,然后加入一个 x 轴数据列表和两个 y 轴数据列表,最后调用 bar.render_notebook()命令在 notebook 中显示图形。在图 8-2 中,鼠标移动时会显示 tooltip 提示框,框中显示数据序列名和数据值。单击图例部分的"商家 A"或"商家 B"可以隐藏或显示数据序列,如图 8-3 所示,"商家 B"被隐藏了,同时"商家 A"的柱形宽度自动扩大。这个例子体现了 Pyecharts 的交互性。事实上,这里生成的不是静态图片,而是包含 JS 脚本的网页,利用脚本才能动态变换图形。

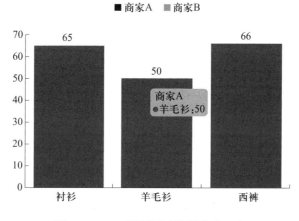

图 8-3　Bar 示例图(隐藏商家 B)

　　图形可以在 notebook 中显示,也可以生成网页文件后再显示,将代码段最后一句修改如下。

```
#bar.render_notebook()          # 注释该行
bar.render("D:/bar1.html")      # render()生成网页,如文件名为空则默认网页名为 render.html
```

　　命令 bar.render("D:/bar1.html")在 D 盘根目录生成网页文件 bar1.html,双击该文件将打开浏览器显示,效果和图 8-2 一致。若查看该网页的源代码,可看到文件头部包含一行代码"<script type = "text/javascript" src = "https://assets.pyecharts.org/assets/echarts.min.js"></script>",其中 echarts.min.js 是网页渲染时需要获取的脚本文件。在源代码中还可以看到数据和各种设置项基本都被包装为 JSON 对象,Pyecharts 作图的原理就是将 Python 数据和各种图形设置视为 JSON 对象,包装在网页中,然后由浏览器渲染呈现。

　　(二) 代码格式

　　Pyecharts 官方示例的代码格式有几种典型写法。例如,上面的柱状图代码还可写为如下形式。

```
from pyecharts.charts import Bar
x = ["衬衫", "羊毛衫", "西裤"]
y1 = [65, 50, 66]
y2 = [75, 80, 56]
bar = Bar().add_xaxis(x).add_yaxis("商家 A", y1).add_yaxis("商家 B", y2)    # 链式写法
bar.render_notebook()                                                    # 在 notebook 中显示
```

上面的"Bar().方法().方法()"的写法被称为链式语法,先利用"Bar()"创建一个对象,然后将各种方法串成长链连续调用。链式写法是各类网页开发中常见的写法,Pyecharts 从 v1.0 版开始支持这种写法。

有时方法中的参数较多,一行容纳不下可拆分为多行,格式如下所示。

```
bar =(Bar()                              # 链式写法,拆分为多行
    .add_xaxis(xaxis_data=x)             # 本例写出了完整的形式参数名
    .add_yaxis(series_name="商家 A", y_axis=y1)      # series_name 序列名,必需的参数
    .add_yaxis(series_name="商家 B", y_axis=y2)
    )                                    # 外面加括号,解决分行书写时的缩进问题
bar.render_notebook()                    # 图略
```

代码中 series_name 参数是必需的参数,显示为图例,即使为空白字符串也不可省略。Pyecharts 的官方示例大多采用上面的链式分行格式。注意注释中标明的加括号处,括号将相关语句都包裹在内,这样就不会报告 indent 缩进错误。代码前面创建了 bar 对象,如果后续对此对象无须做其他操作,那么这个对象可以不显式生成,代码可简写为:

```
(Bar()                                   # 对比上例,此处省略了显式的赋值对象 bar
.add_xaxis(xaxis_data=x)
.add_yaxis(series_name="商家 A", y_axis=y1)
.add_yaxis(series_name="商家 B", y_axis=y2)
.render_notebook()                       # 该行在括号内/外均可
)                                        # 加括号解决分行时的缩进问题,图略
```

本章后续主要采用如上所示的两种代码格式。

(三) 版本区分

Pyecharts 有三种主要版本:V0.5、V1.x 和 V2.x 版,V0.5 版与另外两种版本完全不兼容,本章代码在 V1.9.1 和 V2.0 版上调试通过。V1.x 版要求 Python 应为 3.6 及以上版本。读者在参考网上示例代码时一定要注意区分 Pyecharts 的版本,区分方法如下。

```
from pyecharts import Bar        # 如直接从 pyecharts 引入绘图函数则为旧版 V0.5,本书不支持
from pyecharts.charts import Bar # 如从 pyecharts.charts 引入绘图函数则为新版 V1.x 或 V2.x
```

目前已不使用 V0.5 版本,其 V1.x 版本代码迭代也较快,不同版本的代码有少许的不兼容。例如,V1.8 中的参数名"yaxis_data"在 V1.9 中就改为"y_axis",读者机器上安装的如果不是新版,可能存在个别不兼容的情况。

(四) 作图步骤

Pyecharts 作图的基本步骤可概括为如下 5 步。

(1) 准备数据。Pyecharts 不同于 Seaborn 库,其本身不具备统计数据的功能,因此作图前要先处理好数据,例如自行统计数据的频次、频率,分类汇总计算等。Pyecharts 仅支持 Python 原生数据类型,如 int、float、列表、元组和字典,不支持 Numpy 数组,也不支持 Pandas 的

Series 和 DataFrame。Numpy 数组在绘图前应自行转换为列表。按软件设计者的说法,这样使得 Pyecharts 内部不依赖于 Numpy 和 Pandas 这两个重量级的包,使整个库轻量化。

```
from pyecharts.charts import Bar
import numpy as np
x = ["衬衫", "羊毛衫", "西裤"]
arr = np.array( [65, 50, 66] )                          # 测试能否直接使用 np 数组
#Bar().add_xaxis(x).add_yaxis("A", arr).render_notebook()     # 错误,不支持 np 数组,无图形输出
Bar().add_xaxis(x).add_yaxis("A", arr.tolist()).render_notebook()# 正确,arr.tolist()转为列表,图略
```

注意,当使用 np 数组时不会直接报错,但也没有任何图形输出。

（2）创建图形对象。根据要绘制的图形,先导入合适的图形类型,再创建该对象。

```
from pyecharts.charts import Bar, Pie, Map, Radar     # 导入柱状图、饼图、地图、雷达图
bar = Bar()                                           # 显式创建对象 bar
Pie()                                                 # 隐式创建,没有明确赋值给某个变量
```

（3）添加数据。在已创建的图形对象上添加数据,不同的图形对象添加方法有差异。

```
from pyecharts.charts import Bar, Pie                 # 柱状图、饼图
Bar().add_xaxis([' A ',' B ',' C ']).add_yaxis("", [10, 8, 11]) .render_notebook()   # 柱状图添加数据,图略

# 下面代码置于一个新的 notebook 单元格中,以避免冲掉上行代码绘制的柱状图
Pie().add("", [("a",12), ("b", 13), ("c", 8), ("d", 10)]).render_notebook()         # 饼图添加数据,图略
```

代码中柱状图需要二维数据,用 add_xaxis()和 add_yaxis()分别添加 x 轴和 y 轴数据。饼图仅需一维数据,只需用 add()方法添加一个列表,列表内的元素应为"(名称,值)"这样的元组对。

（4）设置图形配置项。按官网说法,Pyecharts 中一切皆为 options 配置项。

（5）渲染生成图形。用 render_notebook()或 render()生成网页图形。注意:notebook 单元格中 render_notebook()语句之后不应再有其他语句,否则后续语句的执行会覆盖前面的图形输出。

二、设置配置项

上一小节绘制了简单的柱状图,下面添加一些基本配置,例如标题、自定义颜色等。

```
from pyecharts.charts import Bar
import pyecharts.options as opts                       # 引入 opts 配置模块 (重要)
x = ["衬衫", "羊毛衫", "西裤"]
y1 = [65, 50, 66]
y2 = [75, 80, 56]
```

```
(Bar(init_opts=opts.InitOpts(width="400px", height="300px"))        # 初始设置: 图形宽度/高度
.add_xaxis(x)
    .add_yaxis("商家 A", y1, color='#A4353E')                         # color :柱体颜色
    .add_yaxis("商家 B", y2, color='#43530F')
    # 全局配置:主标题、副标题、主标题链接、工具箱(含图片下载、切换为折线/柱形)
    .set_global_opts(title_opts=opts.TitleOpts(title="主标题(链接)", subtitle="副标题",
                                        title_link="https://pyecharts.org" ),
        toolbox_opts=opts.ToolboxOpts(feature={"saveAsImage": {},
                            "magicType":{"type":["line","bar"]} }),
        )
# 系列配置
.set_series_opts(label_opts=opts.LabelOpts(is_show=False))          # is_show=False 不显示标注数值
    ).render_notebook()                                             # 图 8-4
```

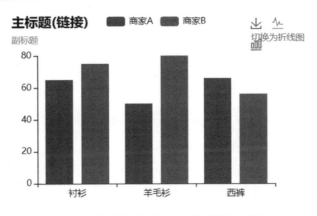

图 8-4　柱状图 (设置主、副标题和工具箱)

图 8-4 设置了图形主标题和副标题,主标题上还设置了跳转到 Pyecharts 官网的链接。图形右上角设置了"保存为图片""切换为折线图"和"切换为柱状图"三个工具按钮,切换效果如图 8-5 所示。两类柱体还分别设置了颜色,屏蔽了柱体上默认显示的标注数值。

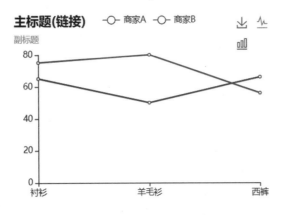

图 8-5　柱状图切换为折线图

上面的代码演示了 Pyecharts 的一些配置项设置方法。要了解众多的选项参数,主要是查看在线文档并学习官网给出的 200 余个示例。Pyecharts 没有离线文档,所有文档都需在线访问官网,网站页面如图 8-6 所示。该库是我国开发的软件库,中文支持良好。

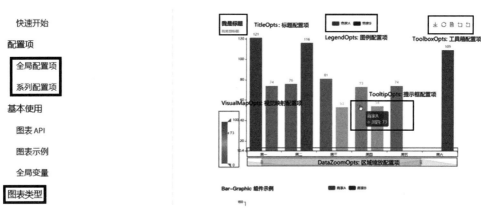

图 8－6　pyecharts 官网配置项页面

Pyecharts 配置项主要分为全局配置项、系列配置项和各类图表配置项。配置时先导入配置项工具 pyecharts.options 并命名为 opts,代码如下所示。

```
import pyecharts.options as opts        # 引入 options 配置模块并命名为 opts
```

配置方法有如下几种形式。

(一) 利用 set_global_opts()方法设置全局配置项

在官网上点击图 8-6 中的“全局配置项”,再点击“TitleOpts:标题配置项”,如图 8-7 所示。常用的全局配置项有:TitleOpts 标题、DataZoomOpts 区域缩放、VisualMapOpts 视觉映射、AxisOpts 坐标轴、LegendOpts 图例和 TooltipOpts 提示框等,图形默认显示图例和提示框信息。

- TitleOpts: 标题配置项

- DataZoomOpts: 区域缩放配置项

- LegendOpts: 图例配置项

- VisualMapOpts: 视觉映射配置项

- TooltipOpts: 提示框配置项

- AxisLineOpts: 坐标轴轴线配置项

- AxisTickOpts: 坐标轴刻度配置项

- AxisPointerOpts: 坐标轴指示器配置项

- AxisOpts: 坐标轴配置项

TitleOpts: 标题配置项

class pyecharts.options.TitleOpts

```
class TitleOpts(
    # 主标题文本, 支持使用 \n 换行。
    title: Optional[str] = None,

    # 主标题跳转 URL 链接
    title_link: Optional[str] = None,
```

图 8－7　TitleOpts 标题配置项

配置项按类组织,每个类中包含若干项目,设置各项目的语法非常有规律,如下所示。

> 小写的类名_opts = opts.类名(项目=值, 项目=值, …)

类名是按大驼峰式写法(每个单词首字母大写)命名的,设置选项时类名前面字母全部转小写,再连接上"_opts",例如"TitleOpts"变为"title_opts","TooltipOpts"变为"tooltip_opts"。

在线文档列出了每个项目参数的含义和参数类型,如图 8-7 右侧所示的 title 参数如下。

> title:Optional[str]=None,　# title 主标题, Optional:可选参数, str:参数类型字符串, None:无默认值

利用 set_global_opts()命令完成全局配置,代码如下所示。

```python
from pyecharts.charts import Bar
import pyecharts.options as opts          # 引入 opts 配置模块
(Bar()
.set_global_opts( title_opts=opts.TitleOpts(title="主标题", subtitle="副标题"),
                  toolbox_opts=opts.ToolboxOpts()   # 默认显示所有 14 个工具箱按钮
                  )
).render_notebook()                        # 此段代码将产生一个空坐标轴图形,图略
```

有时参数值不是简单的数据类型,其本身也是一个类,此时可用类似语法进行嵌套设置。例如,要设置标题的文字格式,文字格式也是类,类名为 TextStyleOpts,设置代码如下。参数名和类型均可查询在线文档得到。

```python
(Bar()
.set_global_opts(title_opts=opts.TitleOpts(
                    title="主标题",   # 设置标题格式: 字号、颜色
                    title_textstyle_opts=opts.TextStyleOpts(font_size=30, color="blue")
                    )  #文字格式也是类,用类似语法嵌套设置
                  )
).render_notebook()          # 图略
```

要注意按语法要求所有全局配置项只能写在一条 set_global_opts()命令中,不能因为项目多而拆开写在多条命令中。下面配置中的"主标题"会被后来的配置覆盖,无法显示。

```python
(Bar()
.set_global_opts(title_opts=opts.TitleOpts(title="主标题"))
.set_global_opts(toolbox_opts=opts.ToolboxOpts())   # 错误写法,写了两条 set_global_opts()
).render_notebook()              # 将只显示工具箱,不会显示前一条命令设置的"主标题",图略
```

比较特殊的是由于轴区分 x 轴和 y 轴,因此 AxisOpts 设置时不是对应 axis_opts,而是分别对应 xaxis_opts 和 yaxis_opts。如下所示的代码分别设置了 x 轴和 y 轴的数据范围,由于 min 和 max 是 Python 中的函数名,为避免冲突,此处的参数名为"min_"和"max_"。

```
(Bar()
 .set_global_opts(xaxis_opts＝opts.AxisOpts(name="我是 x 轴", min_=5, max_=20),
                  yaxis_opts＝opts.AxisOpts(name="我是 y 轴", min_=8, max_=100)),) # 注意参数名
).render_notebook()            # 图略
```

（二）利用 set_series_opts()方法设置系列配置项

点击图 8-6 中的"系列配置项"，再点击"LabelOpts：标签配置项"，如图 8-8 所示。

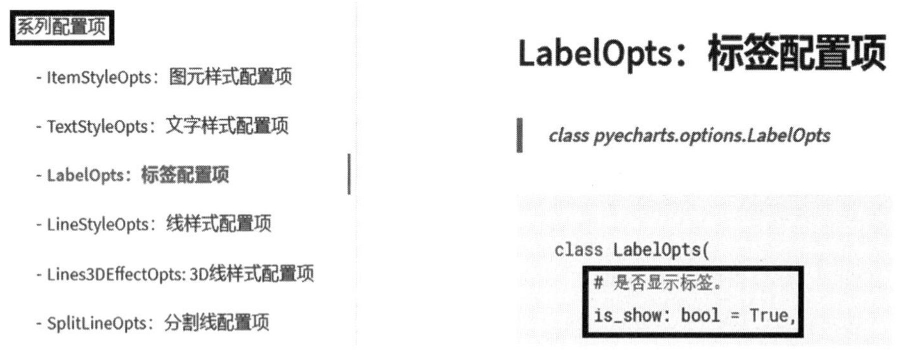

图 8－8　系列配置项页面

系列配置项主要和数据序列有关，利用 set_series_opts()命令设置。例如，Pyecharts 的图形默认都会标注数值，如果不想显示则可设置"is_show＝False"，代码如下所示。

```
from pyecharts.charts import Line                           # 折线图
(Line()
 .add_xaxis(['一月', '二月', '三月'])
 .add_yaxis("A", [10, 8, 11])
 .add_yaxis("B", [5, 6, 7])
 .set_series_opts(label_opts＝opts.LabelOpts(is_show＝False))   # 设置数据序列上不显示数字标注
).render_notebook()                                         # 图略
```

set_series_opts()设置的选项对"A"和"B"两个序列都有效，如果只想影响某一个序列，可将配置项放在 add_yaxis()方法中，代码如下所示。

```
(Line()
 .add_xaxis(['一月', '二月', '三月'])
 .add_yaxis("A", [10, 8, 11], label_opts＝opts.LabelOpts(is_show＝False))   # A 线不显示数值
 .add_yaxis("B", [5, 6, 7])                                  # B 线默认要显示数值
).render_notebook()                                         # 图略
```

（三）添加数据时设置图形配置项

每种图形都有自己独特的配置项，这些配置项一般可在类似 add()这样的方法中设置。在图 8-6 的"图表类型"地理图表中可找到"Map 地图"类型，在其 add()方法中可查询到下

面的参数。

```
from pyecharts.charts import Map      # Map 地图类
(Map()                               # maptype 指定广东地图,data_pair 标注广州市、珠海市
.add("地图示例", data_pair=[("广州市", 100), ("珠海市", 70)], maptype="广东")
).render_notebook()                  # 图略
```

（四）InitOpts 初始化配置项

InitOpts 初始化配置项虽然在网站文档中被归入全局配置项,但不能在 set_global_opts()中设置,只能在创建图形对象时设置,常用于设置图形的宽度、高度(图形默认大小为 900×500 像素)和主题。

```
from pyecharts.charts import Line
(Line(init_opts=opts.InitOpts(width="400px", height="300px", bg_color="#d0d0d0")) # 宽/高,背景色
).render_notebook()                  # 图略
```

初次接触 Pyecharts 会觉得选项繁杂,设置困难。读者要重点抓住全局配置项、系列配置项及各种图形的 add()方法中所列的配置参数。这些选项不需记忆,使用时在线查询即可。另外应重点学习官方网站中的示例。在示例的代码中经常出现 Faker 类,这是 Pyecharts 提供的一个伪数据生成类,包含了一些预定义的类别数据,便于作图演示。

```
from pyecharts.faker import Faker     # Faker 伪数据类
help(Faker)                          # 显示 Faker 帮助信息
```

在帮助信息中显示 Faker 包含了诸如 animal、dogs、cars、drinks、provinces 等十几个类别,每类含 7 个固定的数据,Faker.choose()随机选择一个类别,Faker.values()可产生随机整数值。下面的代码显示了常用的几类演示数据。

```
Faker.animal      # ['河马', '蟒蛇', '老虎', '大象', '兔子', '熊猫', '狮子']
Faker.phones      # ['小米', '三星', '华为', '苹果', '魅族', 'VIVO', 'OPPO']
Faker.provinces   # ['广东', '北京', '上海', '江西', '湖南', '浙江', '江苏']
Faker.choose()    # 随机选择一个类别数据
Faker.values()    # 随机生成含 7 个数据的列表 [149, 128, 144, 128, 62, 107, 116]
```

Pyecharts 内置了十几种主题,选择某个主题就可以整体切换图形的配色风格。在 init_opts 初始化配置中使用 "theme=ThemeType.主题" 语句设置主题。ThemeType 类中定义了 LIGHT、DARK、ROMA 和 WHITE 等主题,使用 help(ThemeType)可查看主题的帮助。

```
from pyecharts.charts import Bar
from pyecharts import options as opts              # opts 配置
from pyecharts.globals import ThemeType            # ThemeType 主题类
from pyecharts.faker import Faker                  # Faker 伪数据类
(Bar(init_opts=opts.InitOpts(theme=ThemeType.LIGHT))  # 设置 LIGHT 主题
    .add_xaxis(Faker.choose())                     # 随机选择某类数据
```

```
        .add_yaxis("", Faker.values())                        # 随机构造含 7 个数据的列表
        .set_global_opts(title_opts＝opts.TitleOpts(title＝"主题和伪数据演示"))
    ).render_notebook()                                        # 图略
```

三、图形类型

Pyecharts 支持的图形类型非常丰富,表 8-1 按字母顺序列出了所有的图形类型。

表 8－1　Pyecharts 图形类型表

类型名	说明	类型名	说明
BMap	百度地图	Bar	柱状图/条形图
Bar3D	3D 柱状图	Boxplot	箱形图
Calendar	日历图	Candlestick	股票 K 线图
EffectScatter	涟漪散点图	Funnel	漏斗图
Gauge	仪表盘	Geo	地理坐标
Graph	关系图	Graphic	图形组件
Grid	组合组件	Heatmap	热力图
Image	图片	Line	折线图
Line3D	3D 折线图	Liquid	水球图
Map	地图	Map3D	3D 地图
MapGlobe	Globe 地图	Overlap	层叠组件
Page	页面组件	Parallel	平行坐标系
PictorialBar	象形柱图	Pie	饼图
Polar	极坐标图	Radar	雷达图
Sankey	桑基图	Scatter	散点图
Scatter3D	3D 散点图	Sunburst	旭日图
Surface3D	3D 曲面	Tab	分页组件
Table	表格组件	Theme	主题组件
ThemeRiver	主题河流图	Timeline	时间线组件
Tree	树图	Treemap	映射树图
WordCloud	词云图		

创建图形对象前需先从 pyecharts.charts 中引入该图形类。

```
from pyecharts.charts import Bar, Map, Liquid, Radar    # 引入柱状图、地图、水球图和雷达图
```

本章会介绍一些常用及比较新颖的图形类型,最后介绍地图类型。

第 2 节　常见图形类型

一、柱状图和折线图

柱状图和折线图是最常见的图形,二者都需要 x 轴和 y 轴数据,在图 8-5 中演示了两者可以切换。柱状图常分为簇状图和堆叠图,例如图 8-2 中添加了 2 个 y 轴序列,就产生了簇状图。如果两个数据序列设置了同样的 stack 参数,就上下堆叠,如图 8-9 所示。

```
from pyecharts.charts import Bar
from pyecharts import options as opts                        # opts 配置
x = ["衬衫", "羊毛衫", "西裤"];   y1 = [65, 50, 66];   y2 = [75, 80, 56]
(Bar(init_opts＝opts.InitOpts(width＝"600px", height＝"400px"))
.add_xaxis(x)
.add_yaxis("商家 A", y1, stack＝"s")         # 两个 y 序列设置了一样的 stack 值"s",产生堆叠
.add_yaxis("商家 B", y2, stack＝"s", category_gap＝"60%")       # category_gap 柱间距离
.set_series_opts(label_opts＝opts.LabelOpts(position＝"right"))     # 标注数字在右侧显示
).render_notebook()                                          # 图 8-9
```

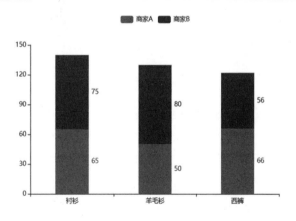

图 8-9　堆叠柱状图(stack 参数值相同)

通过 reversal_axis()命令可以将柱状图变为水平条形图,如图 8-10 所示。

231

```
(Bar(init_opts=opts.InitOpts(width="600px", height="400px"))
.add_xaxis(x)
.add_yaxis("商家 A", y1)
.add_yaxis("商家 B", y2, category_gap="60%")          # category_gap 柱间距离
.reversal_axis()                                       # 交换 x/y 轴,变为水平条形图
.set_series_opts(label_opts=opts.LabelOpts(position="right"))
).render_notebook()                                    # 图 8-10
```

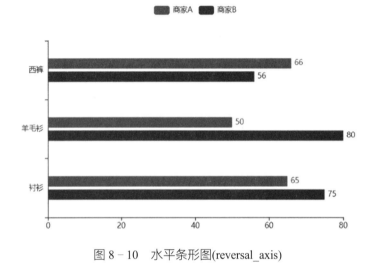

图 8－10　水平条形图(reversal_axis)

当数据条目较多时,可增加 DataZoomOpts 区域缩放。在图 8-11 的下部有一个缩放部件,可以用鼠标拖动选择查看某段日期内的数据。

```
from pyecharts.globals import ThemeType                    # 主题类
from pyecharts.faker import Faker                          # Faker 伪数据类
(Bar(init_opts=opts.InitOpts(theme=ThemeType.WALDEN))      # 设置主题为 WALDEN
.add_xaxis(Faker.days_attrs)                               # Faker 中的天数(共 30 天)
.add_yaxis("", Faker.days_values)                          # 对应的 30 个数据值
.set_global_opts(datazoom_opts=opts.DataZoomOpts(),        # 增加区域缩放(默认在图形下部)
        title_opts=opts.TitleOpts(title="区域缩放演示"),)
).render_notebook()                                        # 图 8-11
```

缩放区默认在图形底部水平的位置,如果写为 opts.DataZoomOpts(type_="inside", orient="vertical")则可将缩放区设置在图形内部的垂直位置。这样在图形内移动鼠标滚轮时,y 轴数据范围随之变化,只显示 y 值在此范围内的柱形。以上参数请参阅在线文档"全局配置项/DataZoomOpts 配置项"。

图形中可自行添加一些标记点或线,Pyecharts 预定义了"min/max/average"这三类标记,可以自动在图形上标记最小值、最大值和均值,如图 8-12 所示。

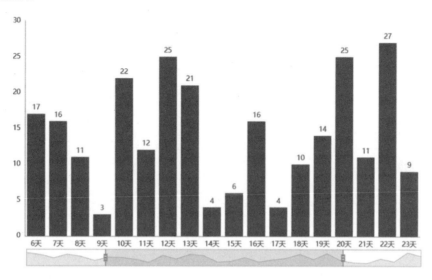

图 8－11　柱状图(区域缩放 DataZoomOpts)

```
from pyecharts.charts import Line
import pyecharts.options as opts
x = ["Mon", "Tue", "Wed", "Thu", "Fri", "Sat", "Sun"]
y = [120, 432, 480, 334, 450, 230, 320]
(Line()
.add_xaxis(xaxis_data=x)
.add_yaxis("A", y_axis=y, label_opts=opts.LabelOpts(is_show=False))         # 不显示标注数值
.set_global_opts(tooltip_opts=opts.TooltipOpts(is_show=False),             # 不显示 tooltip 框
                # y 轴显示水平网格线
                yaxis_opts=opts.AxisOpts(splitline_opts=opts.SplitLineOpts(is_show=True)),
                # 工具箱按钮:保存为图片、切换为折线图、切换为柱状图
                    toolbox_opts=opts.ToolboxOpts(feature={"saveAsImage": {},
                                                "magicType":{"type":["line","bar"]} }),
                )
.set_series_opts(markpoint_opts=opts.MarkPointOpts(                        # 标记点
                data=[ opts.MarkPointItem(type_='min', name="最低点"),   # min/max 两点
                opts.MarkPointItem(type_='max', name="最高点") ]),
                # 平均值标记线: 注意 "type_"参数名末尾字符是"_"
    markline_opts=opts.MarkLineOpts(data=[opts.MarkLineItem(type_='average', name="平均线")])
            )
).render_notebook()                                                        # 图 8-12
```

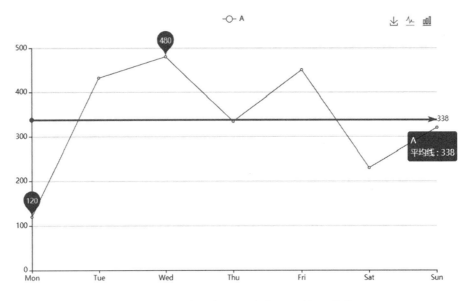

图 8 - 12 折线图(标记最大值/最小值/平均线)

官网上给出了几十个柱状图和折线图示例,阅读这些代码读者可以快速了解常用配置项。

二、饼图

饼图用于展示一维数据序列中各数据的比例关系。Pyecharts 除了提供普通饼图,还提供圆环饼图和玫瑰饼图(南丁格尔图),饼图的数据应是形如[("A", 20), ("B", 30), ("C", 25)]这样的元组对。

```python
from pyecharts.charts import Pie          # 饼图
import pyecharts.options as opts
from pyecharts.faker import Faker
import random
random.seed(7)          # 设定随机种子,保证程序每次执行时产生的随机值不变,图形不变
data = [(item, value) for item, value in zip(Faker.dogs, Faker.values())]   # 构造元组对数据
(Pie().add("", data_pair=data,          # {b} 数据项, {c}数值 {d}百分比
          label_opts=opts.LabelOpts(formatter="{b}-{c}   {d}%", font_size=16),
                radius="60%")          # 半径取图形宽度/高度中较小值的 60%
).render_notebook()          # 图 8-13
```

饼图外侧默认只显示数据项名称,不显示数值和百分比。查询在线文档"系列配置项/LabelOpts 标签配置项",其中解释了 formatter 参数可使用的各种预定义格式符,不同图形的格式符含义不同。对于饼图而言,"{a}"对应系列图例名称,"{b}"对应数据项名称,"{c}"对应数值,"{d}"对应百分比,所以设置如上面的代码 formatter="{b}-{c} {d}%"。

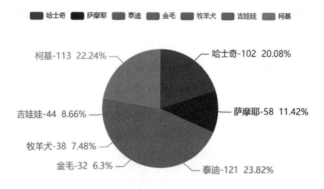

图 8－13　饼图(设置外侧标签项)

除了普通饼图,还可以设置圆环饼图,将上面代码修改如下,显示如图 8-14 所示。

```
random.seed(7)
data = [(item, value)  for  item, value in zip(Faker.dogs, Faker.values())]
(Pie().add("", data_pair＝data,
label_opts＝opts.LabelOpts(formatter＝"{b}-{c}    {d}%", font_size＝16),
radius＝["55%", "70%"])          # 内半径 55%,外半径 70%,产生圆环效果
).render_notebook()              # 图 8－14
```

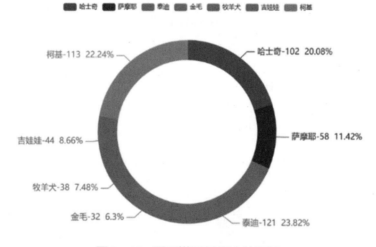

图 8－14　圆环饼图(设置内外半径)

如果在 add()方法中增加 rosetype 参数,则生成南丁格尔玫瑰饼图,通过圆心角和半径变化来对比数据。rosetype 可设置两种参数值,rosetype＝"area"时如图 8-15 所示,详见代码中注释。

```
random.seed(7)
data = [(item, value) for  item, value in zip(Faker.dogs, Faker.values())]
(Pie().add("", data_pair＝data,
```

```
                    label_opts=opts.LabelOpts(formatter="{b}-{c} "),
             rosetype="area")            # area 型所有扇区圆心角相同,仅通过半径展现数据大小
      ).render_notebook()                 # 图 8-15
```

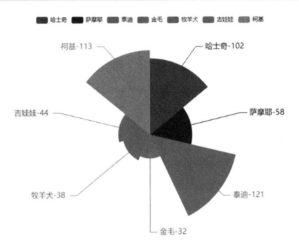

图 8-15　玫瑰饼图(area 型)

rosetype="radius"时如图 8-16 所示,具体含义见下面的代码注释。

```
random.seed(7)
data = [(item, value) for   item, value in zip(Faker.dogs, Faker.values()) ]
data.sort(key=lambda x : x[1])      # x[1]是元组中的数值,按数值排序,绘图时半径将逐渐增大
(Pie().add("", data_pair=data,
            label_opts=opts.LabelOpts(formatter="{b}-{d}%"),
            rosetype="radius")     # radius 型扇区圆心角展现数据百分比,半径展现数据大小
).render_notebook()                 # 图 8-16
```

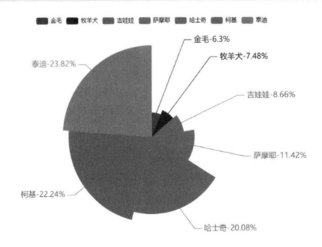

图 8-16　玫瑰饼图(radius 型)

三、散点图

散点图需要二维数据,可自定义散点符号类型,图8-17 演示了相关配置项。

```
from pyecharts.charts import Scatter                          # 散点图
import pyecharts.options as opts
import random
random.seed(7)
x = sorted([random.randint(0, 30)   for k in range(10)])      # 随机产生10个点(x, y)
y = [random.randint(0, 15)   for k in range(10)]
(Scatter().add_xaxis(xaxis_data=x)
.add_yaxis("",   y_axis=y, symbol="pin", symbol_size=20 )     #散点符号类型 pin、大小
.set_global_opts(xaxis_opts=opts.AxisOpts( type_="value",    # value 表示 x 轴数据是数值、非类目
                    axistick_opts=opts.AxisTickOpts(is_show=False),   # 不显示刻度线
                    splitline_opts=opts.SplitLineOpts(is_show=True)),   # 垂直网格线
                yaxis_opts=opts.AxisOpts(
                    axistick_opts=opts.AxisTickOpts(is_show=False),   # 不显示刻度线
                    splitline_opts=opts.SplitLineOpts(is_show=True)),   # 水平网格线
                tooltip_opts=opts.TooltipOpts(formatter="{c}",   # {c}提示框内同时显示 x/y 值
                            trigger="item", axis_pointer_type="cross"),   # cross 十字线
                )
).render_notebook()                                          # 图 8-17
```

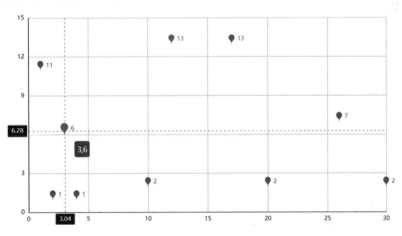

图 8-17　散点图

x 轴的配置项 type_="value"很重要。系统默认 x 轴是 category 类目轴,非数值数据。假定提供 x=[4, 3, 4, 1],这些数据会被视为类似字符串的类目,x 轴上就按"4　3　4　1"的顺

序显示,这显然是不对的。因此一定要设置 type_ = "value",表示 x 轴数据应按数值来作图。y 轴数据默认按数值理解,所以不用设置此项。trigger = "item"表示鼠标移到点上才触发提示框,此为默认值;另一种触发方式是 trigger = "axis",表示鼠标移到轴上才触发。

在线文档"图表类型/直角坐标系图表/Scatter 散点图"中可以查询散点图的配置参数。例如,散点的标记符号 symbol 可以取值为 circle、rect、roundRect、diamond、pin 和 arrow 等。

四、保存图片和本地查看示例

(一)将图形保存为图片

Pyecharts 负责生成网页,但不能直接生成图形,图形必须经过浏览器渲染才能生成,Pyecharts 没有直接另存为图片的方法。要将图形保存为图片文件,一种方法可以配置"保存为图片"工具箱,在浏览器中生成图片后再保存。另一种方法是配置所谓的 headless 无头浏览器驱动程序,调用驱动在后台渲染生成图片,然后再用特别的命令存为图片。在生成图片时并不会弹出浏览器窗口,因此称为 headless。官方文档"进阶话题/渲染图片"中有介绍,步骤如下:

(1)安装 snapshot-selenium 包。

pip install snapshot-selenium

(2)配置浏览器驱动程序。

以 Chrome 为例,选择浏览器菜单项"帮助/关于 Google Chrome",弹出窗口中显示浏览器版本。访问相关网站,下载对应版本的 chrome_win32.zip。该网址没有给出 Win64 程序,用 Win32 程序亦可。chrome_win32.zip 和 chrome 浏览器版本一定要配套,有时 chrome 会自动升级,导致旧的已配置好的 chromedriver 失效。

将解压得到的 chromedriver.exe 拷贝到 chrome 的安装目录中。例如"C:\Program Files (x86)\Google\Chrome\Application",然后将此目录路径添加到系统的 PATH 环境变量中。配置后,重新启动 Jupyter Notebook 以启用新的 PATH 路径。如果用户不会配置 PATH,将 chromedriver.exe 复制到保存代码的.ipynb 文件所在的目录亦可。

将网页图形直接存为图片的代码如下。

```
from pyecharts.charts import Bar
from snapshot_selenium import snapshot            # 使用 snapshot-selenium 渲染图片
from pyecharts.render import make_snapshot        # 导入输出图片的工具


bar = Bar().add_xaxis(["衬衫", "羊毛衫", "西裤"]).add_yaxis("商家 A", [65, 50, 66])
# chromedriver.exe 放在当前目录下亦可
make_snapshot(snapshot, bar.render(), "d:/pic1.png")    # 保存图片,pic1.png 是静态的
```

（二）配置在本地查看示例程序

Pyecharts 官网提供了很多示例，但需要联网查看，有时速度会较慢。我们可以从 github 官网下载 pyecharts-gallery-master.zip（本章资源包已含此文件），该文件包含了所有的示例。将压缩文件解压到某个目录，例如 D:\pye，然后在命令行窗口中切换到 D:\pye 目录，执行下面的命令启动 Web 服务器以查看示例。

python　-m　http.server　8000

http.server 是 Python 自带的简易 Web 服务器，无须安装。上面的命令将在本地启动 Web 服务，然后在浏览器中输入 http://localhost:8000 即可在本地查看示例。示例中的网页是以网站的相对路径形式组织的，如果不以网站形式而以本地文件形式访问，则关联的网页路径不正确，示例的图形无法显示。

第 3 节　新颖的图形一

一、水球图和仪表盘

（一）水球图

水球图用于展示单个百分比数字，球内的水纹呈动态波动，非常漂亮。

```
from pyecharts.charts import Liquid                                          # 水球 Liquid
Liquid().add("", [0.7, 0.4, 0.2], color=["green", "blue", "pink"]).render_notebook()    # 图 8-18
```

图 8-18　水球图(circle)

水球图用一组从大到小的数值定义了一系列的水位高度，color 参数定义每种波浪的颜色。水球的默认外形是 circle，还可以设置为 rect、roundRect、triangle、diamond、pin 和 arrow 等。水球图还允许以 SVG 的格式定义水球外形，详见官网说明。

```
Liquid().add("", [1.2, 0.4], shape="arrow").render_notebook()              # 图 8-19, arrow 外形
```

图 8－19　水球图(arrow)

（二）仪表盘

仪表盘是模拟用转速盘展示数字。

```
import pyecharts.options as opts
from pyecharts.charts import Gauge                          # 仪表盘
(Gauge().add(series_name="本期任务", data_pair=[("完成率", 30)])
     .set_global_opts(tooltip_opts=opts.TooltipOpts(formatter="{a} <br/> {b} : {c}% "))
).render_notebook()                                         # 图 8-20
```

图 8－20　仪表盘

　　仪表盘的数据应以"(名, 值)"对的形式给出,还设置了 tooltip 信息框的内容和格式。查询在线文档可知,{a}对应序列名,{b}对应名称,{c}对应值。其中的"
"是 HTML 中的换行符,这样生成的网页中 tooltip 框内的文字分两行显示。

　　下面代码中提供了两个数据,默认显示第 1 个数据。"split_number=5"将仪表盘分为 5大段(每 20 一段),默认是 10 个段。"title_label_opts"定义了文字格式,将文字放大,用蓝色微软雅黑字体显示。"axisline_opts"参数设置了仪表盘上 30%、70% 及 100% 各段的颜色,"width"定义圆环仪表条的宽度。这些示例都是官网给出的例子,读者在学习时应多看示例,多看在线文档。

```
(Gauge().add("", [("基础知识", 80), ("数据分析", 40)], split_number=5,                 # 两个数据
         title_label_opts=opts.LabelOpts(font_size=40, color="blue", font_family="Microsoft YaHei"),
         axisline_opts=opts.AxisLineOpts(linestyle_opts=opts.LineStyleOpts(
             color=[(0.3, "#67E0E3"), (0.7, "#37A2DA"), (1, "#FD666D")], width=30))
     )
).render_notebook()                                                                  # 图 8-21
```

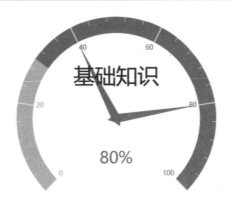

图 8-21　仪表盘(自定义颜色及文字格式)

二、雷达图和极坐标图

(一) 雷达图

很多数据是有多个维度的,例如游戏中的角色有多个属性,可以用雷达图清晰地对比两个角色。

```
import pyecharts.options as opts
from pyecharts.charts import Radar                 # Radar 雷达图
v1 = [(80, 150, 60, 120, 100, 70)]
v2 = [(60, 110, 88, 150, 90, 90)]
(Radar().add_schema(schema=[opts.RadarIndicatorItem(name="生命力", max_=100, min_=0),
                            opts.RadarIndicatorItem(name="武力值", max_=200),
                            opts.RadarIndicatorItem(name="防御力", max_=100),
                            opts.RadarIndicatorItem(name="体力值", max_=200),
                            opts.RadarIndicatorItem(name="敏捷度", max_=100),
                            opts.RadarIndicatorItem(name="魔法力", max_=100) ],
             splitarea_opt=opts.SplitAreaOpts(areastyle_opts=opts.AreaStyleOpts(opacity=1)),
             textstyle_opts=opts.TextStyleOpts(color="black", font_size=16), )
     .add("角色 1", data=v1, linestyle_opts=opts.LineStyleOpts(color="red"))
     .add("角色 2", data=v2, linestyle_opts=opts.LineStyleOpts(color="blue"))
```

```
.set_series_opts(label_opts=opts.LabelOpts(is_show=False))
).render_notebook()                          # 图 8-22
```

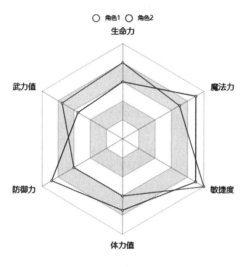

图 8-22　游戏角色雷达图

雷达图需要使用 add_schema() 命令定义各个数据属性。属性可定义"name"名称、"max_"维度最大值和"min_"维度最小值(默认值为 0)。"splitarea_opt"定义显示灰色区块,"textstyle_opts"定义外侧文字的颜色和字号,最后使用 add() 方法添加了两个数据,分别定义为红色和蓝色线条。

每个数据序列可包含多组数据,例如下面的代码中每个序列含 2 组数据,这样雷达图上会显示多根线条,如图 8-23 所示。

```
from pyecharts.charts import Radar
value_bj = [ (55, 9, 56, 0.46, 18, 6), (25, 11, 21, 0.65, 34, 9)]    # 一个序列可含多组数据
value_sh = [(91, 45, 125, 0.82, 34, 23), (65, 27, 78, 0.86, 45, 29)]
csm = [ {"name": "AQI", "max": 100, "min": 5},                        # 定义属性
          {"name": "PM2.5", "max": 150, "min": 20},
          {"name": "PM10", "max": 200, "min": 5},
             {"name": "CO", "max": 5,"min":0},
             {"name": "NO2", "max": 200} ]
    (Radar()
.add_schema(schema= csm, shape="circle",                             # 形状为 circle
             textstyle_opts=opts.TextStyleOpts(color="black", font_size=16))
.add("北京空气质量", value_bj, color="blue")
    .add("上海空气质量", value_sh, color="green")
.set_series_opts(label_opts=opts.LabelOpts(is_show=False))           # 不显示标注数值
).render_notebook()                                                 # 图 8-23
```

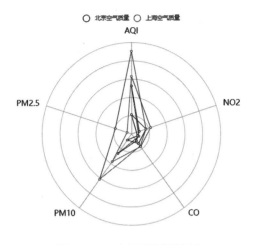

图 8－23 空气质量雷达图

（二）极坐标图

在数学中我们知道直角坐标系和极坐标系可以互换。数学中的极坐标一般是(ρ, θ)的形式，ρ 是极径，θ 是极角。Pyecharts 的极坐标图可以有多种理解方式。例如，有数据 data＝[(1, 13), (2, 38)…(5, 90)]，每个数据是(x, y)的形式。画极坐标图时，以最外圈的逆时针方向的弧长对应 y 值，相当于 y 轴，不同圆圈的半径对应 x 值，得到图 8-24。

```
from pyecharts import options as opts
from pyecharts.charts import Polar              # 极坐标
data＝[(1, 13), (2, 38), (3, 49), (4, 61), (5, 90)]
(Polar().add("极坐标",    data,
        type_="effectScatter",                  # 类型:波纹动态散点
        effect_opts=opts.EffectOpts(scale=20, period=2)) # scale 大小, period 值越小波动越明显
).render_notebook()                             # 图 8-24
```

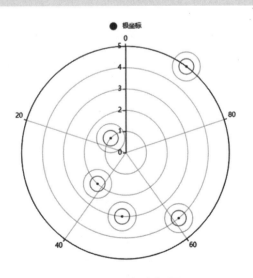

图 8－24 极坐标图

图 8-24 画的是数值型的极坐标图。如果数据是类目型，也可以画极坐标图，如图 8-25 所示，这个图可视为柱状图的变形，代码如下所示。

```
from pyecharts.charts import Polar
week = (' 周一', ' 周二', ' 周三', ' 周四', ' 周五')
values = (20, 36, 40, 50, 30)
(Polar()
    .add_schema(radiusaxis_opts=opts.RadiusAxisOpts(data=week, type_="category"), # 类目型
                angleaxis_opts=opts.AngleAxisOpts(is_clockwise=True, max_=100)) # 顺时针方向
    .add("极坐标类目", data=values, type_="bar")          # 指定"bar"柱体
).render_notebook()                                      # 图 8-25
```

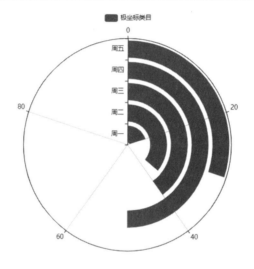

图 8-25　极坐标图(category 类目)

在 add_schema()中"type_="category""表示类目轴，适用于离散的类目数据。

在 add()方法中"type_"参数的取值可以为 scatter、line 和 bar。

三、漏斗图和桑基图

(一) 漏斗图

漏斗图用于展示流程中各个连续环节之间的业务数据量变化。漏斗图的各环节应从上到下，有逻辑上的顺序关系。每个环节用一个倒梯形表示，倒梯形上底宽度表示当前环节的输入情况，倒梯形下底宽度表示当前环节的输出情况，上底与下底的差值表现了在当前环节业务的减小量。用户可借此识别流程中业务数据量变化最大的环节，这个环节可能就是最值得改进之处。

例如，一个在线教育类的网站，其业务流程大致分为：访客、注册、咨询、意向下单和成功签单，收集了各环节的业务量数据后作图如下。

```
from pyecharts.charts import Funnel                               # 漏斗图
data = [("访客", 16000), ("注册", 6000), ("咨询", 3000), ("意向下单", 1200), ("成功签单", 500)]
Funnel().add("", data, sort_=' descending' ).render_notebook()    # 图 8-26，默认降序排列
```

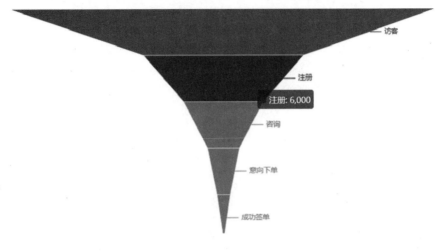

图 8-26　漏斗图

上面代码中"sort_=' descending' "表示降序排列，如改为' ascending' 则表示升序排列，漏斗尖朝上。Pyecharts 是一个新库，某些功能还不完善，在这个漏斗图中无法指定最上方图例的顺序，也无法将每个环节业务量的百分比变化显示出来。

（二）桑基图

桑基图又名桑基能量分流图，其得名是因为最初绘制这个图的人是 Riall Sankey。它是由分支和结点构成的数据流量图，图中分支的宽度对应数据流量的大小，主支的数据量应等于分支数据量之和，数据从开始到结束都应保持总量不变。这种图用于形象展示数据在各个结点间的流动，同时根据分支宽度易于判别数据量大小。下面是一个"手机品牌—性别—年龄段"的调查数据，用桑基图展示出来如图 8-27 所示。

```
from pyecharts import options as opts
from pyecharts.charts import Sankey                               # 桑基图
nodes = [ {"name": "苹果"},    {"namc": "华为"},    {"name": "小米"},    # 定义结点
          {"name": "男"},    {"name": "女"},
          {"name": "年龄 40 以上"},    {"name": "年龄 25-40"},    {"name": "年龄 25 以下"}]
links = [ {"source": "苹果", "target": "男", "value": 100},           # 定义分支或边
          {"source": "苹果", "target": "女", "value": 120},
          {"source": "华为", "target": "男", "value": 150},
          {"source": "华为", "target": "女", "value": 50},
          {"source": "小米", "target": "男", "value": 40},
          {"source": "小米", "target": "女", "value": 55},
          {"source": "男", "target": "年龄 40 以上", "value": 80},
          {"source": "男", "target": "年龄 25-40", "value": 150},
```

```
            {"source": "男", "target": "年龄 25 以下", "value": 60},
            {"source": "女", "target": "年龄 40 以上", "value": 60},
            {"source": "女", "target": "年龄 25-40", "value": 125},
            {"source": "女", "target": "年龄 25 以下", "value": 40}]

(Sankey().add("Sankey 手机品牌-性别-年龄段调查", nodes=nodes, links=links, # 加入结点和分支
        pos_top="10%",                      # 距窗口顶端的位置
              # opacity:不透明度，  curve:曲线曲度，  "source"分支采用源头结点的颜色
        linestyle_opt=opts.LineStyleOpts(opacity=0.4, curve=0.5, color="source"),
        label_opts=opts.LabelOpts(position="left", font_size=16))
).render_notebook()                         # 图 8-27
```

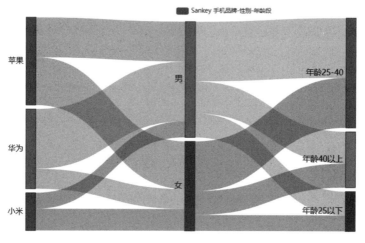

图 8-27　桑基图

　　桑基图需要按固定格式定义结点和分支,分支必须按"{源,目标,值}"的字典形式定义。按图形原理,各结点数量之和应不变,所以用户的绘图数据应满足从"手机"端流入"性别"端的数据之和等于"性别"端流出到"年龄"端的数据之和。从图 8-27 可以看出,华为手机的男性用户较多,苹果手机的男、女用户数差别不大,小米手机的女性用户较多,整个调查中男性人数多一些,年龄在(25,40)区间的人最多。

第 4 节　新颖的图形二

一、关系图和树图

(一) 关系图

关系图用于展示结点之间的任意联系。制作关系图时,首先按固定格式定义结点,结

点还可以定义类目(category)和是否允许拖动(draggable)等属性,然后定义结点之间的边
(links),每条边可赋予权重 value,最后通过 Graph().add()方法添加结点、边和类目即可绘制
关系图。

以下代码中,A 和 B 结点属于"type1"类型,设置了允许拖动。C、D 和 E 结点属于
"type2"类型。repulsion 参数表示结点间的斥力,值越大则结点距离越远。

```python
from pyecharts import options as opts
from pyecharts.charts import Graph                                      # 关系图
nodes = [{"name": "A", "symbolSize": 10, "category": "type1","draggable": "True"},    # 可拖动
    {"name": "B", "symbolSize": 30,"category": "type1","draggable": "True"},
    {"name": "C", "symbolSize": 20,"category": "type2"},
    {"name": "D", "symbolSize": 35,"category": "type2"},
    {"name": "E", "symbolSize": 20,"category": "type2"},]

links = [{'source' : 'A', 'target' : 'B','value' :1},    {'source' : 'A', 'target' : 'D','value' :2},
    {'source' : 'B', 'target' : 'C'},    {'source' : 'B', 'target' : 'E' }, {'source' : 'B', 'target' : 'D' },
    {'source' : 'C', 'target' : 'D' },{'source' : 'D', 'target' : 'E' } ]
categories = [{"name":' type1' }, {"name":' type2' }]             # 结点类目
Graph().add("Graph 示例", nodes, links, categories, repulsion=5000).render_notebook()   # 图 8-28
```

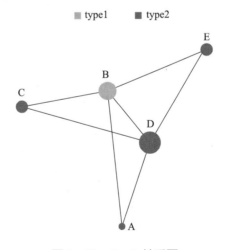

图 8 – 28　Graph 关系图

要注意,关系图的图形不是固定的,每次运行时结点出现的位置会有所不同,但结点之
间的边不会改变。

关系图适合展示结点间的复杂联系。在官网中有一个展示微博用户之间联系的示
例,各结点及边已定义为 JSON 文件,作图时读取文件,可制作如图 8-29 所示的复杂关
系图。

```
import json
from pyecharts import options as opts
from pyecharts.charts import Graph
with open("data/weibo.json",  encoding="utf-8") as f:          # weibo.json 随书提供
    j = json.load(f)                                           # 读取文件,得到列表 j
    nodes, links, categories, cont, mid, userl = j            # 含 870 个点,2809 条边,80 个类目
(Graph().add("",  nodes,  links,
        categories,      repulsion=50,
        linestyle_opts=opts.LineStyleOpts(curve=0.2),          # curve 线条曲度
        label_opts=opts.LabelOpts(is_show=False))
        .set_global_opts(legend_opts=opts.LegendOpts(is_show=False))   # 不显示图例
).render_notebook()                                            # 图 8-29
```

图 8-29　微博用户关系图

(二) 树图

树图用于展示层次数据,由根结点到子结点依次展开。结点需定义"name",有子结点时则需定义"children"。层次结点是嵌套定义的,注意结尾处的"}]"符号应层次匹配。本书为节省空间,将多个结尾符号密集写在一起,实际编程时为明确层次关系,结尾符号应分行排列。

```
from pyecharts import options as opts
from pyecharts.charts import Tree          # 树图
data = [
    { "name": "A",
```

```
            "children": [
                {"name": "B"},
                {"name": "C", "children": [{"name": "E"}, {"name": "F"}]},
                    {"name": "D", "children": [{"name": "G", "children":[{"name":"H"}]} ]},
                ]
        }]

(Tree().add("", data, symbol_size=15, symbol="emptycircle",       # 符号大小,符号类型
            orient="LR",   # 方向,取值可为: 'LR' 左右, 'RL' 右左, 'TB' 上下, 'BT' 下上
            layout="orthogonal")     # 默认值。如改为 radial 则由中心向外发散(图 8-31)
).render_notebook()                  # 图 8-30
```

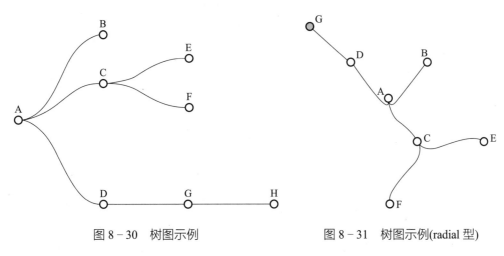

图 8-30　树图示例　　　　　　　　图 8-31　树图示例(radial 型)

　　点击结点可折叠或展开树图,折叠的结点用灰色小圆圈表示。复杂的树形关系嵌套层次很多,一般将层次定义存储为 JSON 文件。官网上有一个"tree_right_left"示例,读取 flare.json 文件,展示了一个多层次密集的树图。

二、日历图和旭日图

(一) 日历图
　　日历图用于按日期展示数据。如网站每天的访问量、每天完成的任务数、每天学习的时间等。下面是模拟展示"2021 年上半年微信每日步数"的代码。

```
import datetime, random
from pyecharts import options as opts
from pyecharts.charts import Calendar                      # 日历图
d1 = datetime.date(2021, 1, 1)
```

```
d2 = datetime.date(2021, 6, 30)
# 列表生成式模拟产生每日步数, 格式为 [(' 2021-01-01' , 1200), …, (' 2021-06-30' , 18205)]
data＝[(str(d1 + datetime.timedelta(x)), random.randint(10, 20000))  for x in range((d2 - d1).days + 1)]
(Calendar()
        .add("", data, calendar_opts＝opts.CalendarOpts(range_＝[' 2021-01-01' , ' 2021-07-31' ],
            daylabel_opts＝opts.CalendarDayLabelOpts(name_map＝"cn"),   # 星期几(中文格式)
            monthlabel_opts＝opts.CalendarMonthLabelOpts(name_map＝"cn")))   # 月份(中文)
    .set_global_opts(
        title_opts＝opts.TitleOpts(title＝"Calendar-2021 年上半年微信每日步数"),
        visualmap_opts＝opts.VisualMapOpts(               # 颜色映射条选项
        max_＝20000,    min_＝0,                        # 映射值的范围
        orient＝"horizontal",                            # 水平显示。默认是 vertical
        is_piecewise＝True,                              # 分段。默认是 False,连续显示
        pos_top＝"230px",    pos_left＝"100px"),          # 映射条距离 顶部/左边 的位置
        tooltip_opts＝opts.TooltipOpts(formatter＝"{c}")  # 设置 tooltip 框显示数据值
        )
).render_notebook()                                      # 图 8-32
```

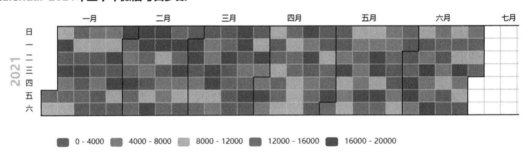

图 8-32　日历图

上面代码展示了每一天的微信步数,通过颜色映射可大致判断数据范围。点击底部的颜色映射段可筛选某段范围的数据。颜色映射条是很有用的组件,详情请查询有关在线文档。

(二) 旭日图

旭日图是一种特殊饼图,因图形类似太阳的日晕而得名。普通饼图只能反映一个层级的比例关系,旭日图可以反映数据多个层级的比例关系。假定电商网站中一级商品分为"食品""电子产品""衣物"三个大类,"食品"又可分为"饮料""酒类"子类,"饮料"又可分为"果汁""可乐",每个类别下可继续细分子类,利用旭日图得到图 8-33。

```
from pyecharts.charts import Sunburst              # 旭日图
from pyecharts import options as opts
data = [ opts.SunburstItem( name="食品", value=20,
                children=[ opts.SunburstItem( name="饮料", value=10,
                        children=[ opts.SunburstItem(name="果汁", value=4),
                            opts.SunburstItem(name="可乐", value=6)],),
                    opts.SunburstItem( name="酒类",   value=10,
                        children=[ opts.SunburstItem(name="白酒", value=4),
                        opts.SunburstItem(name="啤酒", value=4),
                        opts.SunburstItem(name="葡萄酒", value=2),],),],),
        opts.SunburstItem( name="电子产品",   value=40,
                children=[opts.SunburstItem( name="手机", value=25,
                            children=[ opts.SunburstItem(name="华为", value=15),
                                opts.SunburstItem(name="苹果", value=10),] ),
                    opts.SunburstItem(name="电脑", value=15,
                        children=[opts.SunburstItem(name="台式机", value=3),
                            opts.SunburstItem(name="笔记本", value=12),],)],),
        opts.SunburstItem(name="衣物", value=40,
                children=[ opts.SunburstItem(name="男装", value=10),
                    opts.SunburstItem(name="女装", value=18),
                    opts.SunburstItem(name="童装", value=12),],),]

Sunburst().add("",data_pair=data, radius=["10%", "90%"]).render_notebook()      # 图 8-33
```

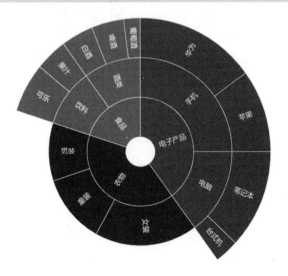

图 8-33　旭日图

旭日图中大类数据的 value 值应等于其下小类数据的 value 值之和,如果数据不匹配,图形将出现错位情况。

三、K 线图和词云图

(一) K 线图

K 线图是典型的股票类图形。股票每日交易后产生当日的开盘价(open)、收盘价(close)、最低价(low)和最高价(high)。利用这 4 个价格可以绘制一个柱体,如果收盘价高于开盘价则为阳柱,用红色显示;如果收盘价低于开盘价则为阴柱,用绿色显示。下面的代码绘制了中国平安这只股票 2019 年全年的日 K 线图。

```
from pyecharts import options as opts
from pyecharts.charts import Kline                          # K 线图
import pandas as pd
df = pd.read_excel(' data/601318.xlsx', index_col=' trade_date')      # 读入股票数据文件
stock = df[[' open', ' close', ' low', ' high']]      # K 线图要求按:open, close, low, high 排列
s = stock.apply(lambda x:x.to_list(), axis=1)      # 将每行转为一个列表,得到一个 Series
data = s.to_list()                                 # 将 Series 再转为列表,得到符合要求的嵌套列表
# data 格式为 [ [56.04, 55.18, 54.94, 56.18], [55.15, 55.68, 55.06, 56.33], …, ]
(Kline()
        .add_xaxis(df.index.to_list())                    # index 转为列表作为 x 轴数据
        .add_yaxis("601318 中国平安-2019 全年 K 线图", data,            # 作图数据
                    itemstyle_opts=opts.ItemStyleOpts(
                        color="#ef232a",                    # 阳柱颜色:红
                            border_color="#ef232a",
                            color0="#14b143",               # 阴柱颜色:绿
                            border_color0="#14b143"))
        .set_global_opts(
            yaxis_opts=opts.AxisOpts(
                is_scale=True,                              # 脱离 0 值, y 轴不需要从 0 值开始显示
                splitarea_opts=opts.SplitAreaOpts(
                    is_show=True,                           # 显示灰色分隔带
                    areastyle_opts=opts.AreaStyleOpts(opacity=1))),      # 不透明度
            datazoom_opts=opts.DataZoomOpts()               # 缩放区域
        )
).render_notebook()                                         # 图 8-34
```

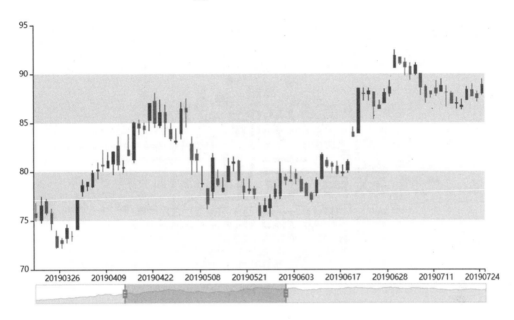

图 8－34　K 线图

图 8-34 底部是缩放区域,可以拖动鼠标调整日期段范围。作图时注意要将 DataFrame 数据框转为列表,前文强调了 Pyecharts 不支持数据框对象。

（二）词云图

词云图是现在媒体上常见的图形,用于突出强调文章中的高频词汇。Pyecharts 的词云图需要先自行统计词频,得到类似[("专业",100), ("学院",50), …,("技术",20)]这样的统计结果,然后再交给 WordCloud 函数绘图。

```
import jieba                              # 引入中文分词库 jieba,需先安装 pip install jieba
from pyecharts.charts import WordCloud    # 词云图
from collections import Counter           # 统计频次的函数
with open(' data/专业设置讨论.txt' ) as f: # 读取素材文件
    s = f.read()
lst = jieba.lcut(s)                       # jieba 分词得到词汇列表
lst = [x for x in lst if len(x)>1]        # 剔除长度为 1 的单字或标点符号
words = Counter(lst)                      # 统计频次,得到类似字典的统计结果

(WordCloud()
.add(series_name="讨论", data_pair=words.most_common(100),    # 取频次排名前 100 的词
    word_size_range=[6, 66], shape=' diamond' ,               # 字号范围,词云图外形
    )
).render_notebook()                       # 图 8-35
```

词云图的外形可选参数有：rect、roundRect、triangle、diamond 和 arrow。这些全局变量都存在 pyecharts.globals 中，用户可以直接打开 Pyecharts 安装目录中的 globals.py 源文件，查看预定义的全局变量。

图 8 – 35　diamond 型词云图

第 5 节　地　　图

地理信息可视化是将与地理位置有关的数据标注在地图上，例如在地图上显示区域人口密度、疫情数据、人口迁移方向和地区经济发展指标等。Pyecharts 地图数据来源于百度公司，百度公司是我国自然资源部审核批准的甲级互联网地图服务商，因此 Pyecharts 的地图是可用可信的。Pyecharts 提供了 Map、Geo 和 BMap 三种地图绘制方式，地图都支持缩放操作。

一、Map

下面代码是绘制 2019 年各省份 GDP 分布图。

```
import pandas as pd
from pyecharts import options as opts
from pyecharts.charts import Map                              # Map 型地图
#在数据文件中只写省份名字, 不用加"省/自治区/直辖市"后缀
```

```
df = pd.read_csv(' data/2019gdp.txt' , sep=' \s+' , encoding=' GBK' )        # 读取配套文件
data = [(pro, value) for pro, value in zip(df.省份, df.GDP)]   # 配对为 [(' 广东' , 107671),…, ] 格式

(Map(init_opts=opts.InitOpts(width="800px", height="500px"))
    .add("",data_pair=data, maptype="china")                          # data 数据,maptype 地图类型
    .set_global_opts(
        title_opts=opts.TitleOpts(title="2019 年各省 GDP 分布图　单位:亿元"),
            visualmap_opts=opts.VisualMapOpts(is_piecewise=True, max_=df[' GDP' ].max()),
            )
).render_notebook()                                                        # 图略
```

上面代码中,data 是形如"[(' 广东' , 107671.07), (' 江苏' , 99631.52),…]"格式的数据,绘制时各省、直辖市、自治区根据 GDP 数值映射为不同的颜色。注意 data 必须含有实际的元组对,不能是空列表。"max_"参数默认最大值 100,此处设置为数据的实际最大值,如不设置将因为超出默认最大值而无法映射。图中明显可见东部沿海省份及广东的颜色对应高数值区域,西北内陆省份的颜色对应低数值区域。省、直辖市、自治区的名称是 Map 地图自带的,提供的 data 数据即使没有该省份,也会显示省份名,当然此时就没有标注红点了。在国家地图上可标注省、市、自治区,省地图上可标注市,市地图上可标注区、县。要注意,Map 地图上可标注对象只能是地图已含有的地区名称,无法自定义,并且要注意 data 中的地区名和地图上的地区名要完全一致。

地图对象最重要的参数是 maptype,使用时须指定为地理信息包中已有的国家、省、自治区或市的名称。各国的中文名称参见安装目录中的 registry.json 文件,在 D:\Anaconda3\Lib\site-packages\echarts_countries_pypkg\resources\registry.json 中。

显示国家地图时,中国要指定为 maptype="china",而其他国家的名称必须用 registry.json 文件中规定的国家中文名称,例如"美国""韩国""英国"等。

```
data= [(' Kansas' ,100), (' Texas' ,105)]                    # 两个美国的州,注意 data 不能为空
Map().add("",data_pair=data, maptype="美国").render_notebook()   # 国家名用中文指定,图略
```

若 maptype="world"可以显示世界地图,若 maptype="china-cities"则显示中国城市地图。

```
Map().add("", [(' China' ,200),(' Russia' ,150)], maptype="world").render_notebook()   #世界地图
```

国外地图只包括国家这个级别,无法显示国外的州、市地图。国内地图包括了省、市级别,在 maptype 中指定即可。注意,只需指定省、市名称,maptype 参数中不用加"省/市/直辖市/自治区"这些后缀。

```
from pyecharts.charts import Map
from pyecharts.faker import Faker                    # 伪数据类
```

```
data = [(item, v) for item, v in zip(Faker.guangdong_city, Faker.values())]   #伪数据含 7 个广东城市
print(data)
( Map() .add(' ', data, maptype='广东')                                        # 广东地图
     .set_global_opts(visualmap_opts=opts.VisualMapOpts(max_=200,
                              pos_top="middle", pos_left="150"))               # 调整颜色条的位置
).render_notebook()                                                           # 图略
```

上面代码利用伪数据类 Faker 得到了广东省的 7 个固定城市名(如广州市、阳江市),然后生成随机值配对。注意 maptype 参数不包含"市"字,而标注城市的名称中应含有"市"字(因为地图上的地区名含有"市"字)。如果标注不成功,需检查地区名称是否匹配。

下面的代码指定 maptype="广州",显示广州市地图。地图中可显示各区的轮廓线,但由于没有更低一级的区级地图,因此不能指定 maptype="天河区"。在 D:\Anaconda3\Lib\site-packages\echarts_china_cities_pypkg\resources\registry.json 文件中规定了可显示的具体城市名。执行 pyecharts. datasets. FILENAMES. keys ( ) 命令查看可用的中国城市 maptype 值。

```
(Map().add("广州市地图",
        data_pair=[("天河区", 50), ("越秀区", 40)],  maptype="广州",
        is_map_symbol_show=False,            # 不显示标记红点
        )
     .set_global_opts(visualmap_opts=opts.VisualMapOpts(), )
).render_notebook()                          # 图略
```

下面的代码是在世界地图上展示 2019 年各国人口数据。

```
from pyecharts.faker import POPULATION      # Pyecharts 自带的 2019 年世界各国人口数据
pop = [ v for country, v in POPULATION[1:]]  # 第 0 行标题行,从第 1 行开始, 取出人口值
low, high = min(pop), max(pop)               # 人口最小/最大值, 以设置颜色映射条范围
(Map().add("World Population", POPULATION[1:], maptype="world",
                is_map_symbol_show=False)         # False 不显示地图上的标记点
     .set_series_opts(label_opts=opts.LabelOpts(is_show=False))    # 不显示国名标签
     .set_global_opts(visualmap_opts=opts.VisualMapOpts(max_=high, min_=low))  # 颜色映射条
).render_notebook()                          # 图略
```

Map 地图只能匹配固定区域,如果想在地图上做任意的点线标记,此时就需使用 Geo 地图。

二、Geo

Geo 地图比 Map 地图功能更强大。Geo 实现了一个地理坐标系,可在两个地理位置间添加标记线,可以利用经纬度向地图中插入自定义标记点。下面代码先定义了几个城市点,然后在城市之间添加标记线,用于展示地区间的物资或信息流动,如货物、人口、资金等。

```
from pyecharts.charts import Geo                          # Geo 地图
from pyecharts.globals import ChartType, SymbolType       # 全局变量: 点的类型、线条箭头的类型
import pyecharts.options as opts
city_num = [('广州', 105), ('成都', 70), ('杭州', 99), ('西安', 80)]
start_end = [('广州', '成都'), ('广州', '杭州'), ('广州', '西安')]
(Geo()
.add_schema(maptype='china',
        #color 地图背景色 ,border_color: 省份间边界线颜色
        itemstyle_opts=opts.ItemStyleOpts(color='#D8BFD8', border_color='#334455'),
        # label_opts=opts.LabelOpts(is_show=True),   # 如为 True 显示省名,默认不显示
        )
#添加点, 点的类型,点的颜色
.add('标记点', data_pair=city_num, type_=ChartType.EFFECT_SCATTER, color='#8A2BE2', )
        # 添加线,线的类型
        .add('标记线', data_pair=start_end, type_=ChartType.LINES,
        linestyle_opts=opts.LineStyleOpts(color='#FF6347', curve=0.2),      # 线条颜色、曲度
        # 修饰箭头的动态效果、箭头颜色、大小
        effect_opts=opts.EffectOpts(symbol=SymbolType.ARROW,   color='blue', symbol_size=8), )
.set_series_opts(label_opts=opts.LabelOpts(is_show=False))
).render_notebook()                  # 图略
```

上述点、线和箭头的类型有多种,可通过 help(ChartType)或 help(SymbolType)命令查看。如设置 type=ChartType.HEATMAP 并添加 visualmap 则变为热力地图。Geo 图上默认不显示省份名称,Map 图则默认显示,可通过 is_show 参数进行调整。两者的方法名也不同,Geo 用 add_schema()添加地图类型,Map 用 add()添加地图类型。

Map 地图上不能打点,Geo 地图可以利用经纬度打点。网上有很多查询经纬度的网站,例如高德地图经纬度查询网站。表示经纬度时,东经为正值,西经为负值,北纬为正值,南纬为负值。

Geo 提供了 add_coordinate()和 add_coordinate_json()两种根据经纬度插入点的方法,后者需要提供 JSON 文件。插入点的示例代码如下。

```
"""json 文件的经纬度坐标数据, 格式如下
    { "华南理工大学": [113.344978, 23.155352],
        "中山大学": [113.298395, 23.096729]
}
"""

from pyecharts.charts import Geo
#数据点 :名称一定要和后面 add_coordinate()方法中的名称一致
data=[("广东金融学院", 100), ("中山大学", 500), ("华南理工大学", 600)]
( Geo()
    .add_schema(maptype="广州",  label_opts=opts.LabelOpts(is_show=True),)
    .add_coordinate("广东金融学院", 113.380696, 23.202551)                # 地名、经度、纬度
    .add_coordinate_json("data/gz_address.json")                # 用 json 文件添加数据点
    .add("广州地图---经纬度自定义点", data, symbol_size = 25,  symbol="pin" )
    .set_series_opts(label_opts=opts.LabelOpts(is_show=False))
    .set_global_opts()   #似有 bug: 如无此句,鼠标移动到点上时显示的是纬度,不是数值
).render_notebook()                        # 图略
```

下面代码展示广东省各市车牌首字母对照图。

```
from pyecharts.charts import Geo
from pyecharts.commons.utils import JsCode        # JsCode 用于嵌入 javascripts 脚本
data=[ ]
with open(' data/广东省车牌对照表.txt' ) as f:        # 各市名称应与地图显示的市名一致
    for  s  in  f:
        x = s.split()
        data.append((x[1], x[0]))                # 格式为 [(' 广州市' , ' A' ), (' 深圳市' , ' B' ), ...]
(Geo()
    .add_schema(maptype="广东", label_opts=opts.LabelOpts(is_show=True))
        .add("广东省各市车牌对照图", data_pair=data, symbol_size=1 )
        .set_series_opts(label_opts=opts.LabelOpts(font_size=16, formatter=JsCode(
                    """
                    function(x){
                        console.log(x.value);
                        return  x.value[2];
                        }
                    """)))
        .set_global_opts()
).render("d:/geo_guangdong.html")                        # 图略
```

上面的代码嵌入了 JavaScript 脚本以便灵活地控制数据内容,所有 JS 代码以多行字符

串的形式嵌入 JsCode 函数中。每个点的 value 值包含了"(经度, 纬度, 车牌)",如果用预定义符号"formatter=' {c}' "显示标签,地图上将显示出多余的经纬度数值,因此将变量 x 传入 JS 函数,返回 x.value[2],这样地图上就只显示车牌字母。为理解数据变化,使用了调试语句 console.log(x.value)。本例特意生成网页,用户在 Chrome 浏览器中按 F12 功能键进入网页调试模式,可以查看控制台输出的 x.value,从而理解数据的结构。

　　Geo 和 Map 只能显示区域轮廓线,如果想显示地图的细节可使用 BMap 百度地图。

三、BMap

　　BMap 是百度公司提供的地图服务接口,使用 BMap 服务需要提供开发者的 AK 码。开发者首先应在百度地图开发平台注册用户。登录后,进入"控制台/应用管理/我的应用",然后"创建应用",应用类型选择"浏览器端",Referer 白名单设置为"＊"号,表示允许所有客户端访问。创建应用后会立即生成一个"访问应用(AK)"码,将此 AK 码替换下面代码中的 AK 码部分。这些应用都可以免费测试。

　　使用 BMap 时 center 参数指定地图的中心经纬度。参数 zoom 指定地图级别,国家级: 5;省级:8;市级:10;街道级:12。一般应生成网页查看地图,在 notebook 中查看效果不佳。下面的代码在地图上标注了三个城市。

```
from pyecharts import options as opts
from pyecharts.charts import BMap                              # 百度地图
data = [(' 杭州' , 50), (' 上海' , 100), ('南京' ,70)]
( BMap()
        .add_schema(baidu_ak="你的 BMap-AK", center=[121.4736, 31.2303],    # 上海经纬度 center
                zoom=8,  )                          # 地图缩放比例,zoom 值越大地图越详细
        .add("",    data, label_opts=opts.LabelOpts(formatter="{b}"), )
        .set_global_opts(title_opts=opts.TitleOpts(title="BMap 示例"))
).render(' d:/Bmap.html' )                                    # 图略
```

以上介绍了 Pyecharts 中主要的三类地图,有兴趣的读者还可尝试一下官网中介绍的 Map3D 和 MapGlobe 这两种地图类型。

第 6 节　图 形 组 合

　　前面介绍的都是单个图形绘制,本节介绍图形组合。它可以将多个图形以不同的方式组合起来,以实现更好的可视化效果。

一、overlap 方法和 Grid 组件

下面的代码先创建一个柱形图 bar 和一个折线图 line,然后将其组合显示。

```
from pyecharts import options as opts
from pyecharts.charts import Bar, Line
from pyecharts.faker import Faker                    # 伪数据类
import random
random.seed(7)
x = Faker.choose()                                   # 随机种子为 7 时,本例取出手机类
y = Faker.values()
bar = (Bar().add_xaxis(x)
        .add_yaxis("商家 A", y, category_gap="60%", color="#9999FF")
            .set_series_opts(label_opts=opts.LabelOpts(is_show=False),) )
line = (Line().add_xaxis(x)
        .add_yaxis("商家 A", y)
        .set_series_opts(linestyle_opts=opts.LineStyleOpts(color="black"),
label_opts=opts.LabelOpts(font_size=16),) )          # 生成 bar 和 line,暂未显示
```

前面讨论过柱形图和折线图其实是类似的,可以利用图形对象自身的 overlap()方法实现图形的重叠显示,如图 8-36 所示,折线图叠加在柱状图上显示。

```
import copy                    # 用于复制对象的模块
bar2 = copy.deepcopy(bar)      # 为避免影响后续的 grid 作图,此处深复制得到新对象 bar2
bar2.overlap(line).render_notebook()          # 图 8-36,在 bar2 上 overlap 叠加 line
```

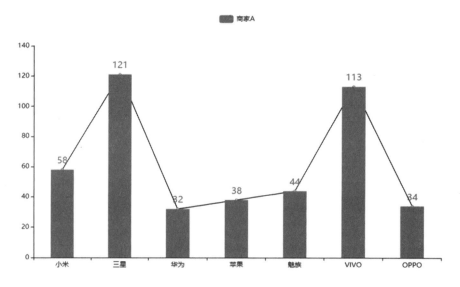

图 8-36　overlap()重叠显示

Pyecharts 有一个 Grid 组件,可用于多图显示的布局安排。

```
from pyecharts.charts import Grid                    # 引入 Grid
grid = (Grid()
    .add(bar, grid_opts=opts.GridOpts(pos_bottom="55%"))    # bar 距底部 55%,在上部 45% 区域绘图
    .add(line, grid_opts=opts.GridOpts(pos_top="55%")))     # line 距顶部 55%,则在下部 45% 区域绘图
grid.render_notebook()                               # 图 8-37
```

上面代码创建了 Grid()组件,通过 add()方法添加单个图形,添加时设定子图距离顶部和底部的百分比,这样形成上下布局,见图 8-37。

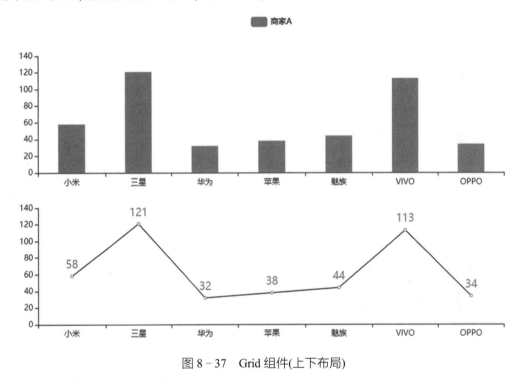

图 8-37　Grid 组件(上下布局)

如果将代码调整为如下格式,设置左右间隔,则形成水平布局。

```
(Grid()
    .add(bar, grid_opts=opts.GridOpts(pos_left="55%"))     # 距左侧 55%,在右侧 45% 区域绘图
    .add(line, grid_opts=opts.GridOpts(pos_right="55%"))   # 距右侧 55%,在左侧 45% 区域绘图
).render_notebook()                                  # 左右两个子图,图略
```

下面这段代码将形成纵向的三个子图布局。

```
line2 = (Line().add_xaxis(x).add_yaxis("商家 A", Faker.values()))    # 创建折线图 line2
(Grid()
    .add(bar, grid_opts=opts.GridOpts(pos_bottom="70%"))     # 在上方 30% 区域绘图
    .add(line, grid_opts=opts.GridOpts(pos_top="40%", pos_bottom="40%"))   # 在中间绘图
```

```
        .add(line2, grid_opts=opts.GridOpts(pos_top="70%"))        # 在下方 30% 区域绘图
    ).render_notebook()                                            # 图略
```

有时我们需要将两种不同量纲的数据绘制在同一张图上对比,例如价格和销售额、蒸发量和温度,此时可用双 y 轴图来展示。下面演示双 y 轴及嵌入图片显示。

```
x = ["一月","二月","三月","四月","五月","六月",""]
price = [8,   9.5,  9,   11, 10.5, 11.5]              # 单价
sales = [500, 480, 600, 450, 520, 690]               # 销量


line1 = (Line().add_xaxis(x)
    .add_yaxis("单价", price, linestyle_opts=opts.LineStyleOpts(color='black'))
    .extend_axis(
        yaxis=opts.AxisOpts(                             # 扩展轴,得到新 y 轴 (序号自动为 1)
            name="销量",   min_=0,    max_=800,          # 轴名,轴范围
            position="right",                            # 显示在右侧
            axislabel_opts=opts.LabelOpts(formatter="{value}件", color='blue'),)  # 自定义刻度标签
        )
    .set_global_opts(yaxis_opts=opts.AxisOpts(is_scale=True, name="单价"),
            title_opts=opts.TitleOpts(title="小龙虾销量和价格走势图", subtitle="2020 年"),
                graphic_opts=[
                    opts.GraphicImage(                       # 嵌入一张图片
                        graphic_item=opts.GraphicItem(id_="logo", right=20, top=20, z=-10,
                            bounding="raw", origin=[75, 75]),    # 图片的位置
                        graphic_imagestyle_opts=opts.GraphicImageStyleOpts(
                            image="data/lobster.jpg",                # 本地图片文件
                            width=150, height=150, opacity=0.7, ),   # 图片宽/高/不透明度
                        )
                    ],)
        )
line2 = Line().add_xaxis(x).add_yaxis("销量", sales, yaxis_index=1
                ,linestyle_opts=opts.LineStyleOpts(color='blue'))  # line2 对应轴序号 1(扩展轴)

line1.overlap(line2).render_notebook()                             # 叠加显示,图 8-38
```

上面代码利用 line1.extend_axis()方法在 line1 上增加了一个 y 轴,序号为 1,原来的 y 轴序号为 0。然后在 line2 中指定 yaxis_index=1,这样 line2 就对应右侧的 y 轴,从而实现了双 y 轴。程序中还利用图片选项 graphic_opts 插入显示了一个本地图片。

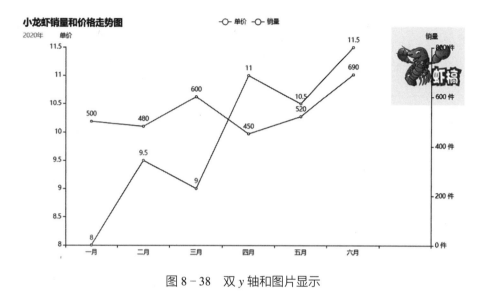

图 8 – 38　双 y 轴和图片显示

二、Page 和 Tab 组件

Page 是一种页面布局组件,通过其 add()方法添加单个图形。下面代码创建了多个图形,逐一添加到 Page 中,网页中各子图从上到下依次排列。代码中还设置了可拖动选项,拖动效果只能在网页中体现,notebook 中无法拖动。

```
from pyecharts.charts import Bar, Liquid, Gauge, Page
bar = (Bar().add_xaxis(["A","B","C"]).add_yaxis("", [10,11,8],category_gap="70%"))
        gauge = Gauge().add("", data_pair=[("完成率", 30)])
page = Page(layout=Page.DraggablePageLayout)  # 网页中各子图可拖动。默认 SimplePageLayout
page.add(bar, gauge)                          # 添加子图
for  shape  in   ["ect","roundRect","triangle","diamond","pin","arrow"]:
    liquid = Liquid().add("", [0.5, 0.3], shape=shape)   # 循环生成 6 种外形的水球图
    page.add(liquid)                          # 添加子图

page.render(' d:/page_layout.html' )          # 图略,在网页中可实现拖动效果
```

Tab 也是一种布局组件,它将多个子图按 Tab 分页形式显示。

```
from pyecharts.charts import Bar, Liquid, Gauge,Tab
bar = (Bar().add_xaxis(["A","B","C"]).add_yaxis("", [10,11,8],category_gap="70%"))
gauge=Gauge().add("", data_pair=[("完成率", 30)])
tab = Tab(page_title="Tab 示例")              # 设置网页的标题
tab.add(bar, tab_name=' bar' )                # 先添加 bar 子图,可指定一个 tab_name
tab.add(gauge, tab_name=' gauge' )            # 再添加 gauge 子图
```

263

```
for  shape  in  ["ect","roundRect","triangle","diamond","pin","arrow"]:
    liquid = Liquid().add("", [0.5, 0.3], shape=shape)
    tab.add(liquid, tab_name="liquid-"+shape)      # 再逐一添加 6 个水球图

tab.render(' d:/tab_layout.html' )                 # 图 8-39,Tab 布局
```

网页中包含 8 个 Tab 标签,每个 Tab 中显示一个子图,这些内容都和网页设计中的布局概念类似。

图 8 - 39　Tab 组件布局

三、Timeline 时间线轮播多图

Timeline 组件也是一种多子图布局组件,可以加入多个子图,自动轮流显示每个子图。

```
from pyecharts import options as opts
from pyecharts.charts import Bar, Timeline              # Timeline 时间线组件
from pyecharts.faker import Faker
x = Faker.choose()
tmline = Timeline()
tmline.add_schema(is_auto_play=True, play_interval=4000)  # True 自动播放,播放间隔(毫秒)
for i in range(2015, 2021):                               # 循环创建了 6 个 bar
    bar = ( Bar().add_xaxis(x)
        .add_yaxis("商家 A", Faker.values())
        .add_yaxis("商家 B", Faker.values())
        .set_global_opts(title_opts=opts.TitleOpts("某商店{}年营业额-时间线轮播".format(i)))
        )
    tmline.add(bar, time_point="{}年".format(i))          # 添加 bar, time_point 轮播条下方的标签
tmline.render("d:/timeline_bar.html")                     # 图 8-40
```

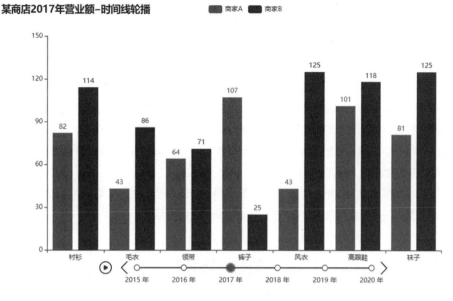

图 8-40　Timeline 时间线轮播组件

　　图 8-40 下方有一个播放条,左侧是控制按钮。网页显示时自动周而复始播放,具体的播放控制参数请查询在线文档 Timeline 组件的 add_schema()方法。

》 本章小结

　　本章介绍了 Pyecharts 可视化库,该库结合了 Python 和 Echarts 的功能,生成网页,然后由浏览器渲染显示图形。 该库只支持 Python 原生数据类型,如列表、元组和字典,不支持 Numpy 数组。 Pyecharts 偏重于可视化效果,缺少统计分析功能,不直接支持直方图、核密度估计图等统计图形。 其库中包含了 40 余种图形类型和组件,使用时主要借助在线文档配置各类选项。

》 习题

1. 简述 Pyecharts 绘图原理。

2. 列举出 10 种 Pyecharts 支持的图形类型或组件。

3. 玫瑰饼图有哪两种类型？ 有何区别？ 将你每个月的消费大致分类,绘制饼图展示。

4. 地图中的 Map 和 Geo 图有何区别？

5. 在地图上标注你的中学和大学的位置。

6. 绘制中国平安 2019 年日 K 线图,数据见配套文件 601318_2019.csv。

7. 在同一幅图上采用双 y 轴绘制中国平安和上证指数(shindex_2019.csv)的 2019 年 K 线图。

注：Pyechart 绘图前一般需自行完成相应的汇总统计工作。

8. 按[day, sex]分组统计 Seaborn 中的 tips 数据集的账单笔数，利用统计结果绘制旭日图。

9. 查询一篇讨论 Python 可视化工具的文章，将其保存下来制作词云图。

10. 配套资源包中有酒楼菜品消费记录文件 jiulou.xls，统计销售金额最高的 10 个菜式，绘制水平条形图。 表中的"bigtype"字段是菜品大类编号，按大类编号统计每个大类的销售金额，绘制饼图。

11. 配套资源包中有足球比赛数据文件 football.csv，统计所有比赛的胜率，绘制胜率最高的 7 个国家的对比柱状图。 然后只统计 tournament 字段为' FIFA World Cup' （世界杯正赛）的记录，绘制各届世界杯总进球数对比折线图。

12. 生成 10 个[0,1]间的随机小数，前 5 个数字用水球图展示，后 5 个数字用仪表盘展示，将这 10 个子图组织为 2011—2020 年间的时间线图(Timeline)进行轮播展示。

即测即评

第9章

Plotly 交互可视化库

（◉）学习目标

⊙ 了解 Plotly 库是一种动态交互图形库，学会在 Plotly 官网查询各种文档和绘图示例。

⊙ 了解众多的图形类型和模板的配置。

⊙ 掌握常用的散点图、柱状图和饼图。

⊙ 掌握一些新式图形的绘制方法。

⊙ 了解 Plotly 中的统计类图形和地图的绘制方法。

本章的知识结构如图 9-1 所示。

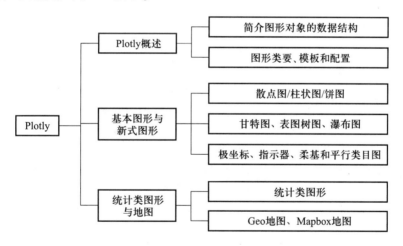

图 9-1　本章知识结构图

前面章节介绍了 Matplotlib、Seaborn 和 Pyecharts 三个可视化库。Matplotlib 历史最久远，使用最广泛，可以对图形做精细控制，但设置命令比较烦琐，图形种类有限；Seaborn 主要用于统计数据绘图，支持语义着色，可自动生成分类多子图。这两者绘制的都是静态图片。Pyecharts 生成的是动态交互网页，支持很多新式图形，如桑基图、漏斗图、树图和地图等，但不支持 Numpy 和 Pandas 的数据类型，在统计类图形方面也有欠缺。本章将要介绍的 Plotly 库集成了上述软件的优点，可生成动态网页交互图形，支持 Pandas 的数据结构，支持类似 Seaborn 的统计绘图,可以说 Plotly 是目前 Python 平台下功能最强大的可视化库。

　　Plotly 除了有丰富的绘图功能,还支持将图形存放在云端,可以在线分享和修改图形。Plotly 还支持创建 Dash Web 应用程序,这样单纯使用 Python 语言即可构建 Web 应用,不要求用户必须掌握 HTML 和 JavaScript。上述两种功能本章未介绍,有兴趣的读者请参阅官网。Anaconda 环境中已包含 Plotly。

第 1 节　Plotly 概述

　　Plotly 具有支持多种编程语言的 API 接口,如 Python、R 和 JavaScript,这些接口都基于 Plotly.js 库,而 Plotly.js 又基于 d3.js 这个最强大的 JavaScript 可视化库。本章介绍的是其中针对 Python 接口的部分。该库目前中文资料较少,学习主要依靠其完备的英文在线文档。

一、Plotly 简介

（一）绘图示例

　　Plotly 产生的图形是交互网页,本章代码依旧推荐在 Jupyter Notebook 中运行。下面来看一个简单的柱状图代码示例。

```
import pandas as pd
import plotly.express as px                                # 引入 px 接口
df = pd.DataFrame({"x": ["A", "B", "C"], "y1": [4, 1, 2], "y2": [2, 4, 5]})    # 构造数据框
fig = px.bar(df, x="x", y=["y1","y2"], barmode="group")         # 利用 px 和 df 生成簇状柱形图
fig.update_layout(width=500, height=360, title="Bar 图")         # 设置图形宽、高、标题
fig.show()                                             # 显示图形,图 9-2
```

　　Plotly 支持多种图形构造方法,目前官方推荐使用 plotly.express 接口。这是一个高级图形接口,导入后命名为 px,接口支持直接使用 Pandas 的 DataFrame 对象。上面代码在 px.bar() 命令中使用了 df 数据框,指定 x 轴对应"x"列,y 轴对应"y1, y2"两列,柱状图模式为"group"（簇状图）,若不设置则产生堆叠图。fig.update_layout() 是后续学习中常用的命令,用于修改图形外观。最后使用 fig.show() 在 notebook 中输出图形,如图 9-2 所示。图形右侧显示图例"y1 y2",鼠标移到图形上将自动显示工具箱按钮,图形具有交互性,可移动缩放、悬停提示、隐藏或显示。

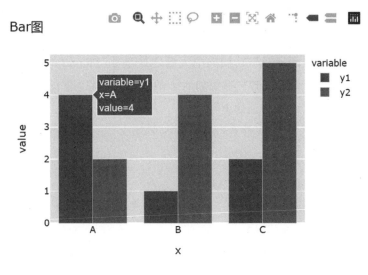

图 9 - 2　Bar 示例图

图形可以在 notebook 中显示,也可以生成网页文件显示。在上面的代码后增加如下命令则弹出浏览器显示网页。

fig.write_html("bar1.html", auto_open=True)　　　　# 自动弹出浏览器显示网页 bar1.html

（二）代码格式

Plotly 的版本迭代很快,不同版本的代码格式变化较大。以前 3.x 版中包含了线上和线下两种模式,默认的线上模式是将代码放在 Plotly 云端运行。如果代码要在线下运行,需写为 plotly.offline 的形式。2019 年 7 月发布的 4.0 版做了重大改变,将线上模式剥离出去,单独放在 chart studio 库中,Plotly 仅保留线下模式。读者参考网上代码时,含有 offline 字样的是旧版 3.x 版,虽然还能在 4.x 版环境中运行,但已经没有必要写那样烦琐的代码了。4.0 版还针对早期版本编码量较大的缺点推出了 express 高级接口,使图形生成更加简洁。本章代码是在 5.4.0 版本下测试通过的。

目前的 5.x 版代码主要使用 plotly.graph_objects 和 plotly.express 这两个接口,后者是高级图形接口,对前者进行了再包装。有少量图形会使用第三种接口 plotly.figure_factory 创建。采用 graph_objects 接口将上面的簇状柱形图代码重写如下。

```
import plotly.graph_objects as go        # 引入 graph_objects 命名为 go
x = ["A", "B", "C"]
bar1 = go.Bar(x=x, y=[4,1,2], name="y1")    # 先单独创建 bar1 对象, name 图例
bar2 = go.Bar(x=x, y=[2,4,5], name="y2")    # bar2 对象
fig = go.Figure(data=[bar1, bar2])          # 创建 Figure 对象,同时加入 bar1, bar2
```

```
fig.update_layout(width=500, height=360, title="Bar 图", barmode="group")    # 宽/高/标题/模式
fig.show()                                                                    # 图略,和图 9-2 基本一致
```

上面代码使用较低级的 go 接口,代码中关键之处是 go.Figure()。此处将产生一个图形对象,创建时通过"data=[bar1, bar2]"参数加入了两个 Bar 对象,这表明 Plotly 是通过 Figure 对象来组织图形的。有时还会看到如下写法:

```
import plotly.graph_objects as go
x = ["A", "B", "C"]
bar1 = go.Bar(x=x, y=[4,1,2], name="y1")

fig = go.Figure(data=bar1)                                   # 创建 Figure 并加入 bar1
fig.add_trace(go.Bar(x=x, y=[2,4,5], name="y2"))            # 用 add_trace()再添加一个 Bar
fig.update_layout(width=500, height=360, title="Bar 图", barmode="group")    # 宽/高/标题/模式
fig.show()                                                   # 图略,和图 9-2 基本一致
```

上面的代码先创建 fig 对象,然后用 fig.add_trace()方法再添加一个图形 trace。在一个 Figure 中可以添加很多 trace,如柱状图、折线图、饼图等,这样可以方便地将不同的图形组合在一起,这是 Plotly 和其他可视化库在管理多图形对象上存在较大差异的地方。

程序中的 Figure 对象很重要,所有操作都依赖于此。图 9-2 中代码"fig = px.bar()"利用 px 高级接口产生的 fig 变量也是 Figure 对象,只是创建更方便,代码更精简。

Plotly 支持链式语法,但官方示例中没有使用,本章也没有采用链式语法。

(三)作图步骤

Plotly 作图的基本步骤可概括为如下 5 步。

(1)准备数据。Plotly 直接支持列表、元组及 Numpy 和 Pandas 中的数据类型。一般可用 Pandas 处理数据,然后将 DataFrame 传递给绘图函数作图。

(2)创建 Figure 对象,利用 go 或 px 接口均可。

```
import plotly.graph_objects as go
fig = go.Figure()                          # 利用 go 接口创建空白 Figure


import plotly.express as px
fig = px.bar( x=["A", "B"], y=[3, 5])       # 利用 px 接口创建 Figure 类型的对象 fig
```

(3)添加图形子对象。

```
bar1 = go.Bar(x=["A", "B"], y=[4,2], name="y1")          # 先创建 bar1,  bar1 可视为 trace
fig.add_trace(bar1)                                       # 再在 fig 中添加 bar1
fig.add_trace(go.Bar(x=["A", "B"], y=[2,3], name="y2"))   # 或直接添加一个 Bar
```

上述代码加入的对象被视为 trace 轨迹,可以用 update_traces()命令修改。下面的代码设置了所有柱体的内部颜色、边线颜色、边线宽度和整个图形的不透明度 opacity,opacity 为 0~1 间的小数,取 1 时颜色最深。

```
fig.update_traces(marker_color='#FFFF00', marker_line_color='rgb(8, 48, 107)',
                  marker_line_width=1.5, opacity=0.6)   #颜色用 HTML 格式或 rgb 格式均可
```

(4) 设置图形 layout。

```
fig.update_layout(width=500, height=360, title="Bar 图", barmode="group")     # 宽/高/标题/模式
```

update_layout()命令可集中设置很多参数,不像 Matplotlib 需使用多条命令分别设置各个参数。

(5) 输出图形。

```
fig.show()                                    # 默认在 notebook 中显示
fig.write_html('网页.html', auto_open=True)    # 在浏览器中显示网页
```

Plotly 生成的网页文件大小约为 3.6MB,内含运行所需的所有 JS 代码,第 8 章中的 Pyecharts 网页文件则很小,其 JS 代码指向一个外部 JS 文件链接。Plotly 支持多种渲染输出环境,执行下面的代码可显示当前支持的所有输出模式。

```
import plotly.io as pio          # 引入低级输出模块 pio
pio.renderers                    # 显示当前支持的输出模式
```

上面语句的输出内容如下。

```
Renderers configuration
    Default renderer: 'plotly_mimetype+notebook'
    Available renderers:
        ['plotly_mimetype', 'jupyterlab', 'nteract', 'vscode',
         'notebook', 'notebook_connected', 'kaggle', 'azure', 'colab',
         'cocalc', 'databricks', 'json', 'png', 'jpeg', 'jpg', 'svg',
         'pdf', 'browser', 'firefox', 'chrome', 'chromium', 'iframe',...]
```

输出的信息表明当前默认渲染环境是"plotly_mimetype+notebook",因此 fig.show()就将图形输出在 notebook 中。默认的输出环境可以重设,代码如下所示。

```
pio.renderers.default = "browser"         # 将默认输出环境设为浏览器 browser
fig.show()                                # 之后再执行 fig.show()则默认输出在网页中
```

二、图形对象的数据结构

学习 Plotly 需要阅读官方文档,读者可以先查看官网首页的"Fundamentals"部分。其中的"The Figure Data Structure"解释了图形对象的内部数据结构。Plotly 的图形对象可近似认为是一个字典,图形将以 JSON 的格式传入网页中。下面代码创建一个 Figure 对象,然后输出内部结构。

```
import plotly.express as px
fig = px.bar( x=["A", "B"], y=[3, 5], width=600, height=400)        # 创建内含一个 Bar 的 Figure
fig.add_trace(go.Bar(x=["A", "B"], y=[2,3], name="y2"))             # 再添加一个 Bar
print(fig)                                                          # 输出 fig 对象的内部结构
```

print(fig)命令的部分输出内容如下。

```
Figure({
    'data': [{'alignmentgroup': 'True',
              'marker': {'color': '#636efa'},
              'name': '',       'orientation': 'v',
              'showlegend': False,  'textposition': 'auto',
              'type': 'bar',
              'x': array(['A', 'B'], dtype=object),
              'xaxis': 'x',   'y': array([3, 5]),
              'yaxis': 'y'},
             {'name': 'y2', 'type': 'bar', 'x': ['A', 'B'], 'y': [2, 3]}],
    'layout': {'barmode': 'relative',   'height': 400,
               'legend': {'tracegroupgap': 0},
               'template': '...',   'width': 600,
               'xaxis': {'anchor': 'y', 'domain': [0.0, 1.0], 'title': {'text': 'x'}},
               'yaxis': {'anchor': 'x', 'domain': [0.0, 1.0], 'title': {'text': 'y'}}}
})
```

Figure 内有三个顶级数据属性:data、layout 和 frames。data 是列表,内含各个 trace 子轨迹,如上面的代码"fig = px.bar()"先创建了一个 bar,后续又使用 add_trace()添加了一个 bar,因此 data 列表中包含两个柱状图。layout 包含窗口设置的相关参数,如宽度、高度和标题等。图形设置主要围绕 data 和 layout 属性展开。此处要注意区分 Figure 和 trace,只有 Figure 对象具有上述属性,可以设置标题等内容,trace 对象是没有这些属性的。第三个顶级属性 frames 只在动画图形中出现,代表帧。

上面代码中,px.bar()命令先插入了一个 Bar,但没有 name,后续又用 px.add_trace()插入了一个 Bar,name 为"y2",data 中含有两个 Bar。有时,如果不熟悉相应配置命令,可以直接修改图形字典对象,代码如下所示。

```
fig.data[0].name="y1"              # 将第 0 个 Bar 命名为 y1, name 即图例
fig.data[0].showlegend=True        # 设为 True 表示要显示图例
fig.layout.barmode="group"         # 将模式由默认的 relative 改为 group(簇状)


# 下面的一些命令是等效的,配置时直接修改字典或用 update_layout()方法修改均可
fig.layout.title="标题"
fig.update_layout(title="标题")


fig.layout.xaxis.title='X 轴'       # 设置 x 轴标签。title 后省略了.text
fig.layout.yaxis.title='Y 轴'
#与上面命令等效
#参数名用"_"连接对象的各个层次,这是 plotly 的特殊表达方式(magic underscore notation)
fig.update_layout(xaxis_title="X 轴", yaxis_title="Y 轴" )              # 设置 X/Y 轴标签
fig.update_layout(xaxis=dict(title=' x 轴'), yaxis=dict(title=' y 轴'))   # 功能同上,使用字典参数
fig.show()   # 图 9-3
```

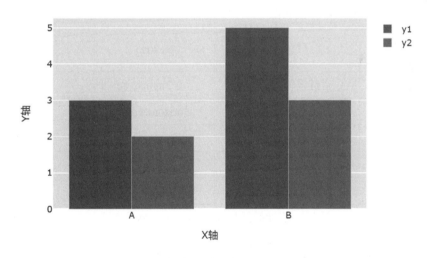

图 9-3　设置图形参数(修改字典或用 update_layout 方法)

读者在参考官网示例时会看到不同的表达方式和参数名称,使用 print(对象)的命令输出图形对象的内部数据结构有助于理解这些参数。图形对象内部的数据结构是多层嵌套的字典,Plotly 提供了称为魔术下划线(magic underscore)的表达形式,用"_"下划线将字典各个层次连接起来作为参数名,这样参数名很简洁,不需要表达为多层嵌套字典的形式。设置时还可以直接设置属性的值,读者可对比下面三行效果相同的命令。

```
fig.update_layout(xaxis_title_font_size=20 )          # 设置 X 轴标签文字大小,魔术下划线
fig.update_layout(xaxis=dict(title=dict(font=dict(size=20))))    # 功能同上,使用嵌套字典设置
fig.layout.xaxis.title.font.size=20                   # 功能同上,使用属性直接设置
```

官网文档中的"Fundamentals""Figure Reference"和"API Reference"是读者应重点学习的部分,尤其是"Fundamentals"页面中的"The Figure Data Structure""Creating and Updating Figures""Displaying Figures""Plotly Express"和"Configuration"等子页面。

三、图形类型

plotly.graph_objects 接口(简称 go)内含 40 余种图形,plotly.express 接口(简称 px)对 go 接口进行了再包装,支持其中绝大多数类型。Plotly 官方建议首选使用 px 接口,对于 px 不支持的图形类型才使用 go 接口,例如某些 3D 图形。官网将所有图形分成若干类别,见表 9-1。

表 9-1　Plotly 图形类型表

基本图形 Basic Charts			
Scatter	散点图	Line	折线图
Bar	柱状图	Pie	饼图
Bubble	气泡图	px.strip	抖动散点图 (px 中才有)
EffectScatter	涟漪散点图	Funnel	漏斗图
Filled Area	填充区域图	Horizontal Bar	水平条形图
Gantt	甘特图	Sunburst	旭日图
Table	表图	Sankey	桑基图
Treemap	树图(矩形嵌套)	WebGL vs SVG	SVG 图
统计类图形 Statistical Charts			
Error Bars	误差条图	Box	箱线图
Histograms	直方图	Distplots	密度分布图
2D Histograms	二维直方图	Scatterplot Matrix	散点图矩阵
Facet Trellis	格子图	Parallel Categories	平行类目图
Tree	层次树图	Violin	小提琴图
2D Histogram Contour	二维直方等高线图	Linear and Non- Linear Trendlines	线性和非线性趋势线图

科学类图形 Scientific Charts			
Contour	等高线图	Heatmaps	热力图
Imshow	图片显示	Ternary	三元散点图
Log	对数坐标图	Dendrograms	系统树图
Annotated Heatmap	带标注热力图	Ternary Overlay	三元叠加图
Parallel Coordinates	平行坐标系图	Quiver	抖动图
Streamline	流线图	Network	网络图
Carpet	地毯图	Carpet Contour	地毯等高线图
Carpet Scatter	地毯散点图	Polar	极坐标图
Radar	雷达图	Ternary contours	三元等高线图
Wind Rose Polar	风力玫瑰极坐标图	Plotly Bar	极坐标柱状图
金融类图形 Financial Charts			
Time Series and Date Axes	时序图	Candlestick	K 线图（蜡烛图）
Waterfall	瀑布图	Funnel	漏斗图
OHLC	OHLC 图	Indicators	指示器图
Gauge	仪表盘图	Bullet	子弹图
其他类型			
Map	若干种地图	3D	若干种 3D 图
Subplots	多子图布局	Animations	动画

表 9-1 中某些图形被同时归入了多个类别，有些图形绘图效果是相似的，只是命令名不同。官网给出了每种图形的详尽实例，一般先给出 px 接口示例，再给出 go 接口示例。"Figure Reference"页面详细解释了所有图形函数的参数。

四、模板和配置

每个可视化库都可以设置主题风格，Plotly 中的主题(theme)被称为模板(template)。模板除了具有传统主题的功能，还兼具一些自定义内容，例如图形大小、图形水印等。执行下面的命令可显示 Plotly 中的所有模板。

```
import plotly.io as pio
print(pio.templates)                          # 显示模板名称
pio.templates.default = "plotly_white"        # 设置默认模板
```

Plotly 目前拥有的模板有: plotly、ggplot2、seaborn、simple_white、plotly_white、plotly_dark 和 none 等。默认使用"plotly"模板,如设为"none"则禁用模板。绘图时选用模板代码如下。

```
import plotly.express as px
fig = px.line(x=[1, 2, 3], y=[3, 6, 5], template=' ggplot2' )      # 选用 ggplot2 模板
fig.show()                                                          # 图略
```

模板对象的类型是 Template 类,Template 类又是从 plotly.graph_objects.layout 类派生的。该类对象拥有 layout 和 data 两个顶级属性,设置这两个属性即可自定义模板。

```
import plotly.graph_objects as go
mytpl = dict(layout=go.Layout(title="标题", title_font_size=20, width=400, height=300))
mytpl2 = dict(layout_title="标题", layout_title_font_size=20, layout_width=400, layout_height=300)
```

上面两条语句定义了两个同样效果的模板 mytpl 和 mytpl2,都包含了标题、标题字号、图形宽度和高度的定义。mytpl 借助 go.layout()生成,括号内的参数名就省略了最顶级的 layout 名称,mytpl2 则完全使用魔术下划线语法表达。

```
fig = px.line(x=[1, 2, 3], y=[3, 6, 5], template=mytpl2)          # 使用自定义模板 mytpl2
fig.show()                                                         # 图略
```

下面的代码演示了如何自定义一个水印模板,如图 9-4 所示。

```
import plotly.graph_objects as go
watermark = go.layout.Template()                          # 创建空模板
watermark.layout.annotations = [                          # 水印以 annotation 标注的形式添加
    dict(
        name="watermark",        text="Poltly 工作室",    # name 名称(必须有)、水印文字
        textangle= -30,          opacity=0.2,             # 旋转角度,不透明度
        font=dict(color="black", size=30),
        xref="paper",       yref="paper",
        x=0.5,      y=0.5,                                 # 位置
        showarrow=False,                                   # 不显示箭头
    ) ]
watermark.layout.title="水印模板演示"
watermark.layout.width=400
watermark.layout.height=300
fig = px.line(x=[1, 2, 3], y=[3, 6, 5], template=watermark)   # 使用自定义水印模板
fig.show()                                                     # 图 9-4
```

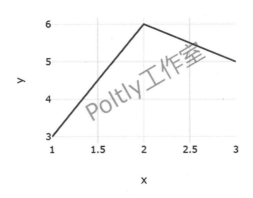

图 9-4　自定义水印模板

用户还可将自定义模板设为默认模板,具体设置参考官网"Theming and templates"说明。除了模板设置,在图形输出时还可以自定义配置项,代码如下所示。

```
import numpy as np
import plotly.express as px
x = np.random.random(50)
y = np.random.random(50)
fig = px.scatter(x=x, y=y)                        # 散点图
config = {' displayModeBar' : True, ' scrollZoom' : True}     # 配置: 显示工具箱,滚动缩放
fig.show(config=config)                   # 输出时还可配置选项, 图略
```

图形原本默认只有当鼠标移到图形上时才显示工具箱,经过上面的 config 配置,就将一直显示工具箱,同时还支持鼠标滚轮滚动缩放图形。

下面列出了一些经常使用的配置项。

```
config = {' staticPlot' : True}     # 输出静态图形而不是动态交互图形
config = {' displaylogo' : False}   # 不显示工具箱最右侧的 plotly 公司图标
config = {' editable' : True}       # 可编辑模式,可在图形上直接修改 X/Y 轴标签和图形标题
```

图形右上角的工具箱默认显示 13 个按钮,包括下载图片、缩放平移和各种选择按钮。缩放图形时双击则恢复初始大小。下面的代码中还增加了几个画线按钮,可以在图形上画线、画路径以及删除画线等,如图 9-5 所示。图中的线条和圆圈是后续添加的,如要删除,先单击"Erase active shape"按钮,然后选中要删除的线条,再次单击"Erase active shape"按钮即可。

```
import numpy as np
import plotly.express as px
x=np.random.random(50)
y=np.random.random(50)
```

```
fig = px.scatter(x=x, y=y, width=700, height=400)
config={' displayModeBar' : True,   #显示工具箱并增加如下画线工具按钮
'modeBarButtonsToAdd' :[' drawline', ' drawopenpath', ' drawclosedpath',  ' drawcircle', ' eraseshape' ]}

fig.update_layout(newshape_line_color=' green', title=' 增加自画线工具箱' )     # 自画线颜色
fig.show(config=config)                                           # 图 9-5
```

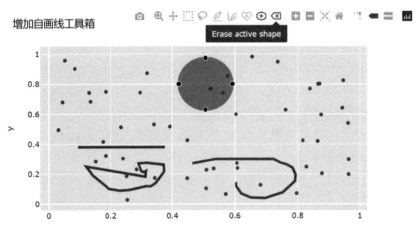

图 9-5　自定义工具箱(画线工具)

更多内容可参考官网"Configuration"说明。

在上面的代码中已多次演示了如何定义窗口的大小,可以在 px 创建图形对象时定义,也可以在后续用 fig.update_layout()设置,还可以直接设置字典或在模板中定义。下面的几条命令作用相同,都是将窗口大小定为 600×400 像素。

```
fig = px.line(x=[1, 2, 3], y=[3, 6, 5], width=600, height=400)
fig.update_layout(width=600, height=400)
fig.layout.width=600
fig.layout.height=400
```

除了定义窗口大小,有时还需定义窗口距离四边的距离,这些概念和网页设计中的概念类似。

```
fig.update_layout( margin=dict(l=20, r=20, t=20, b=20),  #设置图形距左/右/上/下边界的距离(像素)
        paper_bgcolor="LightSteelBlue" )                # 窗口背景色,图略
```

有关窗口大小的设置可参考官网"Setting Graph Size"说明。

有时还需要设置标题的位置、坐标轴刻度规格和范围等参数,代码如下所示。

```
fig = px.line(x=[1, 4], y=[0, 3], width=600, height=400)
fig.update_layout(
        title=dict(text="轴刻度和范围", font_size=20,font_color="blue", x=0.5,y=0.6,xanchor="center"),
```

```
        xaxis=dict(title="x 轴", color="red", dtick = 0.25, range=(1, 4), tickangle= -30), #刻度规格和范围
        yaxis=dict(title="y 轴", color="green", dtick=1, range=(0, 5)),                    # y 轴设置
    )
fig.show()                                                                               # 图 9-6
```

上面的代码以字典形式设置图形标题为"轴刻度和范围",显示位置为"$x=0.5$, $y=0.6$"。此处的坐标是相对坐标,将横、纵(xy)轴长度都视为 1,则左下角坐标为(0,0),右上角为(1,1),因此"$x=0.5$, $y=0.6$, xanchor=' center' "就将标题显示在图形水平居中,垂直中央偏上的位置。很多标注位置的参数都使用相对坐标表示,取值范围为 0~1。如果小于 0 或大于 1,则表示位置在图形外侧。代码同时还设置了 x 轴每 0.25 单位长度显示一个刻度(dtick=0.25),x 轴坐标显示范围(1,4),刻度标签逆时针旋转 30 度,显示如图 9-6 所示。

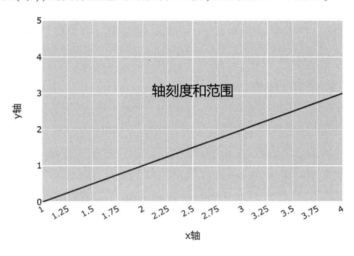

图 9-6　自定义轴刻度和范围

```
# 还可设置网格线是否显示
fig.update_xaxes(showgrid=False)                 # 不显示 x 轴垂直网格线
fig.update_yaxes(showgrid=True)                  # 显示 y 轴水平网格线


# 设置 x 轴标签,将原 1,2,3 的数值显示修改为 "一月", "二月", "三月"
fig.update_layout(xaxis=dict(title_text="x 轴", title_font_size=30,
            ticktext=["一月", "二月", "三月"], tickvals=[1, 2, 3],
            tickmode="array", tickangle=0,
            ))
fig.update_xaxes(nticks=10)                      # x 轴显示 10 个标签(适合数据较多时)
fig.update_layout(xaxis_type=' category' )       # x 轴类型为类目(适合类别数据)
fig.update_yaxes(tickvals=[1, 3, 7])            # y 轴只显示 1/3/7 刻度
fig.update_xaxes(showticklabels=False)          # x 轴不显示刻度标签
fig.update_yaxes(tickprefix=" $ ")             # y 轴刻度前增加 $ 符号
```

以上内容可参考官网的"Formatting Ticks"和"Setting the Font, Title"说明。

第 2 节　基 本 图 形

本节介绍几种读者熟悉的基本图形,借此说明 Plotly 的一些常用参数设置和方法。某些图形会分别给出 go 和 px 接口的代码示例,读者可对比两种接口的异同。

一、散点图

散点图是常见的二维图形,用 go 或 px 接口均可创建。两种接口的函数名有大小写上的差异,分别是 go.Scatter()和 px.scatter(),在内部的参数名上也有不同。

```
import plotly.graph_objects as go
sca = go.Scatter(x=[0, 1, 2, 3, 4], y=[0, 1, 4, 9, 16], mode="lines+markers", marker={' size' :8})
fig = go.Figure(data=sca, layout_width=400, layout_height=400)
fig.show()                                    # 图 9-7
```

go 接口创建散点图时可指定 mode 参数,其值可设为"markers""lines"或"lines+markers"。点数超过 20 个时默认为"lines"模式,点数小于 20 个时默认为"lines+markers"模式。

图 9-7　散点图(lines+markers)

px.scatter()函数不支持 mode 和 marker 参数,但可以在后续的 fig.update_traces()中设置。使用 px 接口生成散点图的代码如下。

```
import plotly.express as px
fig = px.scatter(x=[0, 1, 2, 3, 4], y=[0, 1, 4, 9, 16], width=400, height=400)
fig.update_traces(mode="markers", marker={"size":8})              # 设置散点 mode 和大小
fig.add_annotation(x=2, y=5, text="markers 模式")                 # 在(2,5)处添加标注文字
fig.show()                                                         # 图 9-8
```

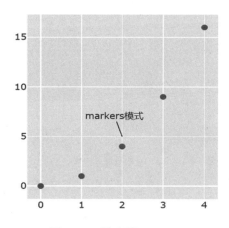

图 9-8　散点图(markers)

本章开头提到 Plotly 支持类似 Seaborn 的绘图方式,代码如下所示。为演示方便,px.data 中自带了一些数据集,help(px.data)可查看帮助,其中就包含第 7 章中的 iris 和 tips 数据集。

```
iris = px.data.iris()          # 获取 iris 数据集,返回 DataFrame 对象
fig = px.scatter(iris, x="sepal_width", y="sepal_length", color="species")   #按 species 分类着色
fig.show()                     # 图略, 颜色区分类似图 9-9
```

px.scatter()直接使用 iris 数据框,利用花萼宽度和长度作散点图,并按 sepcies 类型将散点分为三种颜色。很显然,命令中的 color 参数等同于 Seaborn 中的 hue 语义参数。如果用 go 接口完成同样的工作则代码要复杂一些,go 接口不直接支持 color 参数,必须在散点标记中自行完成类型到颜色的转换映射,代码如下。

```
import plotly.graph_objects as go
iris = px.data.iris()           # 获取 iris 数据集,返回 DataFrame 对象
iris["color"] = iris.species.map({' setosa' :0, ' versicolor' :1,' virginica' :2 }) #将三种类型转为 0,1,2 数值
sca = go.Scatter(x=iris["sepal_width"], y=iris["sepal_length"], mode="markers",
                 marker={"color": iris["color"]} ) # 散点颜色,颜色不能直接用类型名,要转为数值
fig = go.Figure(sca)
fig.show()                                    # 图略,类似图 9-9
```

从上面对比可知,go 接口不支持直接使用 DataFrame 及其列名字符串做参数,不支持 color 参数,px 接口对 DataFrame 支持良好,使用方便,因此涉及数据框时一般使用 px 接口。

进一步,还可以将某个属性(如花瓣长度)作为散点的大小(size),这样增加一个区分维度可以体现更多的信息。hover_data 参数设置信息框中要增加显示的数据项,代码如下所示。

```
iris = px.data.iris()
fig = px.scatter(data_frame=iris, x="sepal_width", y="sepal_length", color="species",
                 size=' petal_length' , hover_data=[' petal_width' ])   #设置大小及信息数据项
fig.show()                                             # 图 9-9
```

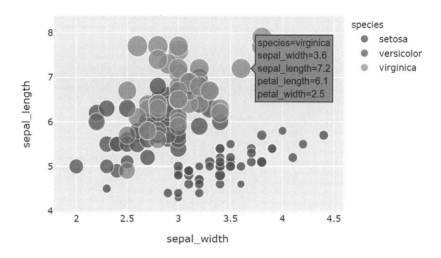

图 9-9　iris 散点图(区分颜色和大小)

如果将 px.scatter()修改为 px.line()则可绘制折线图,很多参数是类似的,此处不再赘述。px 接口也支持类似 Seaborn 中的分行分列多子图参数,以 tips 小费数据集为例代码如下。请读者体会 facet_row 和 facet_col 参数的作用。

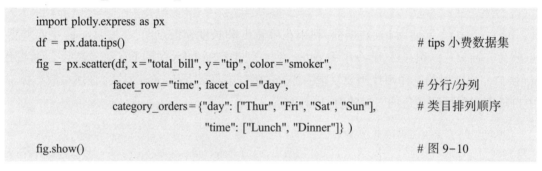

```
import plotly.express as px
df = px.data.tips()                                              # tips 小费数据集
fig = px.scatter(df, x="total_bill", y="tip", color="smoker",
                 facet_row="time", facet_col="day",             # 分行/分列
                 category_orders={"day": ["Thur", "Fri", "Sat", "Sun"],   # 类目排列顺序
                                  "time": ["Lunch", "Dinner"]} )
fig.show()                                                       # 图 9-10
```

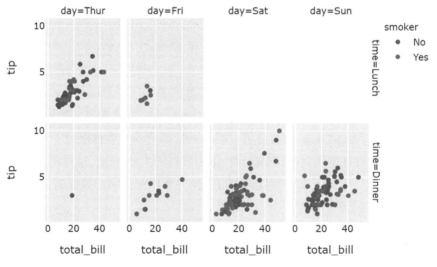

图 9-10　tips 散点图(分行分列)

px 接口还支持类似 Seaborn 中的抖动散点图, 此处 x 轴是类目数据, 每个 x 值对应多个 y 值。如果用普通散点图, 很多点会重合在一起, 使用抖动散点图则自动做微小抖动, 分离散点。go 接口不支持抖动散点图, 代码如下。

```
import plotly.express as px
df = px.data.tips()
fig = px.strip(df, x="day", y="tip", color="smoker")   # px.strip()抖动散点图
fig.show()                                              # 图略
```

如果需要绘制的散点数量巨大, 例如有几万个点, 则可使用 go.Scattergl()命令, 这个命令在绘制巨量散点时速度较快, 代码如下。

```
import numpy as np
x = np.random.randn(50000)                              # 构造 5 万个散点
y = np.random.randn(50000)
fig=go.Figure(go.Scattergl(x=x, y=y, mode="markers"))   # 绘制大量散点时使用 go.Scattergl()
fig.show()                                              # 图略
```

go.Scatter()函数可以绘制散点图, 也可以绘制折线图。如果将折线以面积的形式堆叠起来则得到堆积面积图。下面的代码以堆积的形式绘制了两条折线。

```
import plotly.graph_objects as go
x = ['2018', '2019', '2020', '2021']
fig = go.Figure()
fig.add_trace(go.Scatter(
    x=x, y=[20, 30, 40, 25],
    hoverinfo='x+y',                    # 信息框中显示 x 和 y 轴数据
    mode='lines',                       # 绘制折线
    stackgroup='A'                      # 定义堆叠组名,组名相同则数据堆叠
))
fig.add_trace(go.Scatter(
    x=x, y=[20, 10, 10, 50],
    hoverinfo='x+y', mode='lines',
    stackgroup='A'                      # 和上一组的组名相同,堆积面积图
))
fig.update_layout(yaxis_range=(0, 100), xaxis_type='category')     # x 轴是类目轴
fig.show()                              # 图 9-11
```

注意 x 轴指定为 category 类目轴, 这样 x 轴不会被视为数值, 从而避免 x 轴上出现自动划分的小数标签。

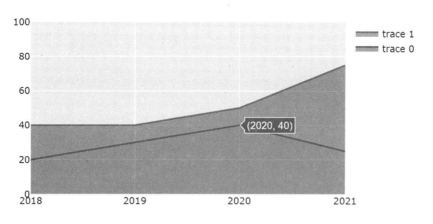

图 9 – 11　堆积面积图

　　px 接口还支持 3D 散点图。下面读取 3d‒line1.csv 文件（见配套文件），其中定义了点的(x, y, z)坐标及 color 共 4 列数据，做 3D 散点图如图 9‒12 所示。3D 图支持缩放和旋转。

```
import pandas as pd
import plotly.express as px
df = pd.read_csv(' data/3d‒line1.csv' )          # 文件见教材配套数据
fig = px.scatter_3d(df, x="x", y="y", z="z", color="color")     # 3D 散点图
fig.update_traces(marker={"size":3})             # 设置散点大小
fig.show()                                       # 图 9‒12
```

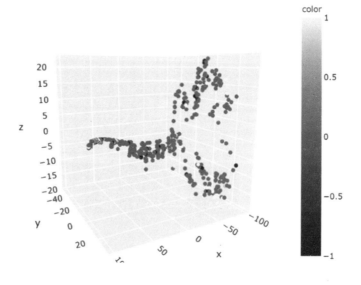

图 9 – 12　3D 散点图

二、柱状图

柱状图是二维图形，x 轴可以是类目或数值型数据，y 轴一般是数值数据，以柱体高度表示数值大小。下面的代码利用 go 接口创建柱状图。

```
import plotly.graph_objects as go
fruits = ['橘子', '苹果', '香蕉']
ya = [18, 10, 20]
yb = [12, 12, 17]
fig = go.Figure(data=[
        go.Bar(name='商家 A', x=fruits, y=ya, width=0.3, text=ya, textposition='inside'),
        go.Bar(name='商家 B', x=fruits, y=yb, width=0.3, text=yb, textposition='outside'),
])
fig.update_layout(barmode='group', width=600, height=400)    # 簇状图
fig.show()                                                   # 图 9-13
```

go.Bar() 中的 width 参数设置柱体宽度 0.3，此处仍是相对大小。x 轴共 3 类货品，每类占据 x 轴的 1/3，设置柱体宽度为该类宽度的 0.3 倍，因此单个柱体宽度为 x 轴总长的 1/10。"text＝ya"设定标记文字，并可以规定文字在柱体的里面(inside)或外面(outside)，如图 9-13 所示。

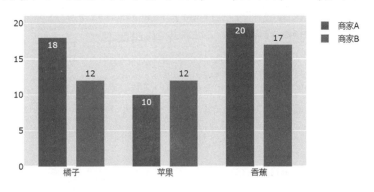

图 9 - 13　簇型柱状图(barmode='group')

当有多组柱体时，可设置 barmode 模式，有四种取值：'stack'、'group'、'overlay' 和'relative'。'stack' 表示堆叠，'group' 表示簇状，'overlay' 表示覆盖模式(后一组覆盖到前一组之上)，'relative' 表示相对(正负数据会分别绘制在 y 轴的正负半轴)。

如果 x 轴对应数值，y 轴对应类目数据，设置参数 orientation='h' 可得到水平条形图，代码如下。

```
fruits=['橘子', '苹果', '香蕉']
fig = go.Figure(go.Bar(x=[18, 10, 20], y=fruits, orientation='h'))    # 水平条形图
fig.show()                                                            # 图略
```

处理数据后得到的如果是 DataFrame,则可用 px.bar()绘制柱状图,代码如下所示。

```
import pandas as pd
import plotly.express as px
df = pd.DataFrame({'fruits':['橘子', '苹果', '香蕉'],'商家 A':[18, 10, 20],'商家 B':[12, 12, 17]})
fig = px.bar(df, x="fruits", y=["商家 A","商家 B"])                # 利用 df 生成簇状柱形图


fig.update_traces(width=0.3, selector={'type':'bar'})              # selector 选择器:选择 bar 类对象
fig.update_traces(text=df['商家 A'], selector={'name':'商家 A'})       # 选中商家 A,设置其 text
fig.update_traces(text=df['商家 B'], textposition='outside', selector={'name':'商家 B'}) # 选商家 B
fig.update_layout(barmode='group', width=600, height=400)
fig.show()                                                          # 图略,类似图 9-13
```

因为在一个 Figure 图形中可包含多个 trace,所以 fig.update_traces()方法内有一个选择器 selector,用于选择要修改的 trace 对象。"{'type':'bar'}"表示选中"bar"类对象,"{'name':'商家 A'}"表示选中"商家 A"对应的数据组。在官网"creating-and-updating-figures"页面中还演示了多种选择方法,这个概念类似网页中的 css 选择器,目的就是选中需要修改的 trace 对象。

上面代码中"y=["商家 A","商家 B"]"要特别留意,这里列举了两个列。与之对比,Seaborn 中的 y 参数只能对应一个列名,这其实是 Plotly 在 v4.8 版中新增加的"宽数据"支持特性,表明 Plotly 可以支持"长(long)"和"宽(width)"两种数据框,绘图更加方便。关于"长"和"宽"两种数据框,读者可查看 px 自带的示例数据,代码如下。

```
import plotly.express as px
long_df = px.data.medals_long()                        # "长"格式数据集
fig = px.bar(long_df, x="nation", y="count", color="medal", title="Long-Form Input")
fig.show()


wide_df = px.data.medals_wide()                        # "宽"格式数据集
fig2 = px.bar(wide_df, x="nation", y=["gold", "silver", "bronze"], title="Wide-Form Input")
fig2.show()                                            # 图略
```

目前做数据分析经常使用 Pandas 库。Pandas 默认的图形后台是 Matplotlib,但也允许重设图形后台。如下代码将 Pandas 的图形后台调整为 Plotly,这样 Pandas 作图时就调用 Plotly,程序中可以不再显式引入 Plotly。具体参见官网中"Pandas Plotting Backend"说明。

```
import pandas as pd
dfw = pd.DataFrame({'fruits':['橘子', '苹果', '香蕉'],'商家 A':[18, 10, 20],'商家 B':[12, 12, 17]})
dfw.set_index('fruits', inplace=True)           # 为绘图方便,将 fruits 设置为索引
pd.options.plotting.backend = "plotly"          # pandas(0.25 版本及以上)设定图形后台为 plotly
```

```
fig = dfw.plot(kind="bar")                    # pandas 绘制柱状图,后台将自动调用 plotly
fig.update_layout(barmode=' group' , width=600, height=400)
fig.show()                                    # 图略,类似图 9-13
```

三、饼图

饼图只需一维数据,提供一组数据和标签即可。饼图常用的修饰效果有分离状和圆环状,如图 9-14 和图 9-15 所示。饼图内的扇形默认从正北方(90 度角)开始,顺时针排列。

```
import plotly.graph_objects as go
labels = [' 氧气' , ' 氢气' , ' 二氧化碳' , ' 氮气' ]
values = [4500, 2500, 1053, 500]
fig = go.Figure(data=go.Pie(labels=labels, values=values, pull=[0, 0, 0.2, 0]), # pull 定义分离扇形
layout_width=500, layout_height=400)
fig.show()                                                          # 图 9-14
```

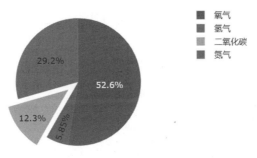

图 9-14　分离状饼图

```
fig = go.Figure(data=go.Pie(labels=labels, values=values, hole=0.4)          # hole 内圆半径
                ,layout_width=500, layout_height=400)
fig.update_layout(annotations=[dict(text=' 圆环饼图' , x=0.5, y=0.5, font_size=14, showarrow=False),])
fig.show()                                                          # 图 9-15
```

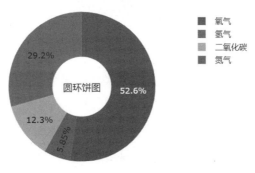

图 9-15　圆环状饼图

上面代码使用 annotations 在图中增加了文字标注,"$x=0.5,y=0.5$"表示标注位置在图形正中央。

与饼图比较相似的是旭日图,旭日图可以反映多层次的比例关系。第 8 章介绍了 Pyecharts 中的旭日图,但其中的数据定义比较麻烦,Plotly 的旭日图数据定义相对简单,代码如下所示。

```
import plotly.graph_objects as go
fig = go.Figure(go.Sunburst(
    labels=["衣物", "食品", "电子类", "女装", "男装", "童装", "饮料", "肉食", "手机", "电脑"],
    parents=["",      "",      "",   "衣物", "衣物", "衣物", "食品", "食品","电子类", "电子类"],
    values = [10,  12,    8,     4,     4,     2,     5,     7,     5,     3],
    branchvalues="total",        # 表示扇区比例严格按数值匹配
))
fig.update_layout(width=400, height=400, margin = dict(t=0, l=0, r=0, b=0))   # 四边空白都为 0
fig.show()                                                   # 图 9-16
```

上面代码定义了三个一级类目"衣物""食品""电子类",一级类目对应的 parents 列表为空,而其他子类则填写其父类名称。由于设定了 branchvalues="total"的参数,因此在 values 中要注意数值匹配,子类数据之和应等于父类的数据,如果不匹配,则无法绘图。如果不设置 branchvalues 参数,则不要求 values 值严格匹配。

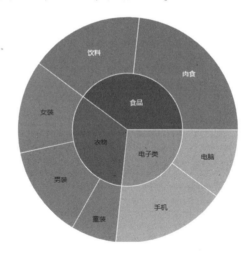

图 9-16　旭日图

旭日图表现了数据的多层次比例关系,有点类似按多个字段进行分组统计。

```
import plotly.express as px
df = px.data.tips()
fig = px.sunburst(df, path=['day', 'time', 'sex'], values='total_bill')   # 注意 path 和 values 参数
fig.show()                                              # 图 9-17
```

上面的代码对 tips 数据集绘制旭日图,指定先按"day"分类,再依次按"time"和"sex"分类,将字段"total_bill"用于数值比例计算,得到图 9-17。从图中可大致看出各层次的比例关系,"Sat"和"Sun"只含"Dinner",而"Fri"和"Thur"则同时包含"Dinner"和"Lunch",若修改 path 参数中的字段顺序,则可得到另一种层次划分。

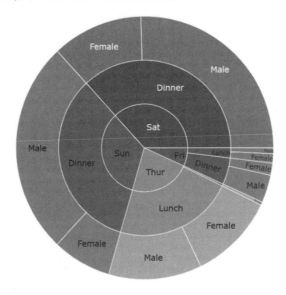

图 9-17　旭日图(tips 数据集)

图 9-17 反映的比例关系和 df.groupby(['day',' time',' sex']).total_bill.sum()的统计结果是一致的。

第 3 节　新式图形

本节介绍几种新式图形。以前章节中已介绍过很多种图形类型,这些图形均可参考 Plotly 官网的示例。各种可视化库实现的图形效果有类似之处,只是在数据格式、参数名、配置项上有不同的要求。

一、甘特图和表图

(一) 甘特图

甘特图(Gantt Chart)又称横道图,以图形创建人亨利·甘特的名字命名。甘特图通过条状图来显示项目及其时间进度安排,常见于项目管理中。

```
import plotly.figure_factory as ff                    # 引入图形工厂接口 ff
tasks = [ dict(Task="任务 A", Start='2021-01-01', Finish='2021-01-05', Complete=100),
          dict(Task="任务 B", Start='2021-01-03', Finish='2021-02-04', Complete=60),
          dict(Task="任务 C", Start='2021-02-01', Finish='2021-03-03', Complete=20)]
fig = ff.create_gantt(tasks, index_col='Complete', show_colorbar=True, width=600, height=400)
fig.show()                                            # 图 9-18
```

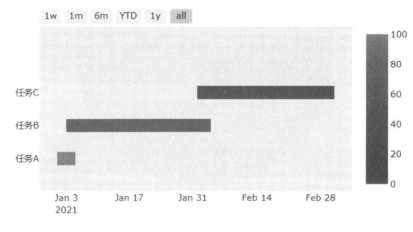

图 9-18　甘特图

上面代码中定义了三个任务的起始和截止时间。"Complete"表示完成百分比,通过"index_col='Complete'"映射为不同的颜色。点击图上方的"1w"或"1m"按钮则可显示任务最后截止日期前一周或前一月的日期。"YTD"是"year to date"的简写,将显示任务截止日这一年的日期。要注意,这个图形不是用 go 或 px 接口创建,而是用 plotly.figure_factory 接口创建。

（二）表图

前面介绍的都是各类图形,如果有一些表格数据希望以整齐的格式显示在图形上,则可以使用表图(Table Chart),代码如下所示。

```
import plotly.graph_objects as go
table =go.Table( header=dict(values=['货品名', '单价', '数量']),   # 定义表头和表格单元格 cells
             cells=dict(values=[["上衣","毛衣","西装","卫衣"], [95, 185, 505, 55], [10,20,15,30]] ), )
fig = go.Figure(data=table, layout_width=600)
fig.show()                                            # 图 9-19
```

利用表图,可以将数据框的数据整齐地显示在图形中。

货品名	单价	数量
上衣	95	10
毛衣	185	20
西装	505	15
卫衣	55	30

图 9-19　表图

```
import plotly.graph_objects as go
import pandas as pd
df = px.data.medals_wide()              # px 自带的演示数据
fig = go.Figure(data=[go.Table(
    header=dict(values=list(df.columns),
            fill_color='#80FFFF', align='center', height=40, font_size=18, ),
    cells=dict(values=[df.nation, df.gold, df.silver, df.bronze],
            fill_color='#C4E1FF', align='left', height=30, ))
])
fig.update_layout(width=600)
fig.show()                              # 图 9-20
```

nation	gold	silver	bronze
South Korea	24	13	11
China	10	15	8
Canada	9	12	12

图 9-20　表图(使用数据框制表)

利用表图及 make_subplots 多子图函数可以将图与表显示在同一幅图上。

```
import pandas as pd
from plotly.subplots import make_subplots   # 多子图布局
df = pd.DataFrame({'水果':['橘子', '苹果', '香蕉'],'商家 A':[18, 10, 20],'商家 B':[12, 12, 17]})
bar1 = go.Bar(name='商家 A', x=df.水果, y=df.商家 A, width=0.3)
bar2 = go.Bar(name='商家 B', x=df.水果, y=df.商家 B, width=0.3)

table = go.Table( header=dict(values=list(df.columns), fill_color='#97CBFF'),
            cells=dict(values=[df.水果, df.商家 A, df.商家 A], fill_color='#F0F0F0'), )
# 创建 2 行 1 列的多子图布局对象。注意定义各子图坐标轴的类型
fig = make_subplots(rows=2, cols=1, specs=[[{"type": "xy"}], [{"type": "domain"}]],)
```

291

```
fig.add_trace(bar1, row=1, col=1)          # bar1 添加在第 1 行第 1 列
fig.add_trace(bar2, row=1, col=1)          # bar2 也添加在第 1 行第 1 列
fig.add_trace(table, row=2, col=1)         # 表图在第 2 行第 1 列
fig.update_layout(width=600, title="图表结合", title_x=0.5, title_y=0.9)
fig.show()                                 # 图 9-21
```

上面代码利用 make_subplots()方法创建 2 行 1 列的多子图对象 fig。因为柱状图是二维图形,属于普通的 x/y 轴坐标系,而表图不是 x/y 轴坐标系,要特别指定其坐标系为 domain,详情参阅官网"Subplots"页面说明。后续利用 add_trace()命令将 bar1 和 bar2 添加在第 1 行第 1 列子图上,将表图添加在第 2 行第 1 列子图中,最后显示如图 9-21 所示。

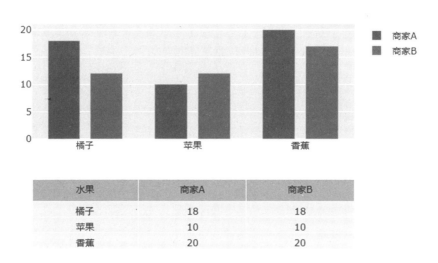

图 9-21　图表结合

make_subplots()命令用于创建多子图,下面是另一个多子图代码示例。

```
import numpy as np
from plotly.subplots import make_subplots
fig = make_subplots(rows=2, cols=2)   # 2×2 子图,本例都是 xy 坐标系,可省略 specs 类型指定
for index in range(4):
    row = index // 2 + 1              # 注意加 1,行列从 1 开始编号,不是从 0 开始
    col = index % 2 + 1
    sca = go.Scatter(x=np.random.randn(10), y=np.random.randn(10))   # 随机散点图
    fig.add_trace(sca, row=row, col=col)   # 将 sca 添加在指定的 row /col 子图中
fig.update_layout(width=600, title="多子图示例", title_x=0.5)
fig.show()                                 # 图 9-22
```

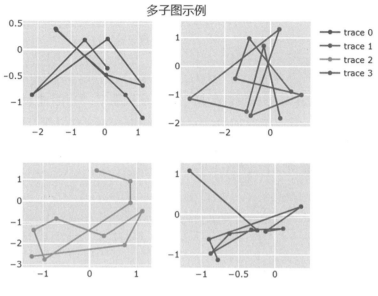

图 9–22　多子图示例

利用 make_subplots()函数还可以绘制双 y 轴图形,代码如下所示。

```
import plotly.graph_objects as go
from plotly.subplots import make_subplots
fig = make_subplots(specs=[[{"secondary_y": True}]])                # 启用双 y 轴
fig.add_trace(go.Scatter(x=[1, 2, 3,4], y=[40, 60, 30,50], name="y1 主轴"),secondary_y=False,)
fig.add_trace(go.Scatter(x=[2, 3, 4,5], y=[4, 5, 6,5], name="y2 次轴"),secondary_y=True,) # 使用轴 2
fig.update_yaxes(title="<b>主轴</b> ", secondary_y=False)
fig.update_yaxes(title="<b>次轴</b> ", secondary_y=True)        # 设置次轴标签, <b>粗体
fig.update_xaxes(title_text="X 轴")
fig.update_layout(title_text="双 Y 轴示例", width=600, height=400)
fig.show()                                                # 图 9-23
```

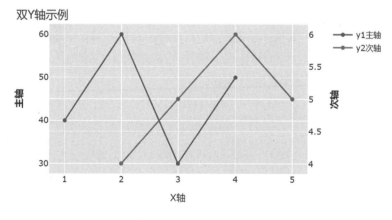

图 9–23　双 Y 轴示例

二、树图和瀑布图

(一) 树图

树图(Treemap)用嵌套的矩形框反映数据之间的层次关系,采用类似前文所述旭日图层次数据做树图,代码如下。代码中的 labels、parents 和 values 定义和以前类似,通过 parents 表明层次关系。图中所示有三个顶级数据,各自包含一些子类。values 数据不是必需的,如果提供了 values 值,则矩形面积反映数值之间的比例关系。

```python
import plotly.graph_objects as go
labels=["衣物", "食品", "电子类", "女装", "男装", "童装", "饮料", "肉食", "猪肉", "羊肉", "手机", "计算机"]
parents=["", "", "", "衣物", "衣物", "衣物", "食品", "食品", "肉食","肉食", "电子类", "电子类"]
values=[10, 12, 8, 4, 4, 2, 5, 7, 2, 5, 5, 3]

fig = go.Figure( go.Treemap( labels=labels,    parents=parents,    values=values ) )      # 树图
fig.show()                                                                    # 图 9-24
```

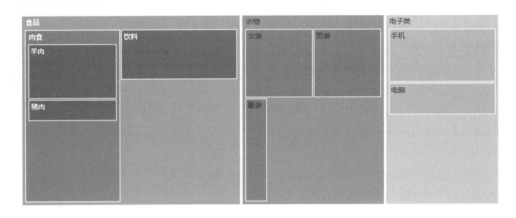

图 9 - 24　树图(Treemap)

利用数据框对象也可制作树图。下面代码是 tips 数据集按"day-time-sex"依次分类得到的一个层次树图,如图 9-25 所示。执行命令 tips.groupby(['day','time','sex']).total_bill.sum()可得到数值统计,但不如树图直观。图中可清晰看出"Sat"中只有"Dinner"(没有Lunch),"Dinner"下又分为"Male"和"Female"。

```python
import plotly.express as px
tips = px.data.tips()
fig = px.treemap(tips, path=['day', 'time', 'sex'], values='total_bill' )   # 注意 path 参数
fig.show()                                                                # 图 9-25
```

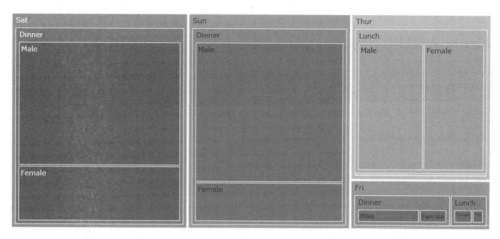

图 9-25　树图(tips 数据集)

（二）瀑布图

瀑布图(Waterfall Chart)用于表示一组连续数据的相对变化量及其总量的变化,因为形似瀑布而得名。图 9-26 表现了一年中的收入和支出的情况。"relative"代表相对变化量,填入正或负数;"total"代表累积总量,填入 0 即可,实际的累积总量在绘图时会自动计算。图中对应正数、负数和累积总量的柱体自动用不同颜色区分。

```
import plotly.graph_objects as go
fig = go.Figure(go.Waterfall(
    measure = ["relative", "relative",   "total",  "relative", "relative", "total"],  #相对和绝对类型
    x =    ["工资收入", "投资收入", "收入总计", "房贷", "生活费用", "结余"],
    text = ["+20", "+10", "+30", "-15", "-8", "+7"],  # 自定义标记文字
    y =    [20,   10,   0,   -15,  -8,   0],       # 只需填 relative 量,total 对应的数填 0
    textposition = "outside",
    ))
fig.update_layout(title = "2020 年收入支出大类图")
fig.show()                                          # 图 9-26
```

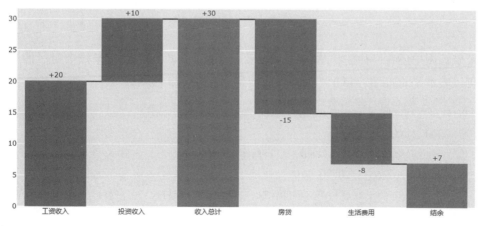

图 9-26　瀑布图

295

三、极坐标图和指示器图

(一) 极坐标图

在极坐标系中,点的坐标表示为(r, θ),其中 r 是极径,θ 是极角。下面代码定义了极坐标系中的 100 个点,绘制螺旋曲线图,如图 9–27 所示。

```
import plotly.graph_objects as go
fig = go.Figure(data =
        go.Scatterpolar(                              # 散点极坐标图
            r = np.linspace(0, 6, 100),               # 半径
            theta = np.linspace(0, 360*4, 100),       # 极角(单位:度)
            mode = ' lines+markers',                  # 线+点模式
            marker=dict(size=4, color=' #00A3A3' )    # 点的大小,颜色
    ))
fig.update_layout(showlegend=False)                   # 不显示图例
fig.show()                                            # 图 9-27
```

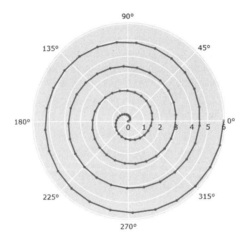

图 9 – 27　极坐标螺旋线图

极坐标图中还有一种柱状图,相比图 9-27 增加了 width 参数,定义每个扇区的圆心角,这样可以表示 r、theta 和 width 三个维度的信息,如图 9-28 所示。

```
import plotly.graph_objects as go
fig = go.Figure(go.Barpolar(                                          # 极坐标柱状图
        r=np.linspace(1,6,6),      theta=np.linspace(30, 300, 6),     # 半径/极角
        width=[30, 15, 15, 20, 30, 40],                              # 扇区圆心角(度数)
        marker_color=["#E4FF87", '#709BFF' , '#709BFF' , '#FFAA70' , '#FFAA70' , '#FFDF70' ],
```

```
            marker_line_color="black",        marker_line_width=2,        opacity=0.8,
))
fig.update_layout( template=None,
        polar = dict( radialaxis = dict(range=[0, 6], showticklabels=True, ticks='inside'),    # 半径轴刻度
                      angularaxis = dict(showticklabels=True, ticks=' outside' )               # 外圈圆刻度
        ))
fig.show()                                                                                     # 图 9-28
```

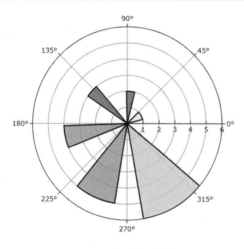

图 9-28　极坐标柱状图

（二）指示器图

指示器图(Indicator Chart)类似 Pyecharts 中的水球图，用于显示单个数值，但表现形式更丰富，并可配合其他图形一起显示，见图 9-29。指示器图中主要设置属性有：value（待显示的值）、mode（显示的模式）和 domain（图形布局），具体代码如下。

```
import plotly.graph_objects as go
fig = go.Figure()
fig.add_trace(go.Indicator(
        value = 200,                            # 待显示的值
        delta = {' reference' : 160},           # 自定义参照值，因此变化量为 200 - 160 = 40
        gauge = { ' axis' : {' visible' : True}},  # 显示仪表盘外圈的刻度值(默认设置)
        domain = {' row' : 0, ' column' : 0}))  # 布局在 0 行 0 列


fig.add_trace(go.Indicator(
        mode = "number+delta",                  # 只显示 "数值+变化量" ( 不显示仪表盘)
        value = 300,
        delta = {' reference' : 250},           # 参照值 250，因此变化量为 300 - 250 = 50
        domain = {' row' : 0, ' column' : 1}))  # 布局在 0 行 1 列
```

297

```
fig.add_trace(go.Indicator(
    value = 120,                                # 值 120, 模板中参照值 90,因此变化量 120 - 90 = 30
    gauge = { ' shape' : "bullet",              # 自定义仪表盘外形为 bullet
            'axis' : {' visible' : False}},     # 不显示轴上刻度标签
    domain = {' x' : [0.05, 0.5], 'y' : [0.15, 0.35]}))   # 定义子图在大图中的位置,都是相对坐标


fig.add_trace(go.Indicator(
    mode = "delta",                             # 只显示变化量
    value = 80,                                 # 值 80,参照值 100,变化量为 80 - 100 = -20
    delta = {' reference' : 100,' relative' :True},   # 显示相对变化比例:-20/100 = -20%
    domain = {' row' : 1, ' column' : 1}))


fig.update_layout(
    grid = {' rows' : 2, ' columns' : 2, ' pattern' : "independent"},   # 布局 2 行×2 列,独立布局
    template = {' data' : {' indicator' : [{   # 定义模板
        'title' : {' text' : "Speed"},         # 标题文字
        'mode' : "number+delta+gauge",         # 默认显示模式:数值+变化量+仪表盘外形
        'delta' : {' reference' : 90}}]        # 默认参照值 90
                        }})
fig.show()                                      # 图 9-29
```

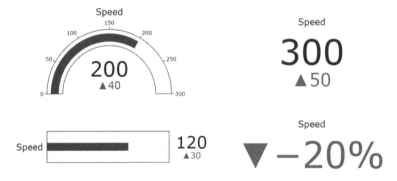

图 9 - 29　各种指示器图(Indicator)

指示器图可搭配其他图形显示,图 9-30 在折线图上添加一个指示器图,指示了最大值和最小值之间的增量变化,代码如下。

```
import pandas as pd
import numpy as np
import plotly.express as px
index = pd.date_range(' 2021-01-01 ', periods=40)
```

```
df = pd.DataFrame(np.random.randint(10,30,40), index=index, columns=[' A' ])
fig = px.line(df)                              # 折线图
fig.add_trace(go.Indicator(                    # 指示器图
    mode = "number+delta",                     # 只显示 "数值+变化量" (不显示仪表盘)
    value = df.A.max(),                        # 显示最大值
    delta = {' reference' : df.A.min()},       # 参照值为最小值,因此变化量=最大值-最小值
    domain = {' x' : [0.2, 0.5], ' y' : [0.5, 0.9]}))  # 定义子图在大图中的位置及其大小(相对坐标)
fig.update_layout(width=600, height=400)
fig.show()                                     # 图 9-30
```

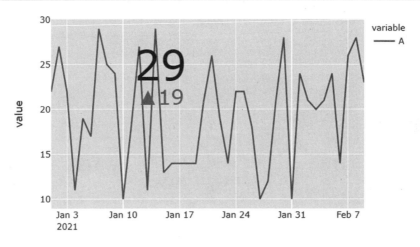

图 9-30　折线图叠加指示器图

四、桑基图和平行类目图

(一) 桑基图

桑基图在第 8 章中介绍过,Plotly 也可绘制桑基图,数据定义比 Pyecharts 简洁。下面绘制一幅桑基图,如图 9-31 所示,数据和第 8 章中的桑基图数据相同。

```
import plotly.graph_objects as go
fig = go.Figure(data=[go.Sankey(
    node = dict( #图中条形的间距, 宽度, 外边缘线, 颜色
        pad = 15,    thickness = 20,    line = dict(color = "white", width = 1), color = "blue",
#定义各节点名称
        label = ["苹果", "华为", "小米", "男", "女", "年龄 40 以上","年龄 25-40","年龄 25 以下"],
    ),
    link = dict(
```

```
        source = [0, 0, 1, 1, 2, 2, 3, 3, 3, 4, 4, 4],    # 源,对应 label 中的索引号(从 0 开始)
        target = [3, 4, 3, 4, 3, 4, 5, 6, 7, 5, 6, 7],    #目标
        value = [100, 120, 150, 50, 40, 55,80,150,60,60,125,40]
    ))])
# 定义标题、标题文字大小,标题 x 轴位置,y 轴位置, 普通文字大小
fig.update_layout(title="桑基图", title_font_size=20, title_x=0.5,title_y=0.85, font_size=12)
fig.show()                                      # 图 9-31
```

上面代码中,node 参数定义结点,link 参数定义结点间的边。每条边由(source, target, value) 三部分构成,例如(0,3,100) 表示("苹果","男",100)的数据对应关系,边的宽度由 value 决定。

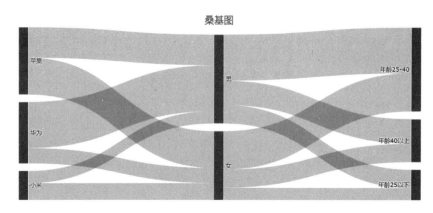

图 9-31　桑基图

(二) 平行类目图

有时需要展示多组相关数据,但这些数据的度量标准不同,无法简单地在同一个坐标系中展示,此时可使用平行类目图。下面代码构造了一个城市空气质量数据表,使用平行类目图进行展示,如图 9-32 所示。

```
import plotly.graph_objects as go
import pandas as pd
df=pd.DataFrame({'城市':['北京', '广州', '上海'],'PM2.5':[100,30, 80], 'CO':[1.5, 0.8, 0.9],
                'NO2':[100, 40, 70], '等级':['中', '优', '良']})
fig = px.parallel_categories(df, dimensions=['城市','PM2.5', 'CO', 'NO2', '等级'])    # 注意参数
fig.update_layout(title='平行类目图',title_x=0.5,width=600, height=300)
fig.show()                          # 图 9-32
```

对于 tips 数据集也可用平行类目图反映,代码如下所示。

```
df = px.data.tips()
fig = px.parallel_categories(df)
fig.show()                          # 图略
```

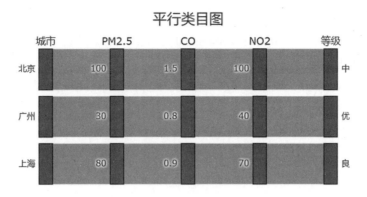

图 9-32　平行类目图

第 4 节　统计类图形与地图

一、统计类图形

前面介绍的 Pyecharts 库支持交互图形,但在统计图形方面比较薄弱。Plotly 集中了 Seaborn 和 Pyecharts 的优点,绘制统计类图形非常方便。下面代码用 px 接口绘制鸢尾花的花萼宽度和长度散点图,如图 9-33 所示。

```
import plotly.express as px
df = px.data.iris()
fig = px.scatter(df, x="sepal_width", y="sepal_length", color="species", marginal_y="violin",
            marginal_x="box", trendline="ols", template="simple_white")
fig.show()                # 图 9-33
```

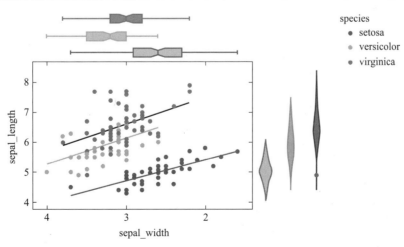

图 9-33　散点图(辅助小提琴图和箱线图)

从上面代码可见,px 接口直接使用数据框对象绘图非常方便,只需指定 df、x、y 和 color 等参数。更进一步,增加了 marginal_y、marginal_x 和 trendline 参数,可以绘制单变量的小提琴图和箱线图,并指定拟合趋势线。

与 Seaborn 类似,下面代码中 px 接口也只需一行代码即可绘制出鸢尾花 4 种属性的散点图矩阵,如图 9-34 所示。

```
df = px.data.iris()
fig = px.scatter_matrix(df,
dimensions=["sepal_width", "sepal_length", "petal_width", "petal_length"], color="species")
fig.show()                 # 图 9-34
```

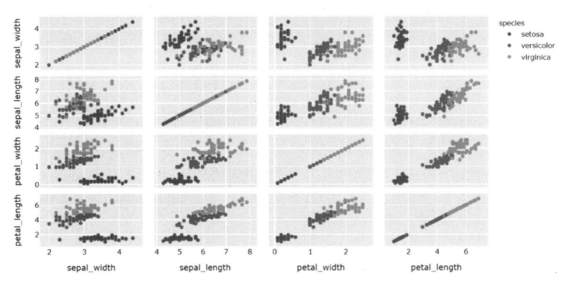

图 9-34　鸢尾花散点图矩阵

以下代码使用 px.histogram()函数绘制单变量分布直方图,如图 9-35 所示。

```
df = px.data.tips()
fig = px.histogram(df, x="total_bill", nbins=20)       # nbins 分组数
fig.update_layout(width=600, height=400)
fig.show()                                             # 图 9-35
```

下面的代码绘制 tips 数据中的 tip 字段直方分布图,如图 9-36 所示,通过 color 参数将数据分为男性和女性两类,并在上方分别绘制了小费的地毯图(rug),将每一笔小费用细的竖线标记。"hover_data=df.columns"表示信息框中显示所有列的数据。

```
df = px.data.tips()
fig = px.histogram(df, x="tip", color="sex", marginal="rug", hover_data=df.columns)
fig.show()                 # 图 9-36
```

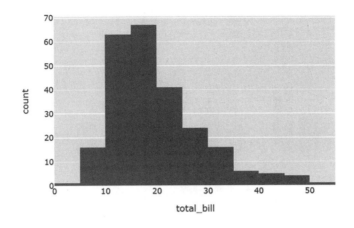

图 9 - 35 直方图(total_bill)

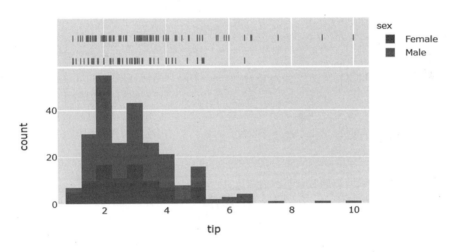

图 9 - 36 tip 属性直方图(color=' sex')

统计类图形中常用的箱线图可以使用 px.box()函数绘制,如图 9-37 所示。鼠标移到箱框上时会显示 25% 、50% 和 75% 分位点值,代码如下。

```
df = px.data.tips()
fig = px.box(df, x="day", y="total_bill", color="smoker")      # 箱线图
fig.show()                                                     # 图 9-37
```

将箱线图和密度曲线图结合可得到小提琴图,使用 px.violin()函数绘制,代码如下。

```
df = px.data.tips()
fig = px.violin(df, y="tip", x="smoker", color="sex", box=True, points="all", hover_data=df.columns)
fig.show()                                                     # 图略
```

下面的代码绘制两个变量的密度分布图,如图 9-38 所示,图形上方是直方图和密度曲线,下方是地毯图。

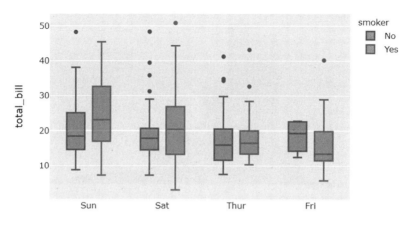

图 9 - 37　tips 箱线图(color="smoker")

```
import plotly.figure_factory as ff                       # 引入 ff 接口
import numpy as np
np.random.seed(7)
x = np.random.randn(200);   y = np.random.randn(200)     # 构造随机标准正态分布数组 x 和 y
hist_data = [x,y]                                         # 待绘图的变量数组
group_labels = ['x', 'y']                                # 图例(必须参数)
fig = ff.create_distplot(hist_data, group_labels)        # 注意函数名
fig.show()                                               # 图 9-38
```

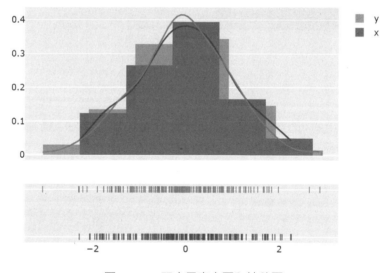

图 9 - 38　双变量直方图和地毯图

二、地图

Plotly 支持两种类型的地图:Geo 地图和 Mapbox 地图。Geo 绘制地图轮廓线(outlinebased),类似 Pyecharts 中的 Map 和 Geo 图。Mapbox 类似百度地图,但功能更丰富,可以支持多种不同的地图渲染样式。

（一）Geo 地图

Geo 地图可参考 Plotly 官网。Plotly 包含若干种地图绘制函数,函数名中带有"geo"字样的为 Geo 类绘图函数。绘制时默认的地图轮廓是世界地图,代码如下所示。

```
import plotly.graph_objects as go
fig = go.Figure(go.Scattergeo(lon = [30.2, 80, 130], lat = [50.1, 10.2, 30.55],    # 点的经纬度
                hovertext=[' 地点 A', ' 地点 B', ' 地点 C'], marker_size=12) )
fig.update_traces(mode="lines+markers")
fig.update_geos(projection_type="equirectangular")        # 投射类型:equirectangular 为默认值
fig.show()                                                # 图略
```

上面代码定义了三个点的经纬度,并设置模式为"lines+marker",因此在地图上标注了三个点并连线。projection_type 参数表示地图投影类型,例如将代码改为如下可实现球形地图效果。

```
fig.update_geos(projection_type="orthographic")    # 正射投影(球形效果,可旋转),图略
```

Plotly 有很多参数值,初次使用时难免出错,一般在返回的错误信息中包含了正确的可设置参数值,通过这种方式可逐步学会正确的参数设置。例如,投影参数可设置的值有' equirectangular' 、' mercator' 、' orthographic' 、' natural earth' 、' kavrayskiy7' 和' miller' 等。

Plotly 自带的 Geo 图可以设定地图范围"scope",可设置的值有:' world' 、' usa' 、' europe' 、' asia' 、' africa' 、' north america' 和' south america' 。下面的代码设定 scope 值为' asia' 。

```
import plotly.graph_objects as go
fig = go.Figure(go.Scattergeo())
fig.update_geos(resolution=50, scope="asia",            # 指定分辨率为 1:50 万, 范围: 亚洲
    showcoastlines=True, coastlinecolor="Purple",       # 显示海岸线
    showland=True, landcolor="LightGreen",              # 陆地
    showlakes=True, lakecolor="Blue",                   # 湖泊
    showrivers=True, rivercolor="Blue",)                # 河流
fig.update_layout(annotations=[dict(text=' 亚洲', x=0.5, y=0.8, font_size=20)], height=500)
fig.show()                                              # 图略
```

分辨率 resolution 只能设为 110 和 50 两个值,地图中设定了显示海岸线、陆地、湖泊和河流等信息。

Plotly 自带世界和美国的州地图 Geo 数据,如果要绘制其他区域的 Geo 地图需要提供该区域的 geojson 文件,此文件有特定格式。例如,将第 8 章中的"2019 年各省 GDP 分布图"用 Plotly 的 Geo 地图实现,代码如下。

```
import json
import pandas as pd
import plotly.graph_objs as go
#中国省区域地图 geojson 文件(1.6MB)，  文件见配套数据包
with open("data/china_province.geojson", encoding='utf-8') as f:
    provinces_map = json.load(f)
df = pd.read_csv('data/2019GdP_plotly.TXT', encoding='cp936', sep="\s+")  # 各省 2019 年 GDP 值
fig = go.Figure(go.Choropleth(
                geojson=provinces_map,                    # 指定 Geo 数据
                featureidkey="properties.NL_NAME_1",      # provinces_map 中的匹配项目
                locations=df.省份,                         # 与 df 中的省份匹配
                z=df.GDP,                                 # df.GDP 列作为 z 数值列
                colorscale='viridis',                     # 映射颜色系
                marker_opacity=0.6,),                     # 不透明度
            layout_margin=dict(l=0, r=0, t=0, b=0),))     # 距四周边距均为 0
# 范围:亚洲，不显示底图，  地图中心位置
fig.update_geos(scope="asia",   visible=False,   center={"lat": 23.2, "lon": 113.4},  )
fig.show()                                                # 图略，见配套的 ipynb 文件
```

上面的代码读取中国省区域 geojson 文件,文件内含列表 features,列表包含省级名称,可用下面的代码查看,"2019GDP_plotly.txt" 文件中的省和自治区名称必须与之一致。为匹配地图,该文件中增加了"自治区"字样,和第 8 章中的"2019GDP.txt" 文件略有差异。

```
for item in provinces_map['features']:
    print(item['properties']['NL_NAME_1'])       # 输出 Geo 文件中的省/自治区名称
```

（二）Mapbox 地图

Mapbox 地图可参考官网的 mapbox-layers 页面。地图数据实时取自 Mapbox 服务器,不需要用户提供地理区域外形文件。Mapbox 地图支持多种地图样式(layout.mapbox.style),一部分样式可直接使用,一部分需提供访问凭证 token 才可访问。用户可在 mapbox 网站注册,获取自己的免费 token。

不需 token 即可使用的地图样式有:"open-street-map" "carto-positron" "carto-darkmatter" "stamen-terrain" "stamen-toner" 和 "stamen-watercolor"。需要 token 才可使用的样式有:"basic" "streets" "outdoors" "light" "dark" "satellite"和 "satellite-streets"。

```
import pandas as pd
import plotly.express as px
df = pd.read_excel('data/上海美食商铺.xlsx')              # 读文件,内含商铺经度 lon, 纬度 lat
fig = px.scatter_mapbox(df, lat="lat", lon="lon",         # scatter_mapbox() 函数
hover_name='商铺名', color="人均消费", zoom=15)           # zoom 值越大地图越精细
```

```
fig.update_traces(marker_size=12)
fig.update_layout(mapbox_style="open-street-map")        #地图样式(此样式不需 token)
fig.update_layout(margin={"r":10,"t":30,"l":10,"b":10}, width=600, height=400)
fig.show()                                               # 图略
```

上面的代码读取商铺文件,每个商铺提供了经纬度数据,使用 px 接口指定了 lat 和 lon 参数,并用人均消费作为映射颜色列,将不同人均消费的商铺用不同颜色的点标注在地图上。

下面的代码绘制广州地铁 1~6 号线路图。先收集整理各地铁站点的经纬度数据,绘图时使用 px.line_mapbox()函数,通过 color 参数区分各条线路。地图采用"light"样式,此样式必须提供 Mapbox 网站的访问 token。

```
import plotly.express as px
import pandas as pd
token="你的 Mapbox token"                  # 可在 https://mapbox.com/ 免费申请 token
px.set_mapbox_access_token(token)           # 在 px 接口中设置 token
df = pd.read_excel('data/gz_metro.xlsx')    # 读取地铁 1~6 号线各站点纬度 lat, 经度 lon
fig = px.line_mapbox(df, lat="lat", lon="lon", hover_name='name', color='line', zoom=8.5, height=400)
fig.update_traces(mode="lines+markers", marker={"size":6})
fig.update_layout(mapbox_style="light")     # light 样式需要 token 才能使用
fig.update_layout(margin={"r":0,"t":0,"l":0,"b":0}, title='广州地铁 1-6 号线', title_x=0.5, title_y=0.8)
fig.show()                                   # 图略
```

收集地铁站地理信息时可借助百度地图的 API 接口,下面代码中包含一个获取地铁站经纬度的函数。

```
import re
from urllib import request                   # 引入相关网络库和正则库 re
import urllib.parse as urp
def  get_metro_geo(metro, city):             # 获取地铁站经纬度的函数
        my_ak ="你的百度地图 AK"              # 可使用前文申请的百度地图 AK
        tag = urp.quote('地铁站')            # 将中文信息编码
        qurey = urp.quote(metro)
        try:
            url = 'http://api.map.baidu.com/place/v2/search? query='+qurey+\
            ' &tag='+' &region='+urp.quote(city)+' &output=json&ak='+my_ak
            req = request.urlopen(url)        # 查询百度地图 API
            res = req.read().decode()         # 解码
            lat = float(re.findall(' "lat":(.*)',res)[0].split(',')[0]) # 从返回信息提取维度,转数值
            lng = float(re.findall(' "lng":(.*)',res)[0])      # 提取经度
```

```
                return lng, lat                  # 返回经度、纬度
            except:
                return   0, 0                    # 如出错则返回 0, 0


    print(get_metro_geo(' 萝岗站', ' 广州'))       # 测试     (113.487845, 23.181218)
    print(get_metro_geo(' 迪士尼站', ' 上海'))     # 测试     (121.674468, 31.147573)
```

》 本章小结

Plotly 基于 d3.js 库，支持交互网页绘图，对 DataFrame 数据框支持良好，且具有类似 Seaborn 的统计数据绘图功能。 主要使用 plotly.graph_objects(go)和 plotly.express(px)接口绘图，px 接口是对前者的再包装，官方提倡使用 px 接口。

绘图时先创建 Figure 对象，然后用 fig.add_trace()添加 trace，trace 对应具体的子图形。 Figure 对象拥有 data 和 layout 顶级属性，data 列表中包含各个 trace，layout 存储窗口的相关属性。 使用 fig.update_traces()修改 trace，使用 fig.update_layout()修改 layout。

Plotly 的输出形式很灵活，可在 notebook 中输出或输出为网页、图片和 pdf。

常用的绘图函数有: go.Scatter()、go.Bar()、go.Pie()、px.scatter()、px.bar()和 px.line()。 Plotly 支持诸如甘特图(gantt)、表图(Table)、树图(Treemap)、瀑布图(Waterfall)、极坐标图(Polar)、指示器图(Indicator)、桑基图(Sankey)等新式图形。

Plotly 支持 Geo 和 Mapbox 两种类型的地图。 Mapbox 地图具有多种地图样式，部分样式需要申请 Mapbox 的 token 才可使用。

》 习题

1. 简述 Plotly 绘图的一般步骤。

2. Plotly 中的魔术下划线是什么意思？ 试举例说明。

3. 设置一个模板，规定窗口大小为 500×500，以你的名字为水印，练习使用你定义的模板。

4. x=np.linspace(−4, 4, 100)， y=np.sin(x)，绘制散点图。

5. 统计班级同学的籍贯信息，绘制饼图。

6. 将你的课表以表图的形式展示。

7. 绘制关于你一天主要活动安排的甘特图(时间格式可参考官网示例)。

8. 假设参照值 100，实际值 120，仿照书中的例子绘制指示器图。

9. 用 2010 年各国酒精消费数据(2010_alcohol_consumption_by_country.csv 见配套资源)在 Geo 世界地图上标注各国数据，文件中含: 国家全名(location)、 酒精消费(alcohol)、 国家标准名(iso_alpha)。

参考代码如下:

```
fig = px.scatter_geo(df, locations="iso_alpha", hover_name="location", size="alcohol")
```

10. 在 mapbox 网站注册用户获取免费 token，尝试使用"basic"、"streets"、"outdoors"、"light"、"dark"、"satellite"和 "satellite-streets"等地图样式。

11. 读取配套文件 penguins.csv，该表包含：企鹅类别、岛屿、喙长、喙深、鳍长、体重和性别字段，练习 Plotly 的各种统计类绘图命令。

12. 读取配套文件 Prod_Trade.xlsx，该表含有一些商品的销售及运输记录，练习 Plotly 的各种统计类绘图命令。

即测即评

第 10 章

可视化应用实例

- ⊙ 掌握巩固前面章节介绍的各类绘图函数。
- ⊙ 掌握本章介绍的可视化应用实例。
- ⊙ 了解基本的数据预处理方法。

本章的主要知识结构如图 10-1 所示。

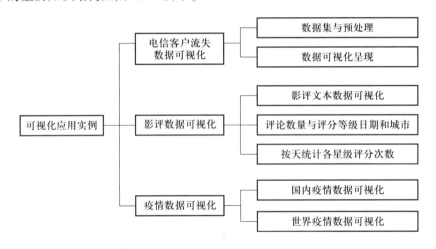

图 10-1　本章知识结构图

本章介绍数据可视化在各行业中的实际应用。通过分析数据，挖掘数据背后的关联，并将这种关联形象地展示出来，有助于业务人员抓住解决问题的关键，为行业客户提供优质的服务。

本章将使用 Matplotlib、Seaborn 和 Pyecharts 绘图，需要导入下列相关库。

```
import numpy as np
import pandas as pd
import matplotlib.pyplot as plt
```

```
import seaborn as sns                              # 引入 seaborn
plt.rcParams[' font.sans-serif' ] = ' Simhei'      # 中文正常显示
plt.rcParams[' axes.unicode_minus' ] = False       # 负号正常显示
plt.rcParams[' font.size' ] = 18                    # 调整全局字体大小
```

第 1 节　电信客户流失数据可视化

客户流失问题是所有行业关注的焦点。电信行业在竞争日益激烈的当下,如何留住更多的客户,预防目标客户流失成为一项关键业务指标。我们希望运用数据分析技术了解流失客户的特征,可视化地对比流失人群和流失原因,预测客户可能的流失率,确定有效促销方案,达到最终留存老客户并拓展新客户的目标。

一、电信客户流失数据集与预处理

(一) 数据集

电信客户流失数据集来自 DataFountain,数据源来自 www.datafountain.cn/dataSets/35/details。本数据集描述了电信客户是否流失及客户的相关属性,共包含 7 043 条数据,21 个字段,每行代表一个客户,各列对应客户属性。数据集各列属性如表 10-1 所示。

表 10 - 1　电信客户流失数据集属性描述

序号	字段名	类型	描述	序号	字段名	类型	描述
1	customerID	int	用户 ID	9	InternetService	str	是否开通互联网服务
2	gender	str	性别	10	OnlineSecurity	str	是否开通在线安全服务
3	SeniorCitizen	int	是否老年人	11	OnlineBackup	str	是否开通在线备份业务
4	Partner	str	是否有配偶	12	DeviceProtection	str	是否开通设备保护业务
5	Dependents	str	是否经济依赖	13	TechSupport	str	是否开通技术支持服务
6	tenure	int	客户职位	14	StreamingTV	str	是否开通网络电视

续表

序号	字段名	类型	描述	序号	字段名	类型	描述
7	PhoneService	str	是否开通电话服务业务	15	StreamingMovies	str	是否开通网络电影
8	MultipleLines	str	是否开通多线业务	16	Contract	str	签订合同期限
17	Paperless Billing	str	是否开通电子账单	20	TotalCharges	float	总费用
18	Payment Method	str	付款方式	21	Churn	str	用户是否流失
19	Monthly Charges	float	月费用				

数据集中"Churn"列是标签列,值为"Yes"表示客户已流失,值为"No"表示未流失。其他大多数列表示是否开通某项服务,一般只有"[' No', ' Yes', ' No internet service']"三种取值,有少量数值型的列。

(二) 预处理

教材资源包中含有"电信客户流失数据.csv"文件,将其复制到本地文件夹,然后用 Pandas 的 read_csv()函数读取数据,再查看数据集相关属性和统计信息。下面显示内容中的"In"和"Out"是 IPython 窗口中的输入和输出提示符。

```
import pandas as pd
telcom = pd.read_csv(' data/电信客户流失数据.csv' )
telcom.head(3)                # 查看前 3 行
Out:

      customerID    gender   SeniorCitizen   ...      MonthlyCharges    TotalCharges   Churn
0    7590-VHVEG    Female          0         ...          29.85            29.85        No
1    5575-GNVDE     Male           0         ...          56.95            1889.5       No
2    3668-QPYBK     Male           0         ...          53.85            108.15       Yes


In:   telcom.shape              # 查看数据集大小
Out:(7043, 21)


In: telcom.describe()            # 统计信息
Out:

            SeniorCitizen       tenure    MonthlyCharges
count      7043.000000     7043.000000      7043.000000
mean          0.162147       32.371149        64.761692
std           0.368612       24.559481        30.090047
min           0.000000        0.000000        18.250000
# …略…
max           1.000000       72.000000       118.750000
```

describe()命令默认只统计数值列的相关信息,可以发现 telcom 数据框目前只含 3 个数值列。接下来用 isnull()命令检查各列是否有缺失值。

```
# 检查各列缺失情况
In:telcom.isnull().sum()
Out:
customerID          0
gender             0
SeniorCitizen      0
…省略…
dtype: int64
```

上面代码的结果显示各列缺失值个数都为 0,没有缺失值。但实际上"TotalCharges"总费用列有个别数据填充的是一个空格符,以此模拟实际采集的数据并不完美,可能会有少许错误。因为有个别空格符,所以该列读入后没有自动转为数值列,目前仍旧是"object"字符串类型。执行下面的命令将该列转为数值列,参数"coerce"表示个别字符串转换失败时将其视为缺失值。

```
In:telcom[' TotalCharges' ] = telcom[' TotalCharges' ].apply(pd.to_numeric, errors=' coerce' ) # 转数值
In: telcom[' TotalCharges' ].isnull().sum()        # 检查缺失值个数
Out: 11
```

缺失 11 个数据占比不大,考虑直接将这 11 行数据删除,删除缺失值之后的数据框还有 7 032 条记录。

```
In:telcom.dropna(inplace=True)        # 删除缺失值所在的行
In:telcom.shape
Out: (7032, 21)
```

数据框中客户是否流失(Churn)这一字段的取值是"Yes"或"No",为处理方便将其用 1 和 0 替换,这样后续计算该列的均值即可得到平均流失率。

```
telcom[' Churn' ].replace({' Yes' :1,' No' :0}, inplace = True)   # Yes 替换为 1,No 替换为 0
print(telcom[' Churn' ].head(3))
Out:
0    0
1    0
2    1
Name: Churn, dtype: int64

In:telcom[' Churn' ].mean()                        # 平均流失率
Out: 0.2658
```

二、数据可视化呈现

（一）用饼图展示流失客户占比

对数据集进行预处理之后，再对"Churn"列进行统计，发现数据集中有 5 163 名客户没有流失，有 1 869 名客户流失了。以下代码用饼图展示流失客户占比，如图 10-2 所示。

```
In:telcom["Churn"].value_counts()
Out:
0      5163
1      1869
Name: Churn, dtype: int64


# 流失客户占比
churnvalue = telcom["Churn"].value_counts()
plt.rcParams[' font.size' ] = 18                    # 调整全局字体大小
plt.pie(churnvalue, labels=[ '未流失',' 流失' ], colors=["pink","y"], explode=(0.1, 0),
        autopct=' % 1.1f% %' , shadow=True)
plt.title("流失客户占比")                            # 图 10-2
```

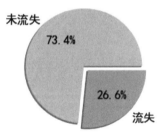

图 10-2　流失客户占比

（二）用柱形图展示不同属性划分下的客户流失数量

下面用柱形图展示性别(gender)、是否老年人(SeniorCitizen)、是否有配偶(Partner)、是否经济依赖(Dependents)等属性对客户流失的影响。从图 10-3 可以看出，性别对客户流失没有显著影响，男性与女性客户中流失和非流失客户的比例大致相同。老年客户(属性值 1)中流失占比明显比非老年客户更高。在所有数据中未婚与已婚人数基本持平，但未婚(属性值 No)中流失比例比已婚中的流失比例高出了近一倍。从经济依赖情况看，经济不依赖 (属性值 No，即经济独立)的客户流失率要远远高于经济依赖(属性值 Yes)的客户。

```
fig, axes = plt.subplots(2,2,figsize=(10,6))
fields = ["gender","SeniorCitizen","Partner","Dependents"]
for  field, ax in zip(fields, axes.ravel()):
    sns.countplot(x=field, hue="Churn", data=telcom, palette="spring",ax=ax)
    ax.set_xlabel('')  # 去掉默认的 x 轴标签
    ax.set_title("Churn by "+field)
fig.tight_layout()        # 自动调整子图间距, 图 10-3
```

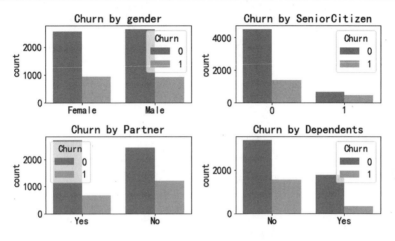

图 10-3　从不同角度对比未流失—流失客户数量

（三）使用热图显示相关系数

　　由于数据集中的很多列是字符串类型,因此,用热图展示各属性之间相关性的时候需要对离散型属性特征进行编码。编码分为两种情况:离散特征的取值之间没有大小的意义,例如各种颜色值,那么就使用 one-hot 编码;离散特征的取值有大小的意义,例如各种尺寸(size:[X,XL,XXL]等),那么就使用数值的映射"{X:1,XL:2,XXL:3}"。该数据集中的很多列只有Yes 或 No 两个取值,可以用 1 和 0 替换,然后再构造相关系数矩阵并用热图显示,颜色越深表明相关性越强,反之越弱。

```
# 提取特征
In:charges=telcom.iloc[:, 1:18]  # 未包含最后三列
# 对各列特征进行编码,将每列的几类数据用 0、1、2...的数字代替
In:corrDf = charges.apply(lambda x: pd.factorize(x)[0])
In:corrDf.head(3)
Out:
```

	gender	SeniorCitizen	Partner		...	Contract	PaperlessBilling	PaymentMethod
0	0	0	0	0	...	0	0	0
1	1	0	1	...		1	1	1
2	1	0	1	...		0	0	1

```
# 构造相关系数矩阵
In: corr = corrDf.corr()
In: corr.head()
Out:
```

	gender	SeniorCitizen	...	PaperlessBilling	PaymentMethod
gender	1.000000	−0.001819	...	0.011902	−0.004928
SeniorCitizen	−0.001819	1.000000	...	−0.156258	−0.093712
Partner	0.001379	−0.016957	...	−0.013957	−0.133280
Dependents	0.010349	−0.210550	...	0.110131	0.124002
tenure	−0.000265	0.012240	...	−0.013160	0.075533

```
# 使用热图显示相关系数
plt.figure(figsize=(24,18))
ax = sns.heatmap(corr, lw=0.1, cmap="YlGnBu", annot=True)
plt.title("各属性特征相关系数展示")
plt.setp(ax.get_xticklabels(), rotation=35)    #调整 x 轴刻度标签倾斜角度，图 10-4
```

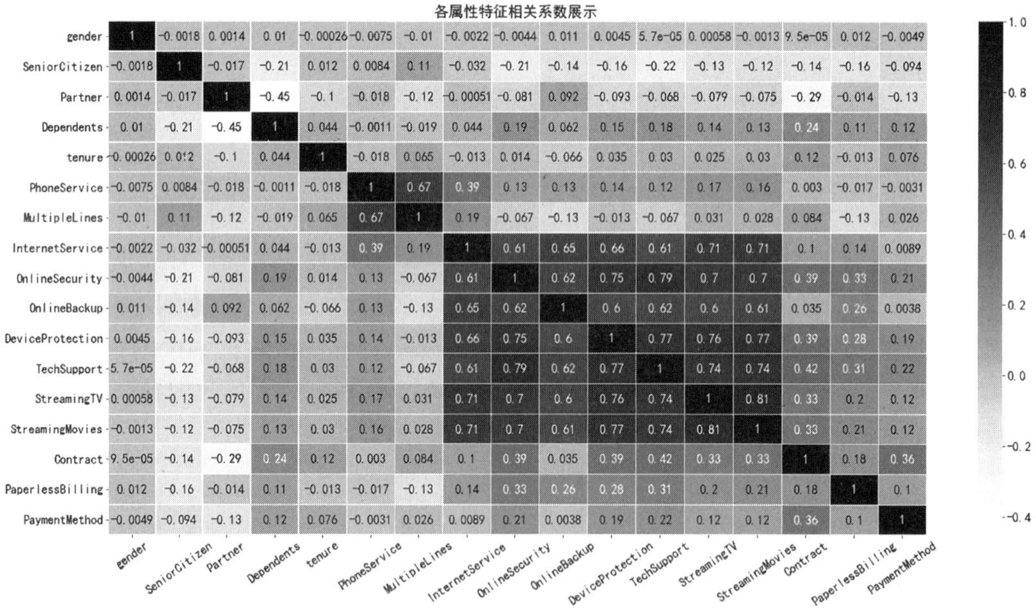

图 10-4　各属性列相关系数热图

绘制热图使用函数 sns.heatmap()，其中 annot=True 表示要在色块上标注数值。从图 10-4 可以看出，互联网服务、在线安全服务、在线备份业务、设备保护业务、技术支持服务、网络电视和网络电影之间存在较强的相关性，多线业务和电话服务之间也有很强的相关性，且都呈现正相关关系。

（四）客户是否流失与各变量之间的相关性

由于数据集有很多离散的属性值,因此使用 one-hot 编码,将离散特征的取值扩展到欧式空间,离散特征的某个取值就对应欧式空间的某个点。将离散型特征使用 one-hot 编码,也使得特征之间的距离计算更加合理。特征处理之后,再用柱状图绘制电信客户流失与各变量之间的关系,如图 10-5 所示。

```
# 利用 pandas 的 get_dummies()方法进行 one-hot 编码。默认只对字符列编码,不会对数值列编码
tel_dummies = pd.get_dummies(telcom.iloc[:,1:21])
tel_dummies.head(3)
Out:
        SeniorCitizen    ...   PaymentMethod_Mailed check
0            0          ...                0
1            0          ...                1
2            0          ...                1


[3 rows x 46 columns]


# 电信客户是否流失与各变量之间的相关性
plt.figure(figsize=(15,8))
# 计算相关系数矩阵,取出 Churn 行,逆序排列,绘柱形图
tel_dummies.corr()[' Churn' ].sort_values(ascending = False).plot(kind=' bar' )
plt.title("客户流失与各变量之间的相关性")              # 图 10-5
```

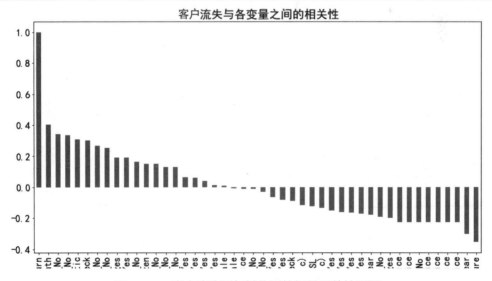

图 10-5　客户流失列与其他列的相关系数柱形图

由图 10-5 可以看出,变量 gender 和 PhoneService 处于图形中间,其值接近于 0 ,这两个变量对电信客户流失预测影响非常小,可以直接舍弃。

（五）在线安全服务、在线备份业务、设备保护业务、技术支持服务、网络电视、网络电影对客户流失数量的影响

上述 6 列表示客户有无使用某种互联网增值服务,这些列的取值只有 3 种:"Yes""No"和"No internet service"。"No internet service"表示没有基础的互联网服务,那相应的增值服务就无从选择了。

```
covariables = ["OnlineSecurity", "OnlineBackup",  "DeviceProtection", "TechSupport",
                "StreamingTV", "StreamingMovies"]
fig, axes = plt.subplots(nrows=2, ncols=3, figsize=(16, 10))
for item, ax in zip(covariables, axes.ravel()):
    sns.countplot(x=item, hue="Churn", data=telcom, palette="spring",
                order=["Yes", "No", "No internet service"], ax=ax)
    ax.set_xlabel(' ')                          # 将默认的 x 轴标签清空
    ax.set_xticklabels(["Yes", "No", "No_service"])
    ax.set_title("Churn by " + item)
fig.tight_layout()                          # 调整子图间距,图 10-6
```

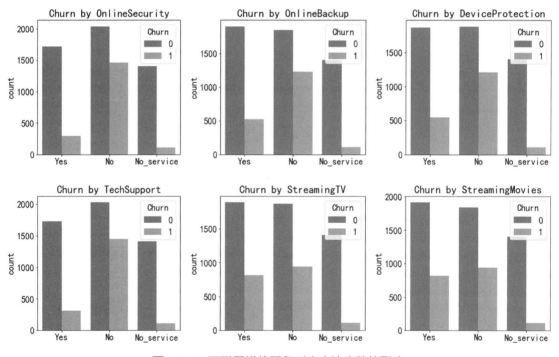

图 10‐6 互联网增值服务对客户流失数的影响

由图 10-6 可见,在在线安全服务、在线备份业务、设备保护业务、技术支持服务、网络电视和网络电影 6 个变量中,没有互联网服务(No_service)的客户流失率大致是相同的,都相对较低。这可能是因为以上 6 个因素只有在客户开通互联网的情况下才会影响客户的决策,对无互联网服务的客户没有影响。

（六）合同期限和付款方式对客户流失率的影响

数据表中 Contract 列是合同期限，有 3 种取值：按月，按一年期，按两年期。

```
In: telcom[' Contract' ].unique()          # 合同期限的取值
Out: array([' Month-to-month' , ' One year' , ' Two year' ], dtype=object)


# 合同期限对客户流失率的影响
sns.barplot(x="Contract",y="Churn", data=telcom, palette="Pastel1",
                order= [' Month-to-month' , ' One year' , ' Two year' ])
plt.title("Churn by Contract type")          # 图 10-7
```

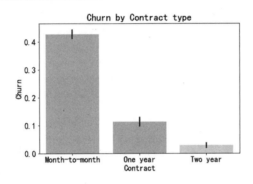

图 10-7 客户流失率按合同期限分类对照图

Churn 列只有 0 和 1 两种取值，Seaborn 的柱形图会自动计算每类的均值，因此 y 轴数据等同于每种合同期限下的客户流失率。由图 10-7 可以看出，合同期限对客户流失率影响为：按月 > 按一年期 > 按两年期。这可能表明，设定长期合同对留住现有客户更有效。

下面代码对比了付款方式对客户流失的影响，如图 10-8 所示。

```
# 付款方式对客户流失率的影响
plt.figure(figsize=(16,5))
sns.barplot(x="PaymentMethod",y="Churn", data=telcom, palette="Pastel1")
plt.title("Churn by PaymentMethod type")          # 图 10-8
```

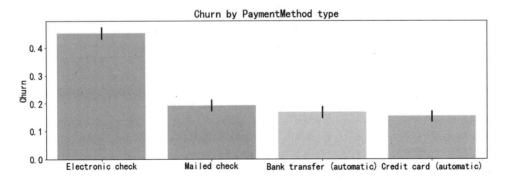

图 10-8 付款方式对客户流失的影响

在 4 种支付方式中,使用"Electronic check"的客户流失率最高,其他 3 种支付方式相差不大,由此可以推断电子账单支付方式可能在设计上有问题,影响客户体验,造成流失率偏高。

(七) 用箱线图查看是否存在异常值

数据集中有 3 列为数值类型,即 tenure(职位)、MonthlyCharges(月费用)和 TotalCharges(总费用)列。其中 tenure 是对不同职位的编号,顺次为 1~72,该列无需检查。下面重点检查月费用和总费用两列有无异常值。

因为两列的数值范围不同,可对数据做标准化,将每列数据都转为 0~1 之间的小数。数据标准化之后,再绘制箱线图查看是否有异常值存在,如图 10-9 所示。

```
# 对月费用和总费用进行标准化
df = telcom[[' MonthlyCharges' ,' TotalCharges' ]].copy()
f = lambda x: (x − np.min(x)) / (np.max(x) − np.min(x))
df = df.apply(f)
df.head(3)
Out:
    MonthlyCharges    TotalCharges
0        0.115423        0.001275
1        0.385075        0.215867
2        0.354229        0.010310


# 使用箱线图查看数据是否存在异常值
plt.figure(figsize = (8,6))
sns.boxplot(data=df, palette="Set2")
plt.title("Check outliers of MonthlyCharges/TotalCharges")      # 图 10-9
```

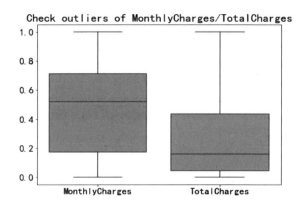

图 10-9 箱线图检查异常值

由箱线图 10-9 可以看出,数据中的月费用和总费用两列不存在明显的异常值。

通过数据可视化的展示,可以大致勾勒出易流失客户的特征:老年客户与未婚客户更容易流失。电话服务对客户的流失没有直接的影响。提供的各项互联网增值服务项目能降低客户的流失率。合同期限越久,客户的留存率越高。采用"Electronic check"支付方式的客户更易流失。鉴于此,可有针对性地提出一些合理建议。例如,推荐老年客户与未婚客户采用数字网络,且签订 2 年期合同(利用各种促销手段提高 2 年期合同的签订率),若能开通互联网增值服务可增加客户黏性,应增加这块业务的推广,同时考虑改善电子账单支付的客户体验。

第 2 节 影评数据可视化

豆瓣是国内著名的社区网站,主要提供各类书籍和影视作品的相关信息及用户评论。本节分析的影评数据就是从豆瓣上获取的。2020 年 8 月 21 日电影《八佰》正式在中国大陆上映。该片讲述 1937 年淞沪会战的最后一役,"八百壮士"奉命坚守上海四行仓库,顽强抵抗四天四夜的悲壮抗战故事。本节就该影片的一些观影评论做可视化分析。

一、影评文本数据可视化

在影片上映之初,我们获取了 100 条观影评论。获取到的数据集是一个 100 行 7 列的数据框,一行表示一条评论。数据集的具体信息如下:

```
In:data = pd.read_csv(' data/八佰影评.csv' , encoding=' GBK' )
In:data.shape
Out: (100, 7)
In: data.columns
Out: Index([' 用户名' , ' 居住城市' , ' 加入时间' , ' 评分' , ' 发表时间' , ' 短评正文' , ' 赞同数量' ])


In: data.head(3)
       用户名    居住城市  ...                              短评正文   赞同数量
0     起止淡然    NaN   ...       多加一星敬英灵。希望有一次旗升得堂堂   3211
1   其实叫朗基努斯   湖北武汉  ...   陈可辛都拍不出这么做作整个崩掉,生怕观.   3323
2     胧月夜    NaN   ...      电影结束,观众还沉浸在那种悲壮的氛围   2965
```

由上述记录可以看出,"短评正文"列包含了用户的评论内容,该列需要提取出来,然后做分词和词频统计。这里只是一个普通的影评文本,因此使用常规的停用词表即可,代码如下。

```
# 读取停用词表 stopwords.txt, 该文件见资源包
with open(' data/stopwords.txt' ) as f:
    stopwords = f.readlines()              # 该文件每行一个词
stopwords = [x.strip() for x in stopwords]      # 剔除每行末尾的换行符


import jieba
#对于短评正文进行分词操作
s=' ' .join(data[' 短评正文' ])          # 将所有行的短评连接为一个字符串
dataCut = jieba.lcut(s)              # 分词
#剔除停用词及长度为 1 的词(可能是标点符号)
dataAfter = [w for w in dataCut if w not in stopwords and len(w)>1 ]
print(' ===============去停用词之后===============')
print(dataAfter[:10])
Out:
['多加' , '一星敬' , '英灵' , '希望' , '艺术作品' , '意识形态' , '束缚' , '升旗' , '堂堂正正' , '陈可辛']
```

下面代码统计每个词的频次。

```
# 统计词频,观察高频词汇
wordFre = pd.Series(dataAfter).value_counts()
print(wordFre)
Out:
电影      49
战争片     26
历史      23
管虎      22
导演      21

       ..
平衡感    1
控好     1
主线     1
```

这里将词汇列表转换为 Series 类型,再利用 value_counts()函数统计词频,结果发现"电影、战争片、管虎(导演姓名)"等词的频次相对较高。统计后开始绘制词云图,为提高代码复用率,我们将词云的绘制过程封装成一个函数,代码如下。

```
from wordcloud import WordCloud
# 将 df 数据框的"短评正文"列转为词云图片并显示
def gen_wordcloud(df, fname=' wc.png' , bgcolor=' white' , width=1000, height=800):
    s = ' ' .join(df[' 短评正文' ])
```

```
dataCut = jieba.lcut(s)
dataAfter = [w for w in dataCut if w not in stopwords and len(w)>1 ]
mask = plt.imread(' img/heart.jpg')    #读取心形图片,作为词云图的外形
wc = WordCloud(background_color=bgcolor, width=width,
                height=height, font_path='simfang.ttf',mask=mask) # 中文词云要指定中文字体
s = ' ' .join(dataAfter)    # 将词汇列表连接为用空格分隔的字符串
wc.generate(s)              # 生成词云图
wc.to_file(' img/' +fname)     # 保存为图片
plt.figure(figsize=(8,6),dpi=100)   #词云图大小
plt.imshow(wc)              # 显示词云
plt.axis(' off' )           # 不显示坐标轴

gen_wordcloud(data)         # 调用函数,制作全部评论的词云图,图 10-10
```

图 10-10　全部评论的词云图

全部评论的词云图如图 10-10 所示,词云图上展现的最明显的词就是这部电影的主题关键词。

这 100 条短评中既有好评,也有差评,五星评分 为 50 分,一星评分为 10 分。为了更准确地反映用户的情感色彩,我们可以将用户分类,将评分≥30 的定义为好评,评分<30 的定义为差评,分别绘制两类用户的词云图,代码如下。

```
gen_wordcloud(data[data.评分>=30])        # 好评词云图, 图 10-11
```

```
gen_wordcloud(data[data.评分<30])         # 差评词云图, 图 10-12
```

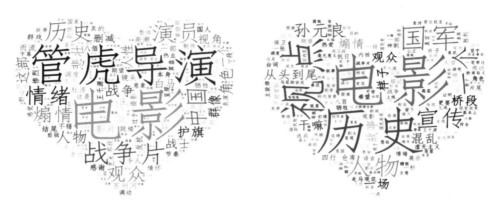

图 10 - 11 好评词云图   图 10 - 12 差评词云图

观察图 10-11 与图 10-12,可以发现除了主题词之外,好评词云图有"战士、悲壮、感谢"等词汇,差评词云图有"虚无主义、混乱、宣传"等词汇。这样有针对性绘制词云图,能准确地反映观众的观影感受。如果获取更多的数据,将 10 分作为一个等级,这样绘制的词云图将更加精准。

二、评论数量与评分等级

影片上映一段时间后,豆瓣上显示五星评价 22.7% ,四星 47.7% ,三星 25% ,二星 3.4% ,一星 1.3% 。本节只采集了 100 条数据,展现的结果是比较片面的。由图 10-13 可以看出采集到的 100 条数据中,绝大部分客户的评分都是三星及以上。

```
num1 = data['评分'].value_counts()
explode = [0, 0, 0, 0.1, 0]
plt.pie(num1, autopct='%.2f%%', explode=explode, labels=num1.index)
plt.title('《八佰》豆瓣评分分布')          # 图 10-13
```

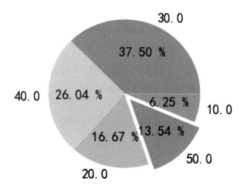

图 10 - 13 评分分布图

数据集中评分这一列只有 5 种取值(分别为 10、20、30、40 和 50),利用 value_counts()统计各个评分的频次。利用统计的数据绘制饼图,一目了然地看到三星和四星占大多数(63.54%),五星好评占 13.54%,大部分用户评分较高。

三、评论数量与日期

数据集中"发表时间"列是形如"2020-08-21 14:25:19"的数据,提取该列中的日期,可以统计上映以来每天发表的评论数量,代码如下。

```
# x.split()分解后第 0 个元素就是' 2020-08-21' 这样的日期,统计日期频次
num2 = data[' 发表时间' ].apply(lambda x: x.split()[0]).value_counts()
num2 = num2.sort_index()          # 按索引(即日期)排序
plt.style.use(' ggplot' )          # 使用 ggplot 的绘图风格
plt.plot(range(len(num2)), num2)
plt.xticks(range(len(num2)), num2.index, rotation=45)      # 设置 x 轴刻度标签的旋转角度
plt.title(' 评论数量随日期的变化情况' )        # 图 10-14
```

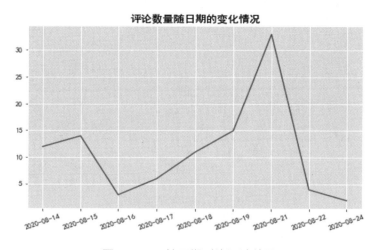

图 10-14　按日期对比评论数量

该影片点映于 2020 年 8 月 14 日,因此图 10-14 从 8 月 14 日开始。上映数天后评论数量开始增加,8 月 21 日首映当天评论数量是最多的。正式上映后,每天发布的评论数量逐渐减少。该影片点映期间用户的评分均值接近影评上映后的大规模评分的均值,从此细节可以猜测,这些能提前观看点映影片的人可能是资深影迷或影视从业人员,他们的评论极具价值。

四、评论数量与城市

下面探寻评论数量与城市之间的关系,代码如下。

```
In:data[' 居住城市' ].nunique()
Out: 26                                      # 所有评论来自 26 个城市


plt.style.use(' ggplot' )
num4 = data[' 居住城市' ].value_counts()[:10]        # 统计城市频次,取前 10 位
plt.bar(num4.index, num4, alpha=0.5)
plt.setp(plt.gca().get_xticklabels(), rotation=35, fontsize=12)   # 调整 x 轴城市名的显示
plt.title(' 评论数量最多的前十个城市' )
for i, v in enumerate(num4):
    plt.text(i, v, v, ha=' center' )                   # 图 10-15
```

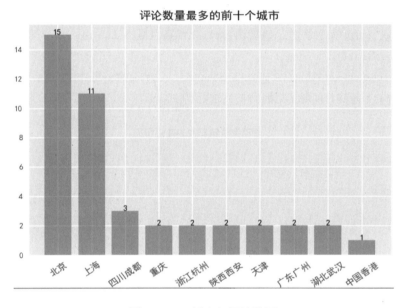

图 10－15　城市与评论数量

　　图 10-15 中前两位城市是北京和上海,这说明豆瓣影片受众多为一线城市的民众,影视从业人员也多集中在这些城市。

　　本节根据豆瓣对影片《八佰》的短评数据进行文本挖掘及可视化操作。从好评与差评的关键信息展示上可以看出该影片是战争题材影片,观众评分较高。从日期分布统计上发现评论数量最多的是在上映一周内。从点映开始到上映后口碑两极分化,但好评数依然高于差评数。从评论数量上看,北京和上海的用户发表评论最多。

五、按天统计各星级评分次数

　　前面介绍过豆瓣评分只有 5 类,分值为 10 到 50,每类差距 10 分。现在想按天统计各星级评分次数。Pandas 有一个很好用的 crosstab()函数,适合做这类统计,代码如下。

```
#按天统计每类评分的次数
data[' 发表日期' ] = data[' 发表时间' ].apply(lambda x: x.split()[0])
df = pd.crosstab(index=data[' 发表日期' ], columns=data[' 评分' ])
In: df
Out:
```

评分	10.0	20.0	30.0	40.0	50.0
发表日期					
2020-08-14	0	3	4	3	2
2020-08-15	2	2	6	3	1
2020-08-16	1	1	0	0	0
2020-08-17	0	2	2	1	1
2020-08-18	0	1	5	2	1
2020-08-19	0	3	4	5	3
2020-08-21	2	4	11	10	5
2020-08-22	0	0	3	1	0
2020-08-24	1	0	1	0	0

```
# 利用上面的结果绘制累积面积图
n,m = df.shape
plt.figure(figsize=(10, 5))
for i in range(m):
    plt.plot(range(n), (-1 if i<2 else 1)*df.iloc[:, i])               # 折线图
    plt.fill_between(range(n), (-1 if i<2 else 1)*df.iloc[:, i], alpha=0.5)     # 填充颜色
plt.title(' 各评分等级次数随日期变化情况' )
plt.legend(df.columns)
plt.xticks(range(n), df.index, rotation=20)               # 图 10-16
```

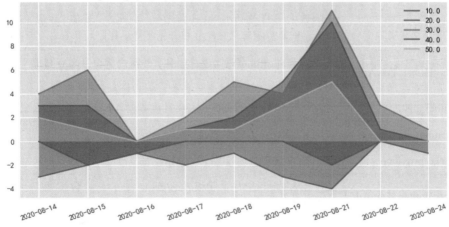

图 10-16　各类评分次数累积面积图

绘图时将评分大于等于 30 分的曲线绘制在 x 轴上方,小于 30 分的曲线绘制在 x 轴下方。为了使图形更加醒目,这里使用 fill_between 函数对曲线填充颜色,颜色透明度为 0.5。图 10-16 中 x 轴上方的累积面积远大于下方的面积,表明用户对电影的评价大部分是正面评价,少数是负面评价,所有评分等级的极值都在 8 月 21 日上映那天。

第 3 节　疫情数据可视化

2020 年初新冠病毒在数月内蔓延全球,疫情的传播速度和严重性令人深感忧虑。借助数据可视化,可直观地了解全球、全国或某地区的疫情情况,预测疫情发展趋势和社会影响,为防控部门提供科学决策的依据。

一、国内疫情数据可视化

本节选取了 2020 年 1 月 13 日到 6 月 20 日的国内疫情数据,对其中的确诊病例、新增确诊病例、死亡率和治愈率等几个关键指标进行可视化分析。

（一）数据文件说明

通过网络资源查找,我们获取所需要的数据并存为电子表格文件。按照数据内容分成多个文件,以利于后续问题的研究,数据截至 2020 年 6 月 20 日。各数据文件说明如表 10-2 所示。

表 10－2　数据集文件说明

电子表格文件名	文件含义	变量名
china_history	中国疫情历史数据(1 月 13 日至 6 月 20 日全国疫情数据汇总)	data
china_DayAdd	全国数据每日更新(含每日新增确诊、死亡、疑似、治愈、输入、重症病例等, 1 月 20 日至 6 月 20 日)	data2
hubei_notHubei_DayAdd	湖北省和非湖北省疫情数据每日更新内容(1 月 20 日至 6 月 19 日)	data3
hubei_history	湖北省疫情历史数据(1 月 20 日至 6 月 19 日)	data4
notHubei_history	非湖北省疫情历史数据(1 月 20 日至 6 月 19 日)	data5
china_province	全国各省截至 6 月 20 日的数据汇总	data6
wuhan_notWuhan_DayAdd	武汉市和湖北省内非武汉市及湖北省外疫情数据每日更新(1 月 21 日至 6 月 9 日)	data7

表格中字段较多,一些重要字段的说明如表 10-3 所示。

表 10－3　数据文件中各字段说明

字段名	字段含义	字段名	字段含义
province	省份	deadRate	死亡率
city_name	城市名	healRate	治愈率
total_confirm/confirm	确诊病例总数	infect	现有重症病例数
total_nowconfirm/now Confirm	现有确诊病例数	suspect	现有疑似病例数
total_suspect	疑似病例总数	importedCase	现有境外输入病例数
total_dead/dead	死亡病例总数	noInfect	当日解除医学观察者数
total_heal	治愈病例总数	hubei	湖北省疫情数据
today_confirm	当日新增确诊病例数	notHubei	湖北省以外疫情数据
date	日期	wuhan	武汉市疫情数据
heal	治愈病例数	notWuhan	湖北省内武汉市外疫情数据

数据文件都是 Excel 格式,使用 Panda 的 read_excel 函数读取,数据读取的代码如下。

```
import pandas as pd
# 数据读取,将 date 字段解析为日期类型
path = ' ./yiqing/'
data = pd.read_excel(path+' china_history.xlsx' , parse_dates=[' date' ])
data2 = pd.read_excel(path+' china_DayAdd.xlsx' , parse_dates=[' date' ])
data3 = pd.read_excel(path+' hubei_notHubei_DayAdd.xlsx' , parse_dates=[' date' ])
data4 = pd.read_excel(path+' hubei_history.xlsx' , parse_dates=[' date' ])
data5 = pd.read_excel(path+' notHubei_history.xlsx' , parse_dates=[' date' ])
data6 = pd.read_excel(path+' china_province.xlsx' )
data7 = pd.read_excel(path+' wuhan_notWuhan_DayAdd.xlsx' , parse_dates=[' date' ])

In: data.head(2)
Out:
          date  confirm  dead  deadRate  ...  noInfect  nowConfirm  nowSevere  suspect
0  2020-01-13       41     1       2.4  ...         0           0          0        0
1  2020-01-14       41     1       2.4  ...         0           0          0        0
In:data2.head(2)
Out:
          date  confirm  dead  deadRate  ...  healRate  importedCase  infect  suspect
0  2020-01-20       77     0       0.0  ...       0.0             0       0       27
1  2020-01-21      149     3       2.0  ...       0.0             0       0       53
```

（二）全国疫情数据可视化展示

1. 全国每日新增确诊人数曲线图和总确诊人数柱状图

由国家卫健委等官方机构提供的信息确定在指定时间段我国新冠疫情的拐点为2020年2月18日，当日新增确诊病例1 751例，随后确诊数量逐日下降直到平稳。全国每日新增确诊病例曲线图的代码如下。

```python
import datetime
from datetime import timedelta                       # 引入时间间隔函数
import matplotlib.dates as mdates
plt.figure(figsize=(12,6))
ax = plt.gca()                                        # 当前子图
alldays =  mdates.DayLocator(interval=8)              # 主刻度为每8天一个刻度
ax.xaxis.set_major_locator(alldays)
ax.xaxis.set_major_formatter(mdates.DateFormatter('%m月%d日'))   # 配置横坐标为日期格式
plt.plot(data2['date'], data2['confirm'])             # 折线图
confirm_max = data2.confirm.max()                     # 最大值
confirm_date_max = data2['date'][data2.confirm.argmax()]    # 最大值对应日期
arrowprops={'arrowstyle':'->', 'connectionstyle':'arc3', 'color':'r'}   # 箭头外观
s = confirm_date_max.strftime("%m月%d日")+'新增确诊病例达到最高峰,新增'+str(confirm_max)+'例'
plt.annotate(s, xy=(confirm_date_max, confirm_max),
             xytext=(confirm_date_max + timedelta(4), confirm_max - 1000),
             color='r', fontsize=12, arrowprops= arrowprops)

s0218 = data2[data2.date=='2020-2-18'].iloc[0]
s = '2月18日到达疫情阶段性拐点,当日新增'+str(s0218['confirm'])+'例,\n此后每日新增整体呈下降趋势'
plt.annotate( s, xy=(s0218['date'], s0218['confirm']),
              xytext=(s0218['date']+ timedelta(4), s0218['confirm']+500),
              color='r', fontsize=12, arrowprops=arrowprops)
plt.ylabel('每日新增确诊病例数', fontsize=14)
plt.setp(ax.get_xticklabels(), rotation=20)           # 图 10-17
```

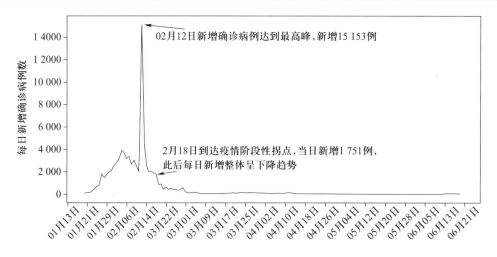

图 10-17 全国疫情历史数据曲线图

由图 10-17 可见,由于数据量较大,设置 x 轴主刻度每 8 天显示一个日期。本例 x 轴数据是日期,因此在 plt.text 命令中如要将注释文本偏离少许位置要写为"日期+timedelta(4)"的形式,timedelta(4)用于产生 4 天的时间间隔。代码运行结果显示在 2 月中旬,新增确诊病例人数较多;进入 3 月后新增人数趋于稳定,并越来越接近于零。

接下来观察全国各省份的总确诊人数,代码如下。

```
plt.figure(figsize=(20,10))
plt.bar(data6[' province' ],data6[' total_confirm' ],facecolor=' blue' ,alpha=0.7)    # 柱状图
for x,v in enumerate(data6[' total_confirm' ]):
    plt.text(x,v+5,v,ha=' center' ,va=' bottom' )                                      # 柱体上方数值

plt.yticks([i for i in range(0,70000,3000)])                                          # y 轴刻度
plt.ylabel(' 确诊病例数' , fontsize=16)
plt.grid(axis=' y' , ls=' :' , c=' black' , alpha=0.6)
plt.title(' 各省份总确诊病例柱状图' , fontsize=18)                                       # 图 10-18
```

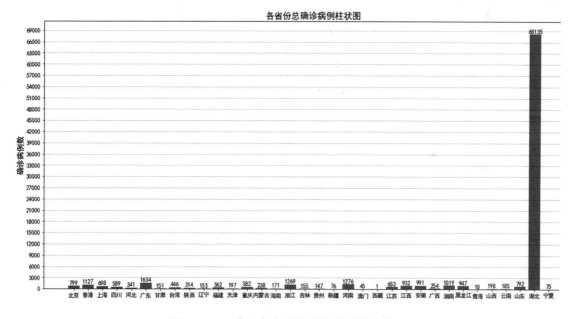

图 10－18　全国各省份总确诊病例数柱状图

图 10-18 表明疫情在我国大多数省份均有出现,但湖北省疫情最为严重,高达 68 135 例,成为全国疫情的"震中",因此接下来的分析可将各省份分析转为湖北省与非湖北省疫情数据的分析,这样的分类有利于简化分析内容,降低分析的难度,并且更有侧重性和条理性。

2. 治愈病例、死亡病例和现有重症病例变化曲线图

由于要比较的各类数据数值区间差异较大,因此绘图时对数据做了标准化处理,将数据区间都统一到 0~1 范围内,降低各维度数据间的差异,使得整体可视化效果更好。每日新增治愈病例、每日新增死亡病例和现有重症病例变化曲线图代码实现如下。

```
fig = plt.figure(figsize=(10,7))
ax = plt.gca()
alldays =  mdates.DayLocator(interval=8)                        # 主刻度为 8 天一个刻度
ax.xaxis.set_major_locator(alldays)
ax.xaxis.set_major_formatter(mdates.DateFormatter('%m 月%d 日'))      # 配置横坐标为日期格式


# data2 数据从 1.20 日开始
# data 数据从 1.13 日开始, 因此 data 只取从 1.20 日以后的数据
df = data[data['date']>='2020-1-20'].reset_index()
# 要比较的数据来自 data 和 data2 两个表
dict_data = {'date':data2['date'],'dead':data2['dead'],'heal':data2['heal'],'nowSevere':df['nowSevere']}
df2 = pd.DataFrame(dict_data)
df2.iloc[:,1:]= df2.iloc[:,1:].apply(lambda x: (x-x.min())/(x.max()-x.min()))   #标准化处理


plt.plot(df2['date'], df2['dead'], label='每日新增死亡病例',color='r',alpha=0.5)
plt.plot(df2['date'], df2['heal'], label='每日新增治愈病例',color='b',alpha=0.7)
plt.plot(df2['date'], df2['nowSevere'], label='现有重症病例',color='green')
plt.legend()
plt.grid(ls=':', c='black', alpha=0.7)
plt.ylabel('人数', fontsize=14)
fig.autofmt_xdate()                                             # 让 x 轴标签斜着打印避免拥挤
plt.title('死亡-新增-现有重症病例曲线图',fontsize=18);        # 图 10-19
```

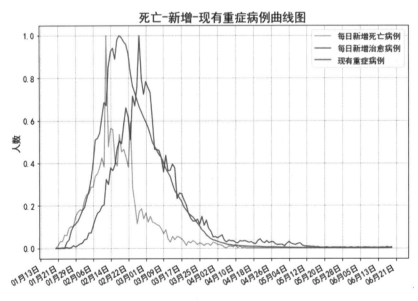

图 10-19　死亡、新增、现有重症数曲线图

图 10-19 显示当现有重症病例逐渐上升到高峰时,每日新增死亡病例也逐渐上升且速度更快,表明疫情暴发初期对大部分重症病例并无较好的救治方式。当重症病例下降后,死亡病例也急剧下降,说明重症病例的减少降低了医疗负担,同时也找到了较好的治疗方案,使得死亡率大幅下降。

3. 治愈率和死亡率对比曲线图

治愈率与死亡率能较好地体现疫情的严重性和救治效果,代码实现如下。

```
fig = plt.figure(figsize=(10,7))
ax = plt.gca()
alldays = mdates.DayLocator(interval=8)                        # 主刻度每 8 天 1 个刻度
ax.xaxis.set_major_locator(alldays)
ax.xaxis.set_major_formatter(mdates.DateFormatter('%m 月%d 日'))    # 配置横坐标为日期格式

plt.plot(data['date'], data['deadRate'], label='死亡率')
plt.plot(data['date'], data['healRate'], label='治愈率')
plt.yticks([i for i in range(0,100,5)])
plt.ylabel('比率(%)', fontsize=16)
plt.grid(ls=':',c='black', alpha=0.7)    #设置网格线及其参数
plt.legend(fontsize=16)
fig.autofmt_xdate()
plt.title('治愈率-死亡率对比曲线图', fontsize=18)                      # 图 10-20
```

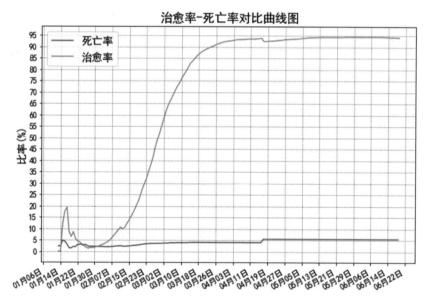

图 10-20　治愈率—死亡率对比曲线图

从图 10-20 可以明显看出本阶段疫情的死亡率整体保持在较低的水平,治愈率高,治愈

的可能性大。全国的死亡率保持在 5% 左右，整体治愈率接近 95%。死亡率相对保持稳定，几乎不增长。治愈率经历了先增后降再急剧增长的情况，说明前期对新冠病毒了解不深，没有好的救治方式，在摸清了病毒的致病规律后，即便死亡率略有上升，但治愈率则以更快的速度增长。

（三）湖北省与非湖北省地区数据对比

湖北省与非湖北省治愈率对比曲线图的代码如下。

```
fig = plt.figure(figsize=(10,7))
ax=plt.gca()
alldays =  mdates.DayLocator(interval=8)                        # 主刻度为 8 天
ax.xaxis.set_major_locator(alldays)
ax.xaxis.set_major_formatter(mdates.DateFormatter('%m 月%d 日'))     # 配置横坐标为日期格式
plt.plot(data4['date'], data4['healRate'], label='湖北省治愈率',color='r')
plt.plot(data5['date'], data5['healRate'], label='非湖北省治愈率',color='b')


plt.ylabel('治愈率%',fontsize=14)
plt.yticks([i for i in range(0,110,10)])
fig.autofmt_xdate()
plt.title('湖北省与非湖北省治愈率对比曲线图',fontsize=18)
plt.grid(ls=':',c='black',alpha=0.7)
plt.legend(loc="lower right",fontsize=16)          # 图 10-21
```

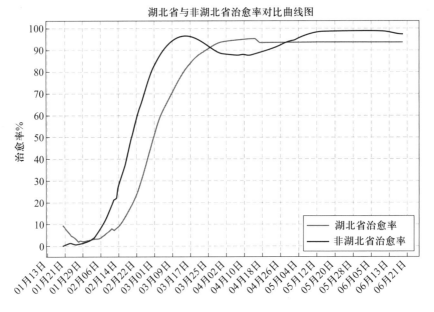

图 10 - 21　湖北省与非湖北省地区的治愈率对比

图 10-21 表明新冠肺炎的总体治愈率较高，在曲线趋于稳定后，非湖北省的治愈率比湖

北省的略高一些。但在 3 月到 5 月非湖北地区治愈率要略低一点,这是因为湖北省确诊病例得到了及时治疗,而湖北以外地区存在不断的输入病例,使得治愈率没有及时上升。随着输入病例的稳定,治愈率最后也开始回升并提高。湖北省外治愈率几乎接近 100%,而湖北省内治愈率也接近 95%。

(四)全国范围内的现存病例数据可视化

1. 截至 6 月 20 日各省份现存病例柱状图

现有确诊病例是最能体现各省份疫情情况的重要指标,通过对现有病例的可视化和研究,可判断该省份疫情的严重程度。

```python
plt.figure(figsize=(18,10))
plt.bar(data6['province'],data6['total_nowconfirm'],facecolor='blue',alpha=0.7)   # 柱状图
for x,v in enumerate(data6['total_nowconfirm']):
    plt.text(x+3,v,v,ha='center',va='bottom')                        # 标注数值
plt.yticks([i for i in range(0,240,20)])
plt.grid(axis='y',ls=':',c='black',alpha=0.7)
plt.ylabel('确诊病例数',fontsize=16)
plt.title('截至 6 月 20 日各省份现存病例数',fontsize=18)                # 图 10-22
```

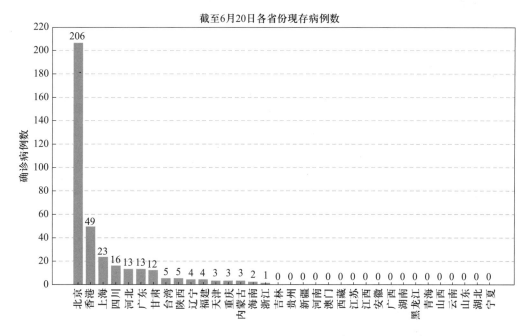

图 10-22　各省份现存病例数

图 10-22 显示截至观察窗口,由于进口冷链食品问题导致北京现存病例有 206 人,全国大部分省份基本清零。此外,香港、上海、四川、河北等地区的现有确诊病例数也较多,这些地区还需及时做好疫情防控工作。

2. 北京当下疫情数据雷达图

接下来用雷达图观察北京疫情各指标的现状,代码实现如下。

```
fig = plt.figure(figsize=(8,6))
labels = np.array([' 总确诊数' , ' 疑似病例总数' , ' 总死亡数' , ' 总治愈数' , ' 今日确诊数' , '' ])  # 标签
dataLenth = 6                                          # 数据长度,实际数据 5 个
data_radar = np.array([206,0,9,584,22,206])  # 数据,为作图需要,最后 1 个数据和第 1 个一样
angles = np.linspace(0, 2*np.pi, dataLenth)            # 分割圆
plt.polar(angles, data_radar, 'r*-', linewidth=1)      # 极坐标图
plt.thetagrids(angles*180/np.pi, labels,fontsize=14)   # 标签
plt.fill(angles, data_radar, facecolor='r', alpha=0.25)  # 填充
plt.ylim(0, 600)
plt.title(' 截至 6 月 20 号北京市疫情各方面数据雷达图' ,fontsize=16)      # 图 10-23
```

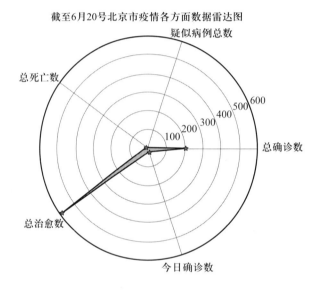

图 10 - 23　北京疫情极坐标图

图 10-23 显示北京现存确诊病例还较多,同时治愈人数也比较多,死亡数量、当日新增确诊和疑似病例数量都极少,说明截止到 6 月 20 日北京疫情已处于可控范围之内。

3. 使用 Pyecharts 绘制全国疫情地图

全国疫情分布图可以直观地看到全国各省份当前的疫情现状。本次绘图采用 Pyecharts库,最后保存的文件为.html 文件,通过 JavaScript 技术可以交互查看疫情分布情况。全国疫情分布图需要用到中国地图,Pyecharts 中包含了中国地图元素,因此选择该库进行绘制,代码实现如下。

```
from pyecharts.charts import Map
from pyecharts import options as opts
province = list(data6[' province' ])
total_nowconfirm = list(data6[' total_nowconfirm' ])
province_distribution = dict((name,value) for name, value in zip(province, total_nowconfirm))
```

```
map = Map()
map.set_global_opts(
    visualmap_opts=opts.VisualMapOpts(max_=3600, is_piecewise=True,
                                        pieces=[
                                            {"max": 5000, "min": 100, \
                                             "label": "第五类", "color": "#8A0808"},
                                            {"max": 100, "min": 16, \
                                             "label": "第四类", "color": "#FFA500"},
                                            {"max": 15, "min": 6, \
                                             "label": "第三类", "color": "#7FFF00"},
                                            {"max": 5, "min": 1, \
                                             "label": "第二类", "color": "#FFFF00"},
                                            {"max": 0, "min": 0, \
                                             "label": "第一类", "color": "#FFFFFF"},
                                        ]))  #最大数据范围,分段
map.add("2020-06-20 日各省份疫情数据地图",
        data_pair=list(province_distribution.items()),
            maptype="china", is_roam=True) # maptype='china' 只显示全国直辖市和省级地区
map.render(' img/2020-06-20 中国疫情地图.html' )   # 图略
```

二、世界疫情数据可视化

世界疫情数据文件包含 2020 年 1 月 19 日到 2020 年 6 月 11 日的世界各国每日当前确诊病例数。本部分重点演示动态图表的绘制。

（一）疫情确诊人数动态折线图

使用 Pandas 读取文件"currentConfirmed.csv",数据共有 145 行 216 列。每行对应截至当天的当前确诊人数,列对应 1 列日期(dateId)和全球 215 个国家和地区。

```
import pandas as pd
datas = pd.read_csv(' yiqing/currentConfirmed.csv' , encoding='GBK' )      # 读取数据
print(datas.shape)
print(datas.tail(3))


Out:
(145, 216)
        dateId       美国        巴西       俄罗斯        英国        印度      西班牙
142    20200609   1343530.0   377985.0   236714.0   247718.0   129813.0   64454.0

143    20200610   1352976.0   355087.0   234516.0   248476.0   133632.0   64768.0

144    20200611   1366530.0   367899.0   234754.0   249591.0   137448.0   65195.0
```

读取数据后,就需要根据需求从数据框中提取数据。定义画布,初始化折线图和坐标轴的范围与刻度,定义每帧折线图显示的数据范围以及 x 轴的刻度显示。创建 5 个国家的折线图对象,并设置 x 轴、y 轴的显示范围及刻度。实现折线图动画的关键在于随着时间的推移不断更新折线图数据,更新 x 轴的刻度显示。最后,创建折线图动画对象并展示,代码实现如下。

```
# 在 jupyter 中要设置下面的图形输出模式才能观察到动图效果
% matplotlib notebook
from matplotlib.animation import FuncAnimation        # 引入动图函数
fig = plt.figure(figsize=(10, 5 ))                     # 创建画布
plt.ticklabel_format(style=' plain' )                  # 坐标轴禁用科学计数法格式


countries = [' 中国',' 巴西',' 意大利',' 美国',' 英国' ]   # 选择 5 个国家做对比
colors = list(' rygcb' )                # 线的颜色
markers = list(' *>HDo' )        # 点的形状
# 初始化各国折线图对象
for   country, c, m   in   zip(countries,colors,markers):
    plt.plot([], [], color=c, marker=m, label=country)        # 初始时是空白线条
plt.legend()


# 准备折线图需要的数据
x_ticks = datas.dateId.values            # 横轴对应日期
x = list(range(len(x_ticks)))


# 初始化坐标轴的范围与刻度
line_range = 8                      # 每一帧折线图显示的数据条数
xticks_range = 10                   # 每一帧 x 轴刻度数


# 设置 x/y 轴范围, x 轴的刻度
plt.ylim(0, max(datas[' 美国' ]))
plt.xlim(0,xticks_range)
plt.xticks(x[0: xticks_range], x_ticks[0: xticks_range])


def update(i):        # 动画更新
    start = 0 if i − line_range + 1 < 0 else   i − line_range + 1
    end = start + line_range + 1    # 计算本帧的数据范围
    # 更新各个国家折线图数据
    for   country, line in   zip(countries, plt.gca().lines):
```

```
                line.set_data(x[start: end], datas[country][start: end])
        if i >= line_range:
            xticks_end = end+(xticks_range−line_range) if end+(xticks_range−line_range)<len(x) else len(x)
            plt.xlim(start, xticks_end)                              # 更新 x 轴范围
            plt.xticks(x[start: xticks_end], x_ticks[start: xticks_end])   # 更新 x 轴刻度


animation = FuncAnimation(fig, update, frames=x, repeat=False)    # 动画对象, 图 10-24
```

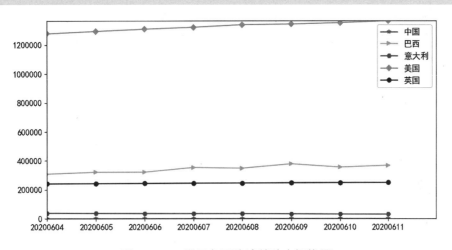

图 10-24　世界各国确诊数动态折线图

图 10-24 绘制了中国、巴西、意大利、美国和英国 5 个国家在 2020 年上半年的累积确诊人数变化曲线。动态折线图的结果显示,在 1 月底到 2 月下旬,中国的当前患病人数是不断上升的,此后随着治疗技术不断提升,治愈数超过新感染数,使得当前患病人数逐渐减少。3 月中旬的时候,意大利的人数增长较快,但很快被美国超过。4 月初英国人数也在不断增长。5 月初巴西人数有所抬头,5 月底巴西当前患病人数超过了英国。截至 6 月 11 日,英国和巴西人数都超过了 20 万,美国当前患病人数超过了 120 万。这个折线图很清晰地展示了中国应对疫情时的果断和高效。

(二) 疫情确诊人数动态条形图

条形图动画的绘制和折线图动画的绘制思路是相似的,步骤如下:

(1) 数据准备。加载各国疫情数据,筛选每天数据中的前十位国家。

(2) 创建画布和绘图区。

(3) 实现动画更新方法。绘制基本条形图(清空绘图区、准备条形图数据、绘制条形图);添加辅助信息;条形图按病例数量降序排序。

(4) 创建动画并展示。

```
% matplotlib notebook
# 加载数据
datas = pd.read_csv(' yiqing/currentConfirmed.csv' , index_col=0, dtype=np.int32, encoding=' GBK' )
```

```
fig, ax = plt.subplots(figsize=(11, 6))
colors=['r', 'g', 'b', 'm', 'c', 'yellow', 'orange', 'yellowgreen', 'hotpink', 'gold']    # 自定义颜色
ax.xaxis.set_ticks_position('top')              # 设置 x 轴的刻度在顶部
plt.box(False)                                  # 图形不显示边框


def update(date):                               # 更新函数
    ax.clear()                                  # 清空子图
    plt.ticklabel_format(style='plain')         # 禁用科学计数法
    data = datas.loc[date].sort_values(ascending=False)[:10]   # 降序排序
    ax.barh(data.index, data.values, color=colors,alpha=0.6)   # 条形图
    for i, v in enumerate(data):                # 在柱体旁标注数值
        dx = data.max() / 100
        ax.text(v+dx, i, v, fontsize=12)
    ax.text(0.8, 0.3, date, transform=ax.transAxes, fontsize=16)    # 添加日期注释
    ax.grid(axis='x')
    plt.title('Top10 国家当前患病人数对比', fontsize=18)


# 创建动画并展示
animation = FuncAnimation(fig, update, frames=datas.index, repeat=False, interval=300) # 图 10-25
```

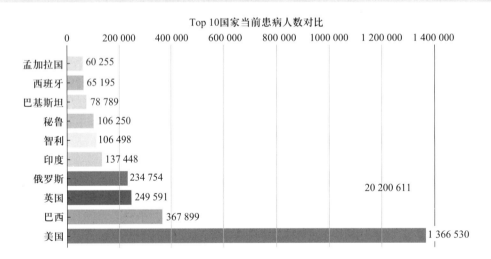

图 10-25　TOP10 国家当前患病人数动态条形图

　　图 10-25 的纵轴表示每日的 TOP10 国家,横轴表示当前患病人数。动画更新时需清空画布。为显示确诊人数,使用 text()函数在柱体旁标注人数。动画开始时,中国人数最多,其他国家人数很少。随着时间不断推移,中国患病人数跌出了 TOP10 名单,取而代之的是疫情蔓延的国家。截至 6 月 11 日,美国共有病患 136 万多人,巴西次之。

（三）疫情地图动画

　　下面给世界地图着色以反映每天的当前患病人数变化，这需要使用 Cartopy 地理库。在初始准备时，创建了一个字典对象用于记录国家名称和国家的地理信息，动画更新时根据疫情数据给各个国家着色。最后，添加一个颜色条用来说明各个国家的严重程度，颜色越深，则表示疫情越严重。代码实现如下。

```
% matplotlib notebook
import matplotlib as mpl
import cartopy.crs as ccrs
from cartopy.io import shapereader              # 引入相关地理文件接口
from matplotlib.colorbar import ColorbarBase
from matplotlib.colors import Normalize
from matplotlib.animation import FuncAnimation


# 疫情文件和 cartopy 地理包中的部分国家名不一致,建立两者的对应关系
names_dict = {'斐济':'斐濟', '苏里南':'蘇利南','加纳':'迦納',\
'几内亚比绍':'幾內亞比索','中非共和国':'中非共和國','赞比亚共和国':'赞比亚',\
'中国':'中华人民共和国','亚美尼亚':'亞美尼亞','刚果(金)':'刚果民主共和国', \
'刚果(布)':'刚果共和国','北马其顿':'馬其頓共和國',\
'罗马尼亚':'羅馬尼亞','博茨瓦纳':'波札那','马里':'马里共和国',\
'圣马丁岛':'荷属圣马丁','塞浦路斯':'賽普勒斯','多米尼加':'多明尼加',\
'委内瑞拉':'委内瑞拉','尼日利亚':'奈及利亞','韩国':'大韩民国',\
'布隆迪共和国':'蒲隆地','黑山':'蒙特内哥羅','蒙古':'蒙古国','荷兰':'荷蘭',\
'苏丹':'苏丹共和国','突尼斯':'突尼西亞','白俄罗斯':'白罗斯',\
'玻利维亚':'玻利維亞','爱尔兰':'爱尔兰共和国','津巴布韦':'辛巴威',\
'波黑':'波斯尼亚和黑塞哥维那','新喀里多尼亚':'新喀里多尼亞',
'斯里兰卡':'斯里蘭卡','也门共和国':'也门','阿联酋':'阿拉伯联合酋长国',\
'拉脱维亚':'拉脱維亞'}


datas = pd.read_csv('yiqing/currentConfirmed.csv', index_col='dateId', encoding='GBK') # 读数据
# 加载各国地理信息
filename = shapereader.natural_earth(resolution='110m', category='cultural', name='admin_0_countries')
records = shapereader.Reader(filename).records()


# 创建地理新画布
fig, ax = plt.subplots(figsize=(11, 6), subplot_kw={'projection': ccrs.PlateCarree()})
cm = mpl.cm.YlOrRd              # 颜色映射表
country_geo_map = {}           # 字典,用于存储 国家:地理数据
```

```
    for country in records:                # cartopy 中的国家名有\x00 后缀,要删除
        country_geo_map[country.attributes[' NAME_ZH' ].strip(' \x00' )] = country.geometry


    def update(day):                       # 动画更新方法
        ax.clear()
        day_series = datas.loc[day]            # 获取该日数据
        vmax = day_series.max()                # 最大值
        if vmax<10000 : vmax=10000             # 如最大值小于 10 000,就设为 10 000,以体现颜色变化
        for name in day_series.index:          # 根据疫情数据给国家着色
            value = day_series[name]
            geo_name = names_dict.get(name) if names_dict.get(name) else name    #转 geo 国家名
            geo = country_geo_map.get(geo_name)        # 根据国家名称获取地理信息
            if geo:
                rgba = cm(value/vmax)                  # 将数值转 rgba 元组颜色
                ax.add_geometries([geo], ccrs.PlateCarree(),  facecolor=rgba, edgecolor=' k' ) # 国家
    # 设置标题
        ax.set_title(' 2020 年{}月{}日世界疫情(现有病患数)' .format(str(day)[4:6],str(day)[6:]),fontsize=16)
        cax.clear()                                # 颜色条所在的子图清空
        norm = Normalize(vmin=0, vmax=vmax)
        ColorbarBase(cax, cmap=cm, norm=norm)      # 创建新颜色条, 添加到子图上


    cax = fig.add_axes([0.92, 0.2, 0.025, 0.6])         # 在画布上添加子图(供颜色条用)
    # 创建动画并展示
    animation = FuncAnimation(fig, update, frames=datas.index, repeat=False)  # 图略
```

使用 Cartopy 包绘制地图的细节请参考第 6 章第 2 节。代码运行结果显示,3 月中旬之前中国地图的颜色是最深的,随着时间的推移中国留存病例不断减少,中国地图的颜色不断变浅,这也说明我们抗疫取得了阶段性成功。绘制时有一些细节要注意,疫情数据文件和 Cartopy 包中的部分国家名称不一致,要手工建立两者的对应关系,这样才能从 Cartopy 中取得该国地理数据。

≫ 本章小结

本章结合具体案例介绍可视化技术,针对给定的数据集制定最优可视化方案。 本章详细演示了各种可视化技术及相关示例,分析电信客户流失原因,可视化电影影评文本数据,使用动图动态展示疫情变化。

》 习题

1. 请根据给定的数据集(不满意率分析.xlsx)对数据进行分析，得出差评的主要原因。

要求如下：

（1）分析差评占比：各种差评标签占比的情况——饼图。

（2）骑手配送分析：骑手差评数，选取差评最多前 10 名——堆积条形图；差评数前 10 位选手的整体配送时间及差评内容评价——多数据并列柱状图。

（3）站点分析：各站点配送时间及差评数对比——极坐标图。

2. 自行寻找数据集练习本章代码。

即测即评

参考文献

［1］Alexandre Devert. matplotlib Plotting Cookbook. Birmingham：Packt，2014.

［2］刘大成. Python 数据可视化之 matplotlib 实践. 北京：电子工业出版社，2018.

［3］刘大成. Python 数据可视化之 matplotlib 精进. 北京：电子工业出版社，2019.

［4］Dr.Ossama Embarak. Data Analysis and Visualization Using Python. New York：Apress，2018.

［5］Srinivasa Rao Poladi. Matplotlib 3.0 Cookbook. Birmingham：Packt，2018.

［6］Julie Steele, Noah lliinsky. 数据可视化之美. 祝洪凯，李妹芳，译. 北京：机械工业出版社，2011.

［7］Wes McKinney. Python for Data Analysis. 2nd Edition. Sebastopol：O' Reilly Media，2017.

［8］David Beazley. Python Cookbook. 3 版. 陈舸，译. 北京：人民邮电出版社，2015.

［9］陈为，等.数据可视化. 北京：电子工业出版社，2019.

［10］Jiawei Han, Micheline Kamber, Jian Pei. 数据挖掘：概念与技术. 3 版.范明，等，译. 北京：机械工业出版社，2012.

［11］科斯·拉曼（Kirthi Raman）.Python 数据可视化.程豪，译. 北京：机械工业出版社，2017.

［12］朝乐门.Python 编程：从数据分析到数据科学. 北京：电子工业出版社，2019.

［13］黑马程序员.Python 数据可视化. 北京：人民邮电出版社，2021.

［14］张杰. Python 数据可视化之美：专业图表绘制指南. 北京：电子工业出版社，2019.

［15］张若愚.Python 科学计算. 2 版. 北京：清华大学出版社，2016.

读者意见反馈

为收集对教材的意见建议，进一步完善教材编写并做好服务工作，读者可将对本教材的意见建议通过如下渠道反馈至我社。

咨询电话　400-810-0598

反馈邮箱　hepsci@pub.hep.cn

通信地址　北京市朝阳区惠新东街4号富盛大厦1座　高等教育出版社总编辑办公室

邮政编码　100029

防伪查询说明

用户购书后刮开封底防伪涂层，使用手机微信等软件扫描二维码，会跳转至防伪查询网页，获得所购图书详细信息。

防伪客服电话 　(010)58582300